Studien über mechanische

Bobbinet- und Spitzen-Herstellung.

Von

Max Kraft,

o. ö. Professor an der k. k. technischen Hochschule in Brünn.

Mit 341 Figuren auf 21 Tafeln.

Berlin.
Verlag von Julius Springer.
1892.

ISBN 978-3-642-51235-3   ISBN 978-3-642-51354-1 (eBook)
DOI 10.1007/978-3-642-51354-1

Softcover reprint of the hardcover 1st edition 1892

Vorwort.

Das vorliegende Buch ist das Resultat mehrjähriger Studien, die ich, angeregt hiezu durch eine vom hohen k. k. Ministerium für Kultus und Unterricht subventionirte Studienreise, vom Jahre 1883 bis 1887 betrieb.

Das schöne, allen ästhetischen Anforderungen genügende Produkt, die interessanten kinematischen Verhältnisse der bei der Herstellung desselben verwendeten Maschinen, die gegenüber der gewöhnlichen Weberei weitaus schwierigeren Bindungsgesetze reizten zu einer eingehenderen Behandlung dieses Gebietes der Textil-Industrie umsomehr, als das bisher in der Fachliteratur über diesen Gegenstand Gebrachte gegenüber den die gewöhnliche Weberei behandelnden zahlreichen Literaturerzeugnissen als verschwindend bezeichnet werden kann.

Die der Bobbinet- und Spitzen-Herstellung dienenden Maschinen sind in mehreren Publikationen in gediegener Weise besprochen, die Bindungsgesetze der Herstellungsmethoden aber entweder gar nicht oder nur ganz allgemein und kurz behandelt; während doch gerade diese, von den Bindungsgesetzen der gewöhnlichen Weberei vollkommen abweichenden Methoden, die selbstverständlich die Grundlage für den Bau der Maschinen abgeben mussten, den Scharfsinn und die Combinationsgabe der in dieser Industrie beschäftigten Technologen glänzend beweisen.

Allerdings tragen die Autoren dieser Publikationen nicht die Schuld an diesem Mangel, sie hätten diesen genial erdachten Fadenverschlingungen, die der regelmässigen Bewegung einer Maschine zu spotten schienen, gewiss mehr Aufmerksamkeit zugewendet, wenn ihnen hiezu Gelegenheit geboten worden wäre. Diese Schuld fällt ausschliesslich dem Geheimhalten dieser Methoden durch die betreffenden Industriellen zu, die stets von der Ansicht beherrscht waren und noch sind, dass es für sie am vortheilhaftesten sei, wenn sich ausserhalb der Industrie Stehende thunlichst wenig mit derselben beschäftigen. Diese Ansicht ist jedoch meiner Meinung nach grundlos, da eine theoretisch-systematische Behandlung gerade diesen so complizierten, rein praktisch-empirischen Arbeitsmethoden verhältnissmässig ferne steht und doch ein helles Streiflicht auf ein bisher beinahe gänzlich verschlossenes Wirkungsgebiet des menschlichen Geistes wirft.

Der Umstand, einen der hervorragendsten Fachmänner auf diesem Gebiete zu meinen Freunden zählen zu dürfen, setzte mich in die Lage, die berührten Prozesse eingehender zu studieren, wobei ich durch denselben, in liebenswürdigster Weise unterstützt wurde. Ich hatte daher auch anfänglich die Absicht, die Herstellung der Bobbinet- und Spitzen-Gewebe ihrem ganzen Umfange nach sammt den Vorbereitungs- und Vollendungs-Arbeiten zu behandeln, musste dies jedoch vorläufig aufgeben, da die Durchdringung des Stoffes, die systematische Anordnung und Darstellung nui der Bindungsgesetze, trotz der Unterstützung grosse Schwierigkeiten bot, jahrelange Behandlung erforderte und ich mittlerweile durch andere Arbeiten von diesem Unternehmen abgezogen wurde.

Was nun die Darstellung der hier besprochenen Bindungsmethoden anbelangt, die auf Vollständigkeit insofern keinen Anspruch machen kann, als sie z. B. die Herstellung der mechanisch erzeugten Klöppelspitzen, der gewirkten und gestickten Spitzen gar nicht berührt, so war es klar, dass das beschreibende Wort durch bildliche Darstellung unterstützt werden müsse, wenn ein Verständniss bei Nichtfachleuten erzielt werden sollte; die Wahl dieser Veranschaulichung war jedoch nicht leicht. Herr August Matitsch hat in der eingehenden Beschreibung eines seiner in dieses Gebiet fallenden Patente eine graphische Methode zur Anwendung gebracht, welche klar und einfach und für den Fachmann vollkommen ausreichend ist, aber für die Vermittlung des Verständnisses an, dem Gegenstand Fernstehende nicht benutzt werden kann; es blieb daher nichts übrig, als die aus den Tafeln ersichtliche Methode zu wählen, die in geringem Umfange auch schon von anderen Autoren verwendet wurde und die Verschlingung der Fäden unmittelbar ohne Zuhilfenahme von allzuviel Vorstellungsvermögen vor Augen führt, dafür aber grosse räumliche Ausdehnung verlangt, wenn die aufeinanderfolgenden Verschlingungsphasen von Rapport zu Rapport dargestellt werden sollen. Diese räumliche Ausdehnung erforderte Sparsamkeit in der Anwendung, und es sind daher hie und da einzelne nicht unbedingt nothwendige Phasen ausgelassen, deren Einschiebung dem aufmerksamen Leser des Buches nicht schwer werden dürfte.

Bei der Behandlung der schmalen Spitzengewebe musste diese Darstellung ganz aufgegeben werden, einerseits, weil die Abbildungen selbst räumlich — namentlich in der Länge — bedeutend gewachsen wären, die Anzahl der aufeinanderfolgenden Verschlingungsphasen wesentlich zugenommen und die Anzahl der Tafeln ausserordentlich vermehrt hätte; andererseits, weil vorausgesetzt werden konnte, dass derjenige, welcher sich in die vorhergehenden Kapitel vertieft hatte, für diesen letzten Theil der Darstellung seinem Vorstellungsvermögen überlassen werden konnte.

Ich bin weit davon entfernt, behaupten zu wollen, den Gegenstand erschöpft zu haben, und wenn dem Buche ein Verdienst zugesprochen werden wird, was ich voraussetzen zu dürfen glaube, so fällt ein Haupttheil meinem hochverehrten, oben genannten Freunde deshalb zu, weil er durch die Gestattung der Durchführung dieser Studien an Ort und Stelle diese letzteren überhaupt ermöglichte, wofür ich ihm hiermit öffentlich den herzlichsten Dank sage.

Zum Schlusse sei noch der wichtigsten Literatur Erwähnung gethan:

K. Karmarsch, Bobbinet. Artikel in Prechtls Technologischer Encyclopädie. II. Band, S. 497. Stuttgart, 1830. Beschreibung der alten, zum grössten Theil aus Holz hergestellten Bobbinetmaschine mit dem Warenbaum nach unten.

J. Schneider, Bobbinet. Artikel im ersten Supplement-Bande zu J. J. R. v. Prechtls Technologischer Encyclopädie. S. 515. Stuttgart 1857; enthält eine Beschreibung der Erzeugung des streifenförmigen Bobbinets und der sogenannten double-locker-Maschine.

M. Keenan, Métier a tulle. Artikel in Publication industrielle des Machines outils et appareils p. Armengaud ainé; Paris 1853. S. 351. Geschichtliches und Beschreibung der Erzeugung der breiten Spitzengewebe.

H. Fischer, Die Spitzenmaschine v. Eugen Malhère in Paris. Artikel in Dingler's Polytechnischem Journal. Jahrg. 1881, Band 240, S. 274. Beschreibung der genannten Klöppelmaschine.

H. Fischer, Spitzen. Artikel in Karmarsch und Heeren's Technischem Wörterbuch. Dritte Auflage von F. Kick und Dr. W. Gintl. VIII. Band. S. 363. Kurze Beschreibung der Herstellung der Hand- und Maschinenspitzen.

E. Müller, Ueber Bobbinetmaschinen mit Jaquard. Artikel im Civilingenieur Band XXX, 8. Heft. Beschreibung der neueren Spitzenmaschinen.

Sämmtliche erwähnten Publicationen sind als hervorragend auf diesem Gebiete zu bezeichnen, werden auch in der graphischen Darstellung den strengsten Anforderungen gerecht, behandeln aber in überwiegender Weise blos die Maschinen dieser Industrie und konnten daher auch nicht als Grundlage für das vorliegende Werk herangezogen werden, welches mit genannter Hilfe ausschliesslich auf eigenen Beobachtungen und Studien aufgebaut ist.

Die so gediegenen Technologischen Studien im sächsischen Erzgebirge v. Prof. H. Fischer sind oben nicht erwähnt, weil sie die mechanische Herstellung der Spitzen unberührt lassen und daher nicht strenge zur Sache gehören.

Brünn, im November 1891.

Prof. Max Kraft.

Inhaltsverzeichniss.

	Seite
Einleitung	1
Erster Abschnitt: Die Bindungen	7
Erstes Kapitel: Die Bindungen der Bobbinet-Gewebe	8
a) Herstellung des breiten glatten Bobbinet-Gewebes	9
α) Erzeugung des glatten breiten Bobbinet-Gewebes mit einfacher Spulenreihe	9
β) Erzeugung des glatten breiten Bobbinet-Gewebes mit doppelter Spulenreihe	14
b) Herstellung des schmalen bandartigen Bobbinet-Gewebes (Entoilage)	21
c) Herstellung des breiten gefleckten Spulennetz-Gewebes (Spotted)	28
Zweites Kapitel: Die Bindungen der spitzenartigen Gewebe	37
A. Die Bindungen der breiten Spitzen-Gewebe	43
a) Die Grundbindungen	43
1. Der China-Loup oder englische Grund	43
2. Der französische Grund	48
3. Der Square-net- oder rhombische Grund	52
4. Der Guipure- oder Filet-Grund	58
5. Der Mocktravers- oder imitirte Bobbinet-Grund	59
6. Der Matitsch-Grund	62
b) Die Musterbindungen	64
1. Der China-Grund mit einfacher, doppelter und mehrfacher Leinwand	67
2. Der französische Grund mit doppelter und mehrfacher Leinwand	72
3. Der Square-net-Grund mit einfacher, mehrfacher und aufgelegter Leinwand	73
4. Der Square-Grund mit dicken Fäden	86
5. Der Guipure-Grund mit einfacher, mehrfacher und aufgelegter Leinwand	88
6. Der Mocktravers-Grund mit einfacher, mehrfacher und aufgelegter Leinwand	88
7. Der Matitsch-Grund mit einfacher, mehrfacher und aufgelegter Leinwand	88
B. Die Bindungen der schmalen Spitzen-Gewebe	95
a) Die Grundbindungen	96
1. Der China-Loup oder englische Grund	96
2. Der französische Grund	99
3. Der Square-Grund	99
4. Der Filet-Grund	105
5. Der Mocktravers-Grund	105
6. Der Ensors-net-Grund	109
b) Die Musterbindungen	115

Einleitung.

Diejenigen Textil-Produkte, die wir mit dem Namen Bobbinet (Tüll), Spitzenvorhang und Spitze bezeichnen, können ohne Anstand mit dem Gattungsnamen „Gewebe" bedacht werden, wenn wir unter dieser Bezeichnung Produkte begreifen, die durch eine gesetzmässige Verschlingung von Faden-Systemen erzeugt wurden, da dies ja auch bei der Erzeugung der zu besprechenden Textil-Produkte der Fall ist.

Zwischen den Geweben im gewöhnlichen Sinne jedoch und den oben erwähnten Produkten sind bedeutende Unterschiede vorhanden.

Diejenige Kategorie von Textil-Produkten, die wir als Gewebe im engsten Sinne zu bezeichnen gewohnt sind, bestehen aus gesetzmässig verschlungenen Fäden, welche so nahe aneinander gerückt werden, dass die Zwischenräume (Poren) für das unbewaffnete Auge in den meisten Fällen verschwinden und die unter oder hinter dem Gewebe befindlichen Gegenstände unsichtbar werden; wir können dieselben kleinmaschige (undurchsichtige) Gewebe nennen zum Unterschiede von denjenigen Geweben im weiteren Sinne, bei welchen die gekreuzten Fäden so weit von einander abstehen, dass sich deutlich sichtbare Zwischenräume (Poren) bilden, das Gewebe mehr oder weniger durchsichtig wird und die folgerichtig als grossmaschige (durchsichtige) Gewebe bezeichnet werden können.

Zu den letzteren gehören dann die gazeartigen Gewebe, die man bisher zu den Geweben im engsten Sinne zu rangiren gewohnt war, weil sie auf dem gewöhnlichen Webstuhle erzeugt werden, ferner die gewirkten, die genetzten Gewebe, die bobbinetartigen und Spitzen-Gewebe.

Die Gewebe also, die hier besprochen werden sollen, sind sämmtlich grossmaschige Gewebe.

Lassen sich dieselben schon in Folge ihres Aeusseren leicht von der ersten Kategorie (den kleinmaschigen Geweben) unterscheiden, so sind sie auf Grund ihrer Herstellungsweise noch leichter, d. h. eben so leicht wie die gewirkten und genetzten Gewebe von denselben zu trennen, wenn man auch den hierbei zur Anwendung kommenden Prozess im weiteren Sinne mit „Weben" und den dazu gehörigen Apparat als „Webstuhl" bezeichnen könnte.

Ebenso wie die kleinmaschigen werden auch die hier zu besprechenden grossmaschigen spitzenartigen Gewebe — unter welchen ich in der Folge auch die bobbinetartigen verstehen will — der Hauptsache nach aus zwei Fadensystemen hergestellt, von welchen das eine, Kette genannte System aus einer bestimmten Anzahl parallel zu einander gespannter Fäden, das zweite — Einschlag oder Schuss genannte — System aus einer ebenfalls bestimmten Anzahl von Fäden besteht, die nach einem besonderen für jede Gewebeart festgelegten Gesetze mit den Fäden der Kette verbunden werden. Der Unterschied zwischen diesem Prozess und der Weberei, sowie zwischen dem Bobbinet- und Spitzenstuhl und dem Webstuhl besteht hauptsächlich in folgendem:

1. Die Theilung, d. h. die sogenannte Hauptbewegung der Kette geht nicht in einer zur Gewebefläche senkrechten Ebene, wie bei den gewöhnlichen Geweben, sondern in einer zur Gewebefläche parallelen Ebene vor sich; das Fach liegt daher in der Gewebefläche, woraus sofort ersichtlich, dass sich die Fächer der einzelnen bewegten Kettenfäden nicht, wie beim Webstuhl, zu einem gemeinschaftlichen Fache vereinigen, sondern gesonderte Fächer bilden.
2. Statt der aufeinander folgenden Anwendung eines Schützen oder einer nicht erheblichen Anzahl von Schiffchen (Schützen), wie dies bei der gewöhnlichen Weberei der Fall ist, werden bei der Herstellung der spitzenartigen Gewebe gleichzeitig so viele Schützen in Bewegung gebracht, als Kettenfäden vorhanden sind.
3. Diese Schiffchen bewegen sich nicht wie beim gewöhnlichen Weben senkrecht zur Längenrichtung des Gewebes, sondern senkrecht zur Gewebefläche selbst, da ja die gebildeten Fächer in dieser Fläche liegen.
4. Der während einer Bewegung der Schiffchen eingelegte Schussfaden erstreckt sich niemals über die ganze Breite des Gewebes, wie dies beim gewöhnlichen Weben die Regel ist, sondern verbindet oder berührt nur eine beschränkte Anzahl von Kettenfäden, wie dies z. B. bei den broschirten Geweben der Fall ist.

Zu diesen Unterschieden gesellt sich noch der Umstand, daſs das gegenseitige uns geläufige Verhältniss von Kette und Schuss bei den in Rede stehenden Geweben nicht immer strenge eingehalten ist, ja dass dieselben sogar bei der Herstellung gewisser Gewebearten ihre Rollen tauschen.

Hält man sich dies alles vor Augen, so wird man zugestehen müssen, dass im Grossen und Ganzen eine Aehnlichkeit mit dem Weben vorhanden ist, dass sich jedoch in den Details gewichtige Verschiedenheiten ergeben, die folgerichtig eine vollkommene Aenderung in den Constructions-Verhältnissen des zur Ausführung des Prozesses bestimmten Mechanismus bedingen, so dass der Bobbinet- und Spitzenstuhl einen vom gewöhnlichen Webstuhl vollkommen abweichenden Charakter zeigt; nur in der Hauptbewegung der Kette, in der Construction der Schäfte und des Rietes ist einige Aehnlichkeit nicht zu leugnen.

Betrachtet man die vor der Anwendung der Maschinenarbeit — also durch die Hand — erzeugten grossmaschigen Gewebe der hier zu besprechenden Gattung, so können wir sie — wie die gewöhnlichen Gewebe — in glatte und gemusterte Gewebe unterscheiden. Bei den letzteren tritt sofort der Unterschied zwischen Grund und Figur oder Muster auf, der bei diesen Geweben ausschliesslich bloss durch Deckung des Raumes und nur höchst selten durch Verschiedenheit der Farben und Deckung des Raumes erreicht wird, wobei nicht zu vergessen, dass es gemusterte Gewebe giebt, die nur aus aneinander gereihten Figuren bestehen, bei welchen daher jeder Grund fehlt, wie dies z. B. bei den Guipure- und Cluny-Spitzen der Fall ist; bei diesen Geweben wird der Grund durch die bei der Benutzung der Spitze unbedingt nöthige Unterlage geschaffen.

Die glatten Gewebe, welche gewissermassen nur aus Grund bestehen, indem höchst einfache, geometrische Figuren — das Quadrat, das Sechseck, der Kreis etc. — in gleicher Grösse aneinander gereiht werden, sind dadurch erzeugt, dass durch entsprechende Auseinanderhaltung der Bindungspunkte der zur Verbindung gelangenden Fadensysteme, genügend grosse Poren entstehen um das grossmaschige Ansehen und die Durchsichtigkeit zu erzielen.

Bei den gemusterten Geweben, welche mit einem Grund versehen sind, wird dieser letztere gerade so erzeugt wie die glatten Gewebe, während man den Contrast von Grund und Figur dadurch erreicht, dass bei Herstellung der Figur die Bindungspunkte der zu verbindenden Faden-Systeme und damit die einzelnen Fäden so nahe aneinander gerückt werden, dass eine mehr oder weniger vollkommene Deckung des Raumes d. h. eine grössere oder geringere Beeinträchtigung der Durchsichtigkeit entsteht, wodurch es möglich wird, eine ziemlich weitgehende Schattirung resp. Nuancirung der Zeichnung zu erreichen.

Die gemusterten Gewebe ohne Grund werden in der Weise erzeugt, dass man die Fäden eines oder mehrer Faden-Systeme dort wo die Figur entstehen soll, nahe aneinander legt, dieselben durch ein zweites Faden-System, ohne eine geometrische Gesetzmässigkeit einzuhalten, verbindet und die aneinander gereihten Figuren durch einzelne, oft ganz unregelmässig angeordnete Fäden zu einem Ganzen verknüpft.

Bei vielen der gemusterten Gewebe, namentlich denjenigen mit Grund, sind die Figuren, ähnlich den Damast-Geweben, äusserst mannigfaltig, complizirt und oft ganz unregelmässig auf eine mitunter ziemlich breite Fläche vertheilt, wobei jedoch den Damast-Geweben gegenüber die Schwierigkeit vorherrscht, dass der Grund d. h. das um die Figur befindliche Gewebe durchsichtig, die Figur selbst aber undurchsichtig sein soll, während bei den Damast-Geweben Grund und Figur gleiche Undurchsichtigkeit zeigen.

Dieser Umstand ist aber für den Constructeur einer, zur Erzeugung dieser Gewebe, brauchbaren Maschine äusserst hinderlich, da es sich, abgesehen von der bei der Handarbeit üblichen Bindungsart, um eine sehr variable räumliche Vertheilung des Fadenmaterials handelt. Während an der Stelle des Gewebes, wo eine räumlich begrenzte Figur entstehen soll, eine bedeutend grössere Quantität des Fadenmateriales pro Flächeneinheit zur Verwendung gelangt, soll nun plötzlich an den, bei der Erzeugung dicht auf die Figur folgenden Stellen eine beträchtlich geringere Qualität verbraucht werden, um die Durchsichtigkeit nicht zu beeinträchtigen. Dass sich dieses Ziel weder auf dem gewöhnlichen Webstuhl noch auf dem Broschir-Stuhl erreichen lässt, ist leicht einzusehen, da bei beiden wenigstens der Grundschuss über die ganze Breite des Gewebes hinweg reicht, abgesehen davon dass mit der Broschirlade nur an bestimmten und nicht an allen Stellen des Gewebes Figuren erzeugt werden können, wie dies bei den spitzenartigen Geweben grösserer Breite nothwendig ist.

Am einfachsten dürfte sich daher derjenige Weg gestalten, den die bisherigen Constructeure eingeschlagen haben, der sich in der Praxis vollkommen bewährt hat und der darin besteht, dass jedem Kettenfaden ein, mit diesem parallel laufender, Schussfaden beigesellt wird, der dort, wo eine Deckung nicht eintreten soll um den ersteren herumgewickelt, d. h. mit demselben gezwirnt wird, während er an denjenigen Stellen des Gewebes, wo eine räumliche Deckung eintreten soll von seinem Kettenfaden weg nach links oder rechts geführt und mit den benachbarten Kettenfäden verbunden wird. Schon aus dem Grunde, weil derselbe immer wieder zu seinem Kettenfaden zurückkehren muss, legt sich Fadenkörper an Fadenkörper und tritt eine gewisse Deckung ein. Der Weg eines solchen Fadens lässt sich im Allgemeinen durch Fig. 1. Taf. I illustriren, woraus ersichtlich, dass durch dieses

Seitwärtsführen des Fadens, das sich innerhalb gewisser Grenzen über eine beliebige Anzahl von Kettenfäden erstrecken kann, in Gemeinschaft mit den zunächst liegenden Schussfäden beliebige Figuren und eine beliebig starke Deckung der Fläche erzeugen lassen. So ist die Deckung bei a und b eine vollkommene, bei c nur eine theilweise und auch diese letztere lässt sich noch in verschiedenem Grade erreichen, wodurch die Mittel zu einer beliebigen Schattirung gegeben sind.

In dieser Figur sind $k\,k_1\,k_2$ drei neben einander angeordnete Kettenfäden; s der zu k_1 gehörige Schiffchenfaden. In Wirklichkeit wird der Kettenfaden k_1 bei der Zwirnung mit s nicht geradlinig bleiben, sondern sich unter der Umschlingung gleichfalls einbiegen wie dies aus Fig. 2 ersichtlich. In Fig. 1 ist diese Schmiegsamkeit des Kettenfadens nicht berücksichtigt um die Klarheit der Zeichnung nicht zu beeinträchtigen. Ist nun einmal die Nothwendigkeit erkannt, jedem Ketten- einen zugehörigen Schussfaden beizufügen, so folgt daraus sofort, dass das den letzteren enthaltende Schiffchen — wenn die Construction des Apparates nicht zu complicirt werden soll — sich senkrecht zur Gewebefläche bewegen muss, wodurch sowohl die Lage der Kette im Raume, als auch die Form des Schiffchens bestimmt ist.

Die Kette wird am besten in verticaler Lage angeordnet werden, da bei einer horizontalen Lage das Schiffchen, bei seiner Bewegung vor und hinter das Gewebe, eine verticale Richtung einhalten müsste, wobei in Folge des Eigengewichtes ungleiche Verhältnisse während des Hin- und Herganges eintreten würden.

Da das Schiffchen bei Bewegung stets zwischen zwei Kettenfäden hindurch gehen muss, diese aber im Allgemeinen verhältnissmässig, bei sehr feinen Geweben aber sehr nahe aneinander stehen, so muss das Schiffchen so dünn als möglich construirt sein, während das Bestreben, möglichst viel Fadenmaterial in demselben anzuhäufen dagegen mehr in den Hintergrund treten muss. Aus dem Bestreben beiden Bedingungen zu genügen ergiebt sich sodann eine Form, bei welcher die Dimension der Stärke thunlichst klein, die übrigen Dimensionen thunlichst gross gewählt werden.

Das Schiffchen, englisch *carriage* — Wagen genannt, besteht daher wie aus Fig. 3 und 4 Taf. 1 zu ersehen, aus einer in der Grundform dreieckigen Blechplatte P von entsprechender Dimension, die in ihrer Mitte ein rundes Loch besitzt, in welches die Spule S — bobbin — eingesetzt und durch eine Feder f drehbar festgehalten wird. Diese Spule S Fig. 3 und 5 besteht aus zwei durch Nieten verbundenen runden Messingblättchen $m_1\,m$, die am Rande etwas dünner hergestellt, hier zwischen sich einen Hohlraum lassen, in welchem der Schussfaden aufgespeichert wird, der während der Arbeit von der sich in Folge des Fadenzuges drehenden Spule abwickelt, und durch das, im obersten Theile des Schiffchens angebrachte Loch o dem Gewebe zuläuft. Dieser Faden wird zum Unterschiede von anderen, ebenfalls auf Spulen aufgewickelten Fäden, bobbin-Faden genannt, könnte deutsch wohl auch Schiffchen- oder Schützen-Faden genannt werden.

Dieser Faden resp. das Schiffchen soll nun abwechselnd vor und hinter die Kette gebracht werden, welch letztere hierbei in verticaler Richtung, sonst aber ganz ähnlich wie bei gewöhnlichen Webstühlen angeordnet ist, sich daher von einem unten angebrachten Kettenbaum ab, und mit den übrigen Fadensystemen zum Gewebe verbunden auf einem oben liegenden Waarenbaum continuirlich aufwickelt. Die Kette geht dabei an einer Leiste L Fig. 6 vorüber, in deren Nähe die eigentliche Bildung des Gewebes, die Aneinanderreihung der gebildeten Verschlingungen stattfindet.

Um nun das, durch das Bindungsgesetz vorgeschriebene, in der Gewebefläche liegende Fach zu bilden, sind die gleichlaufenden Ketten und sonstigen, zur Bindung nothwendigen Fäden durch ösenähnliche Häckchen von Nadeln N Fig. 8 gezogen, welch letztere an einer gemeinschaftlichen Stange t der sogenannten Leiter befestigt sind. Wird diese Stange — Leiter — nun nach der einen oder anderen Richtung in Bewegung gesetzt, so müssen alle in dieselbe eingezogenen Fäden dieser Bewegung folgen. Diese Leitern haben daher denselben Zweck, wie die Schäfte des gewöhnlichen Webstuhls, werden aber nicht wie diese senkrecht, sondern parallel zur Gewebefläche und senkrecht zu der Richtung der Kettenfäden bewegt. Für verschiedene Bindungen ist eine wechselnde Anzahl von Leitern — wie beim gewöhnlichen Webstuhl — nothwendig.

Die Schiffchen müssen bei ihrer Bewegung durch eine entsprechend gestaltete Bahn so geleitet werden, dass sie genau zwischen den durch die Bindung vorgeschriebenen Kettenfäden hindurchgehen. Diese Bahn muss für jedes Schiffchen so fixirt sein, dass eine unbeabsichtigte Verwechslung der einzelnen Bahnen nicht stattfinden könne; auch muss diese Bahn, deren Richtung senkrecht zur Gewebefläche steht, so gestaltet sein, dass sie der Kette und den sonst noch zur Gewebebildung dienenden Fäden genügenden Raum lässt. Sie besteht dem zu folge, wie aus Fig. 6 u. 7 ersichtlich, aus zwei Haupttheilen $K K_1$, von welchen der eine vor, der andere hinter der Gewebefläche angeordnet ist, so dass zwischen beiden der oben erwähnte Raum für die Kette in entsprechendem Ausmasse vorhanden ist. Jeder dieser Theile enthält mindestens so viel schmale, rinnenförmig, durch vertikale Wände $w w_1$ gebildete Bahnen $b b_1$ als Schiffchen in Thätigkeit kommen sollen; wobei selbstverständlich die demselben Schiffchen dienenden Rinnen der beiden Theile einander aufs genaueste gegenüber stehen müssen. Da durch die grosse Anzahl der, die einzelnen Bahnen trennenden Wände $w w_1$ diese Theile der Gestalt eines Kammes nahe kommen, werden dieselben als vorderer und hinterer Kamm bezeichnet wobei die Stellung des Arbeiters vor der Maschine d. h. bei der Ausrückvorrichtung als Orientirung dient.

Endlich ist noch das Werkzeug zu erwähnen, welches durch seine Bewegung die durch Fachbildung der Ketten und sonstigen Bindungsfäden, sowie durch die Vor- und Rückwärts-Bewegung der Schiffchen entstandene Verschlingung dicht über den Schiffchen erfasst, bis zur oben erwähnten Leiste L emporhebt und so lange fix erhält, bis die unmittelbar darauf folgende Fadenverschlingung gebildet ist.

Dieses dem Riete des Webstuhles ähnliche und die gleichen Functionen ausführende Werkzeug besteht aus zwei über die ganze Gewebeweite hinwegreichenden Stangen $p p_1$ Fig. 6 und 9, an welchen mindestens eben so viel mässig lange Stahlspitzen r — Nadeln — angebracht sind, als Kettenfäden, resp. Schiffchen zur Anwendung kommen. Von diesen sogenannten Nadelstangen, welche parallel zur Gewebefläche, aber senkrecht zur Kettenrichtung über den Kämmen angeordnet sind, befindet sich die eine vor, die andere hinter dem Gewebe.

In Fig. 6 ist ausser der Kette und den Schiffchenfaden noch ein zweites durch die Leiter t gezogenes Fadensystem in Anwendung.

Von den Schiffchen P, deren Anzahl etwa gleich der Anzahl der Kettenfäden ist, sind nur 4 Stück gezeichnet.

Die zum Verständnisse des nachfolgenden, die Bindung der einzelnen Gewebearten behandelnden Kapitels, unbedingt nötigen, oben beschriebenen Apparate sind daher folgende:

    1. Der Ketten- und Waarenbaum, zwischen welchen die Kette ausgespannt ist.

2. Die sogenannten Leitern, durch welche die Kettenfäden gezogen sind und welche die Fachbildung ermöglichen.
3. Die Schiffchen mit zugehörigen Spulen, welche senkrecht zur Gewebefläche zwischen den Kettenfäden hindurchgehen und den Schussfaden enthalten.
4. Die sogenannten Kämme, welche den Schiffchen bei ihrer Bewegung als Unterlage, d. h. Bahn, dienen.
5. Die sogenannten Nadelstangen, welche die gebildeten Fadenverschlingungen zum Gewebe dicht an einanderreihen.

Die eingehendere Beschreibung dieser und sonstiger Apparate und Mechanismen der zur Erzeugung der besprochenen Gewebe dienenden Maschinen, wird in einem besonderen Abschnitte vorgenommen werden.

Die Bildung dieser Gewebe im Allgemeinen geht nun auf folgende Weise vor sich:

Während die Schiffchen z. B. im hinteren Kamme sich befinden, werden die Fächer durch eine beliebige Verschiebung der Leitern gebildet, wobei die Ketten, resp. sonstige, der Kette parallel gespannte Bindungsfäden, um einen, zwei oder mehrere Kettenfaden-Zwischenräume, d. h. um ein, zwei oder mehrere benachbarte Schiffchen nach links oder rechts verschoben werden; dann treten die Schiffchen durch die Fächer hindurch in den vorderen Kamm, worauf sämmtliche oder nur einige Leitern an ihre ursprüngliche Stelle, oder auch nur an eine, dieser nahegelegenen Stelle zurücktreten und gleichzeitig Fächer bilden, durch welche nun die Schiffchen wieder aus dem vorderen in den hinteren Kamm sich bewegen.

Es kann dabei öfter auch der Fall eintreten, dass an bestimmten Stellen des Gewebes gar keine Verschiebung der Ketten und sonstigen Fäden vorgenommen wird, in welchen Fällen an diesen Stellen die Schiffchen einfach zwischen den Fäden ohne eigentliche Fachbildung hindurchtreten, wobei der normale Zwischenraum zwischen zwei Kettenfäden als Fach dient.

Nach jeder Bewegung der Schiffchen erfolgt gewöhnlich eine Bewegung der entsprechenden Nadelstange, wodurch die gebildete Fadenverbindung fixirt und an die vorher gebildeten Verbindungen angereiht wird.

Wird keiner von den zwei Kettenfäden, zwischen welchen das Schiffchen hindurch geht, bewegt, so findet keine Bindung statt und der Schiffchenfaden bleibt seinem Kettenfaden, welch letzterer gewöhnlich links von ihm steht, parallel, welcher Vorgang bei der Herstellung grösserer Oeffnungen im Gewebe zur Anwendung kommt.

Wird der zum Schiffchenfaden gehörige, links stehende Kettenfaden um einen Kettenfaden-Zwischenraum nach rechts, und nach dem Passiren des Schiffchens wieder um dieselbe Grösse nach links verschoben, so werden diese beiden Fäden einfach verschlungen, gezwirnt.

Wird derselbe Kettenfaden nicht um einen solchen Zwischenraum, sondern um mehrere derselben nach links oder rechts verschoben, so wird er nach dem Passiren der Schiffchen an den zweiten, dritten, n ten Schussfaden rechts oder links von seinem Schwesterfaden gebunden, was bei der Herstellung complicirter Figuren der Fall ist.

Der ganze hier zu behandelnde Stoff lässt sich nun folgendermassen eintheilen:
I. Abschnitt. Die Bindungen dieser Gewebe.
II. Abschnitt. Die Mechanismen zur Ausführung dieser Bindungen.
III. Abschnitt. Vor- und Nacharbeiten.
IV. Abschnitt. Geschichtliches und Literatur.

Von diesen vier Abschnitten kann vorläufig nur der erste hier vorgelegt werden.

Erster Abschnitt.

Die Bindungen.

Dieser Abschnitt, welcher mehrere der wichtigsten Bindungen der grossmaschigen Bobbinet- und spitzenartigen Maschinen-Gewebe behandelt, lässt sich je nach der Gattung der Gewebe eintheilen:

    1. Kapitel. Bindungen der Bobbinet-Gewebe.
    2. Kapitel. Bindungen der spitzenartigen Gewebe.

Die graphische Darstellung dieser Bindungen ist — was die Fadenverschlingung selbst anbelangt — in bedeutend vergrössertem Massstabe — etwa 1:5 — durchgeführt, so dass selbst complicirtere Verschlingungen noch vollkommen deutlich dem Auge vorgeführt werden konnten. Während nun bei der Fadenverschlingung ein vergrösserter Masstab angewendet werden konnte und musste, ist dies bei anderen Grössenverhältnissen der Zeichnung nicht ausführbar gewesen, wenn nicht ein ganz unverhältnissmässig grosser Raum zu derselben verwendet werden sollte. So musste der Abstand zwischen der sich eben bildenden Gewebekante und den Leitern und Spulen viel kleiner genommen werden, als dies in der Wirklichkeit der Fall ist; ebenso mussten auch die Schiffchen (*carriages*) in bedeutend verkleinertem Massstabe genommen und ausserdem schematisch dargestellt werden, um nicht auf die Zeichnung derselben unnöthig Zeit und Mühe zu verschwenden.

Im Allgemeinen sind diese Fadenverschlingungen in viel grösserem Massstabe dargestellt als dies bei den bisher über diesen Gegenstand veröffentlichten Publicationen der Fall war.

Zu erwähnen wäre diesbezüglich noch, dass bei einigen dieser Verschlingungen die natürliche, im fertigen Gewebe sichtbare Lage der Fäden der gezeichneten Lage nicht ganz entspricht, einfach deshalb, weil sich die leicht biegsamen elastischen Fäden in der Wirklichkeit von selbst in diejenige Lage versetzen, welche ihnen durch den Druck resp. durch die Spannung der sie umschlingenden Fäden angewiesen wird. Auf das richtige Verständniss der Fadenverschlingung hat dies selbstverständlich gar keinen Einfluss, denn die Maschine bildet die Fadenverschlingung so wie sie gezeichnet ist und nur der gegenseitige Druck der Fäden auf einander bringt dann im fertigen Gewebe, ohne Zuthun der Maschine, also selbstthätig eine etwas geänderte Lage der Fäden hervor.

Erstes Kapitel.
Die Bindungen der Bobbinet-Gewebe.

Diese deutsch Spulennetz, häufig auch *Tulle anglais* = englischer Tüll genannten Gewebe, sind unstreitig diejenigen zur Gattung der Spitzen zu zählenden Gewebe, welche zuerst durch Maschinen hergestellt wurden, da die bei ihnen angewendete Fadenverschlingung eine der Maschinenarbeit günstige Regelmässigkeit zeigte. Im Anfange stellte man nur

a) das ganz glatte, aus sechseckigen Oeffnungen bestehende Gewebe in grossen Breiten her.

Später wurden auch in der Herstellung dieser Gewebe Aenderungen eingeführt und dadurch Varietäten erzeugt. Von diesen letzteren sind zu erwähnen:

b) das streifen- oder bandartige Spulennetz-Gewebe, auch *Entoilage* genannt, welches in verschiedenen schmalen Streifen erzeugt wird, und

c) das mit regelmässig vertheilten Punkten versehene, *Spotted* genannte, Spulennetz-Gewebe.

Die Bindung des Spulennetz-Gewebes hat insofern eine Aehnlichkeit mit den, am gewöhnlichen Webstuhle hergestellten Geweben, als der Schussfaden eben so wie bei den letzteren über die ganze Breite der Kette hinweggeht, allerdings mit dem constructiv wichtigen Unterschiede, dass sich dabei jeder Schussfaden um jeden Kettenfaden einmal herumschlingt, wie dies aus Fig. 10 Taf. I. ersichtlich ist. Da nun gleichzeitig soviel Schuss- als Kettenfäden arbeiten, die Hälfte der Schussfäden das Gewebe von rechts nach links, die andere Hälfte in entgegengesetzter Richtung dasselbe durchläuft und hierbei ein grossmaschiges Gewebe erzeugt werden soll, so ist klar, dass die Schussfäden nicht senkrecht zur Kettenrichtung, sondern unter einem gewissen Winkel zu derselben liegen müssen.

Wie aus der erwähnten Figur ersichtlich, wird das Gewebe gewissermassen aus drei Fadensystemen gebildet: Aus den vertikal gezeichneten Kettenfäden $kkk\ldots$ und aus den nahezu unter einem Winkel von 45° durch die Kette sich schlingenden Schussfäden, von welchen — wie erwähnt — die eine Hälfte, das zweite System bildend, von oben links nach unten rechts; die andere Hälfte, das dritte System bildend, von oben rechts nach unten links zieht. Dabei sind diese nach entgegengesetzten Richtungen laufenden Schussfäden so angeordnet, dass sie sich zwischen zwei Kettenfäden in der Weise kreuzen, dass immer der von links nach rechts laufende Faden im Kreuze a oben, der von rechts nach links laufende unten liegt. Da nun der erstere gleichzeitig unter den benachbarten Kettenfäden, der letztere aber über dieselben hinweggeht, so ist dadurch eine stabile nicht leicht verwirrbare Bindung geschaffen, welche in der Wirklichkeit sechseckige Oeffnungen zeigt, die dadurch entstehen, dass die von einem Kreuze erfassten benachbarten Kettenfäden sich einander nähern, wodurch eine Erbreiterung der Oeffnungen (Maschen) an dieser Stelle entsteht, während gleichzeitig die ein Kreuz bildenden Fäden bei dem kleinen Massstabe der Wirklichkeit für das Auge in einen Faden d. h. in eine Gerade zusammenfallen. Während nun in Fig. 10, bei vertikalen Kettenfäden das Sechseck auf einer Spitze steht, steht dasselbe bei dem ausgeführten Gewebe in Folge der Spannungsverhältnisse der Fäden auf einer Seite.

Wenn wir nun einen der Schussfäden in seinem Laufe verfolgen, so sehen wir, dass derselbe sich um jeden Kettenfaden herumschlingend, schief durch das ganze

Gewebe hindurchläuft, bis er den letzten äussersten Kettenfaden erreicht hat; an dieser Stelle kehrt der Faden um und geht nun in entgegengesetzter Richtung abermals über die ganze Breite des Gewebes hinweg. Gehört der Faden dem im Kreuze oben liegenden Fadensystem an, so geht derselbe nun bei seiner Umkehr in das im Kreuze unten liegende System über und umgekehrt. Bei der Umkehrung an der Kante des Gewebes, schlingt sich der Faden entweder blos einmal — wie dies in Fig. 10 der Fall ist — oder auch zweimal, je nach Belieben um den letzten Kettenfaden herum. Am linken Rand-Kettenfaden gehen daher die Schussfäden in das obere, beim rechten Rand-Kettenfaden in das untere Schussfaden-System über.

a) Herstellung des breiten glatten Bobbinet-Gewebes.

Da die oben erwähnten, sich kreuzenden Schussfäden den Schiffchenspulen entnommen werden, daher Bobbinsfäden sind, so kann die beschriebene Bindung nur dadurch hergestellt werden, dass die Schiffchen nach jeder Umschlingung eines Kettenfadens um einen solchen nach rechts oder links rücken, je nachdem der ihnen entnommene Faden dem oberen oder unteren Schussfaden-Systeme angehört. Das Gewebe wird daher mit Hilfe **wandernder Spulen oder Schiffchen** erzeugt, wodurch sich der Erzeugungsprozess der echten Bobbinetgewebe von dem der spitzenartigen Gewebe hauptsächlich uuterscheidet.

Diese Spulenwanderung, welche das, in constructiver Beziehung charakteristische Merkmal der zur Erzeugung echter Bobbinet-Gewebe dienenden Maschinen ist, scheint auf den ersten Anblick kinematisch schwierig erreichbar zu sein, ist aber von den Erfindern dieser Maschinen in ebenso genialer als einfacher Weise gelöst, wie dies später im Detail gezeigt werden soll.

Die Erzeugung des zu besprechenden Gewebes kann nun entweder blos mit einer Spulen- resp. Schiffchenreihe, oder mit zwei hinter einander angeordneten Spulenreihen ausgeführt werden. Die Ausführung mit blos einer Spulenreihe ist die entschieden ältere.

α) Erzeugung des glatten breiten Bobbinet-Gewebes mit einfacher Spulenreihe.

Die Bewegungen, welche zur Erzeugung dieser Bindung nothwendig sind, sind folgende:
1. die Schaltbewegung der Kette vom Ketten- zum Warenbaum,
2. die Hauptbewegung der Kette durch eine Verschiebung der Leitern,
3. die Bewegung der Schiffchen von einem Kamm zum andern und zurück,
4. die Verschiebung dieser Kämme, wodurch die Spulenwanderung erreicht wird, und
5. die Bewegung der Nadelstangen.

Die Bewegung ad 1 geht continuirlich, eigentlich ruckweise, und ohne irgend eine Aenderung vor sich und wird daher weiter nicht in Betracht gezogen. Die Aufeinanderfolge der übrigen, periodischen, in bestimmten Beziehungen zu einander stehenden Bewegungen ist in den Figuren 11—21 Taf. I. und 22—24 Taf. II.; die dazu gehörigen, die Spulenwanderung herbeiführenden Verschiebungen der Kämme sind in den Figuren 25—33 Taf. II. dargestellt.

In diesen Figuren sind die Kettenfäden schwarz ausgezogen, die Bobbins- oder Spulenfäden schraffirt. Die Schiffchen sind schematisch, am unteren Ende der Spulenfäden durch ein längliches Viereck zum Ausdruck gebracht. Sind diese

Vierecke weiss belassen, so ist dies das Zeichen, dass die betreffenden Schiffchen im hinteren Kamm stehen, während die schraffirten Vierecke andeuten, dass sich dieselben im vorderen Kamm befinden.

Zur Beurtheilung der Zeitökonomie im besprochenen Erzeugungsprozesse ist ein entsprechendes Zeitmass nothwendig, durch welches eine vergleichende Besprechung der verschiedenen Prozesse ermöchlicht wird. Als Zeitmass wird die Zeit angenommen, welche nothwendig ist, um eine Bewegung der Schiffchen von einem Kamm zum andern, auszuführen. Dieses Zeitmass, eine Schiffchenbewegung, ist bei der wirklichen Ausführung des Prozesses verschieden lang, je nach der Complicirtheit des Gewebes und je nach der Anzahl und Art derjenigen Bewegungen, die zwischen zwei aufeinanderfolgenden Schiffchenbewegungen an den übrigen Constructionstheilen auszuführen sind, wobei als selbstverständlich vorausgesetzt ist, dass diese letzteren Bewegungen so schnell ausgeführt werden, als dies die Genauigkeit der Arbeit gestattet. Die Stellung der einzelnen zur Bindung nothwendigen Bestandtheile ist in den Figuren immer für denjenigen Zeitmoment dargestellt in dem die Schiffchen ihre Bewegung von einem Kamm zum andern beginnen. Sind die die Schiffchen darstellenden Vierecke weiss belassen, d. h. stehen die Schiffchen im hintern Kamm, so zeigt die Figur die Stellung der Theile in dem Zeitpunkte, in dem die Schiffchen beginnen, sich aus dem hinteren in den vorderen Kamm zu bewegen; und stehen die Schiffchen im vorderen Kamm, sind die Vierecke also schraffirt so zeigt die Figur die Stellung der Theile beim Beginn der Schiffchenbewegung aus dem vorderen in den hinteren Komm.

Die Fig. 11 Taf. I zeigt die Fadenstellung am Beginne des Erzeugungsprozesses.

In der Maschine sind so viel Kettenfäden K (schwarz ausgezogen) in vertikaler Richtung gespannt, als dies durch die Breite des Gewebes geboten erscheint; die acht in der Zeichnung dargestellten Kettenfäden sind daher die Repräsentanten der oft tausend übersteigenden Anzahl von Kettenfäden, die in Wirklichkeit in der Maschine vorhanden sind und können es auch ohne Anstand sein, da durch die Anzahl der Fäden an dem Prozesse nichts geändert wird. Die Leser werden daher gebeten, sich — behufs vollkommener Versinnlichung des in der Maschine stattfindenden Prozesses — zwischen dem rechten und linken Rand-Kettenfaden mehrere Hundert solcher Kettenfäden zu denken. Die beiden Randfäden sind in Wirklichkeit stärker gewählt als die übrigen Fäden um bei der Appretur der Gewebe, namentlich beim Spannen im Trockenprozess die nöthige Festigkeit zu bieten.

Die am unteren Ende der Kettenfäden gezeichneten kleinen Kreise deuten die Oesen der Leiter an, durch welche die Kettenfäden behufs Fachbildung durchgezogen sind. Bei dem besprochenen Prozess ist nur eine Leiter nothwendig, weil alle Kettenfäden die gleichen Bewegungen ausführen.

Zur Rechten eines jeden Kettenfadens steht der dazu gehörige Spulenfaden s an dessen unterem Ende die Schiffchen 1 2 3 4 5 6 7 8 durch die erwähnten Vierecke dargestellt sind. Diese sind nicht schraffirt, die Schiffchen befinden sich daher im hinteren Kamme und sind eben im Begriffe ihre Bewegung von hinteren zum vorderen Kamme zu beginnen.

Diese Stellung der Schiffchen ist in Fig. 25 Taf. II in Grundrisse dargestellt. Hier bedeutet Kh den hinteren Kamm, Kv den vorderen Kamm, beide mit den Schiffchenbahnen einander genau gegenüber gestellt. Die Kämme sind so wie die Schiffchen schematisch dargestellt.

1. Bewegung. Die Schiffchen gehen sämmtlich zwischen den Kettenfäden, rechts von denselben hindurch aus dem hinteren in den vorderen Kamme.

Die Kettenleiter, welche sich, wie dies schon besprochen wurde und in Fig. 6 Taf. I dargestellt ist, zwischen den beiden Kämmen befindet, wird um die Grösse eines Zwischenraumes zwischen zwei Kettenfäden nach rechts verschoben und stehen die Kettenfäden daher, wie Fig. 12 zeigt, schief, während die Schiffchen ihren Rückweg vom vorderen in den hinteren Kamm beginnen Fig. 26 Taf. II.

2. Bewegung. Alle Schiffchen mit Ausnahme des linken Randschiffchens 1 gehen links von ihren zugehörigen Kettenfäden vorbei aus dem vorderen in den hinteren Kamm, so dass sich am Ende dieser Bewegung Schiffchen 1 im vorderen, Schiffchen 2—8 im hinteren Kamme befinden Fig. 26 u. 27 Taf. II.

Die Kettenleiter bleibt auch nach dieser Schiffchenbewegung in ihrer früheren Stellung, die Kettenfäden daher in schiefer Lage Fig. 13.

Der hintere Kamm wird nun wie aus Fig. 27 ersichtlich um einen Kettenfaden-Zwischenraum resp. um ein Schiffchen nach rechts verschoben. Stellung Fig. 13 Taf. I.

3. Bewegung. Die Schiffchen 2 4 6 bewegen sich, wie in Fig. 27 durch Pfeile angedeutet ist, aus dem hinteren in den vorderen Kamm, so dass sich am Ende dieser Bewegung die Schiffchen 1 2 4 6 im vorderen, 3 5 7 8 im hinteren Kamme befinden, wobei die erst erwähnten rechts von ihren Kettenfäden vorübergegangen sind.

Die Leiter kehrt in ihre Normalstellung, die Kettenfäden daher in ihre vertikale Lage zurück.

Der hintere Kamm kehrt in seine Normallage zurück.

4. Bewegung. Die Zeit für die Schiffchenbewegung geht in diesem Stadium unbenützt verloren, da nach dem regelmässigen Gange der die Schiffchenbewegung ausführenden Constructionstheile der Maschine in dieser 4. Bewegungsperiode Schiffchen aus dem vorderen in den hinteren Kamm treten sollten, was jedoch bei den aufeinander folgenden, durch die Spulenwanderung bedingten Bewegungen nicht durchführbar ist. Diese Spulenwanderung verlangt vielmehr, dass nach dem Uebergang der Schiffchen 2 4 6 in den vorderen Kamm und nach einer Verschiebung dieses letzteren, auch die Schiffchen 3 5 7 aus dem hinteren in den vorderen Kamm übergehen.

Nach diesem, eine volle Schiffchenbewegung betragenden unproduktiven Zeitabschnitte wird der vordere Kamm um ein Schiffchen nach rechts gerückt, wie aus Fig. 28 ersichtlich.

Die Fadenstellung am Ende dieser 4. Bewegung zeigt Fig. 14, nur ist zu bemerken, dass die Schiffchen 6 8, welche in den Kämmen hinter einander stehen (Fig. 28), hier neben einander gezeichnet werden mussten; 6 steht jedoch wie zu sehen im vorderen, 8 im hinteren Kamme.

5. Bewegung. Die Schiffchen 3, 5, 7 werden aus dem hinteren in den vorderen Kamm gebracht und gehen hierbei ebenfalls rechts an ihren Kettenfäden vorbei.

Nach dieser Bewegung stehen die Schiffchen 1—7, jedoch in geänderter Ordnung, im vorderen, das Schiffchen 8 im hinteren Kamme Fig. 29.

Der vordere Kamm geht in seine Normalstellung zurück, die Kettenfäden resp. die Leiter rückt um einen Zwischenraum nach rechts.

Die Fadenstellung ist in Fig. 15, die Schiffchenstellung in Fig. 29 dargestellt und aus dieser Figur zu ersehen:

1. dass die Schiffchen 2 3 4 5 6 7 ihren Platz getauscht und daher eine Kreuzung der zugehörigen Bobbinsfäden zwischen dem 2. und 3., dem 4. und 5., dem 6. und 7. Kettenfaden bewirkt haben.

2. dass die Randschiffchen 1 und 8 von diesem Platzwechsel unberührt blieben und

3. dass die eine und zwar die vordere Nadelstange in Action getreten und mit den Nadeln n die erzeugten Fadenkreuze erfasst, bis zur Leiste L Fig. 6 emporgehoben und so für einige Zeit fixirt hat. Der Durchmesser der Nadeln n ist in Wirklichkeit gleich oder nahezu gleich dem Abstande zweier Kettenfäden, in der Figur jedoch viel kleiner gewählt.

6. Bewegung. Die Schiffchen 1—7 treten aus dem vorderen in den hinteren Kamm, wobei 1 3 5 7 8 links an den ihnen jetzt zunächst stehenden Kettenfäden vorüber gehen. Es stehen nun, wie aus Fig. 30 ersichtlich, sämmtliche Schiffchen im hinteren Kamme und zwar in der Reihenfolge:

1 3 2 5 4 7 6 8

Nach dieser Bewegung gehen die Kettenfäden, d. h. die Leiter, in ihre Normalstellung zurück.

Fadenstellung in Fig. 16.

7. Bewegung. Die Schiffchen gehen sämmtlich rechts an ihren zunächst stehenden Kettenfäden vorüber, aus dem hinteren in den vorderen Kamm.

Hierauf wird — wie aus Fig. 31 ersichtlich — der hintere Kamm um ein Schiffchen nach rechts gerückt und gleichzeitig auch die Kettenleiter (Fig. 17) um einen Zwischenraum nach rechts verschoben.

8. Bewegung. Die Schiffchen 3 5 7 8 gehen links an ihren Kettenfäden vorüber aus dem vorderen in den hinteren Kamm.

Nach dieser Bewegung rückt die Kettenleiter noch um einen Zwischenraum nach rechts, so dass die Fäden jetzt um zwei Kettenfaden-Abstände nach rechts verschoben erscheinen.

9. Bewegung. Die Zeit für die Schiffchenbewegung geht in diesem Prozessstadium wie bei der 4. Bewegung ungenutzt verloren, weil auch diesmal die betreffenden Maschinentheile in Folge ihrer regelmässigen Bewegung Schiffchen aus dem hinteren in den vorderen Kamm bringen sollten, während das Gesetz der Spulenwanderung dies aber nicht gestattet, sondern den Uebergang der jetzt im vorderen Kamm befindlichen Schiffchen bedingt.

Am Schluss dieser verlorenen Bewegungsperiode kehrt der hintere Kamm in seine Normalstellung zurück, während der vordere Kamm um ein Schiffchen nach rechts verschoben wird.

Schiffchenstellung in Fig. 32; Fadenstellung in Fig. 18.

10. Bewegung. Die Schiffchen 1 2 4 6 gehen links an ihren Kettenfäden vom vorderen in den hinteren Kamm. Es sind nun sämmtliche Schiffchen wieder im hinteren Kamm.

Nach dieser Bewegung rückt der vordere Kamm und die Kettenleiter in ihre Normalstellung.

Schiffchenstellung in Fig. 33; Fadenstellung in Fig. 19. Aus diesen Figuren ist zu ersehen:

1. dass durch diese letzten Bewegungen die Schiffchen 1 und 3, 2 und 5, 4 und 7, 6 und 8 ihre Plätze vertauscht und dadurch zwischen dem

1. und 2., dem 3. und 4., dem 5. und 6., dem 7. und 8. Kettenfaden Kreuze gebildet haben;

2. dass die Schiffchen 3 und 6 zu Randschiffchen, die dazu gehörigen Bobbinsfäden zu Randfäden geworden, welch letztere die Randkettenfäden einmal umschlungen haben. Der Bobbinsfaden 1 ist in das obere, der Faden 8 in das untere Fadensystem übergangen;

3. dass die hintere Nadelstange die gebildeten Kreuze erfasst und emporgehoben, die vordere Nadelstange aber sich zurückgezogen hat;

4. dass die Schiffchen- und Fadenstellung der Stellung vor der 1. Bewegung Fig. 11 und 25 entspricht; der Rapport also erreicht ist und der Prozess von neuem beginnen kann.

Schiffchenstellung: 3 1 5 2 7 4 8 6.

Die Figuren 20—24 zeigen die Fortsetzung des Prozesses und man sieht, dass die Figuren 20 mit 12, 21 mit 13, 22 mit 14, 23 mit 15, 24 mit 16 gleiche Schiffchen- und Fadenstellung zeigen. Mit dem Stadium Fig. 23 ist wieder eine Reihe Kreuze gebildet und ist die vordere Nadelstange zur Wirkung gekommen.

Die aufeinander folgenden Schiffchenstellungen sind daher:

```
1   2   3   4   5   6   7   8  ⎫  1. Kreuzung.
1   3   2   5   4   7   6   8  ⎭
3   1   5   2   7   4   8   6     2.      „
3   5   1   7   2   8   4   6     3.      „
5   3   7   1   8   2   6   4     4.      „
5   7   3   8   1   6   2   4     5.      „
7   5   8   3   6   1   4   2     6.      „
7   8   5   6   3   4   1   2     7.      „
8   7   6   5   4   3   2   1     8.      „
8   6   7   4   5   2   3   1     9.      „
6   8   4   7   2   5   1   3    10.      „
6   4   8   2   7   1   5   3    11.      „
4   6   2   8   1   7   3   5    12.      „
4   2   6   1   8   3   7   5    13.      „
2   4   1   6   3   8   5   7    14.      „
2   1   4   3   6   5   8   7    15.      „
1   2   3   4   5   6   7   8    16.      „
```

Die an den gleichen Zahlen entlang gezogenen punktirten Linien zeigen die Schiffchenwanderung im Zikzak über die ganze Gewebebreite deutlich an. Nach der 16. Kreuzung, d. h. nach der 8. Maschenreihe erreichen die Schiffchen ihre Anfangsstellung, woraus ersichtlich, dass diese Stellung erreicht wird, wenn die Zahl der gebildeten Kreuze die Schiffchenzahl um das Doppelte übersteigt.

Tabelle I.

Bewegungs-Periode	Schiffchenbewegung					Nachfolgende gleichzeitige Bewegungen			
	Bewegte Schiffchen	Diese treten		Die Schiffchen stehen am Schluss der Periode im		Kammbewegung		Leiterbewegung	
						Es rückt um ein Schiffchen der		Es steht die Leiter am Schluss der Periode von der Normalstellung	
		aus dem	in den	vorderen	hinteren	vordere	hintere	um einen	um zwei
				Kamme		Kamm nach		Zwischenräume nach	
1.	1 2 3 4 5 6 7 8	hinteren Kamm	vorderen Kamm	1 2 3 4 5 6 7 8				rechts	
2.	2 3 4 5 6 7 8	vorderen Kamm	hinteren Kamm	1	2 3 4 5 6 7 8		rechts	rechts	
3.	2 4 6	hinteren Kamm	vorderen Kamm	1 2 4 6	3 5 7 8	links (Normallage)			
4.				1 2 4 6	3 5 7 8	rechts			
5.	3 5 7	hinteren Kamm	vorderen Kamm	1 3 2 5 4 7 6	8	links (Normallage)		rechts	
6.	1 3 2 5 4 7 6	vorderen Kamm	hinteren Kamm		1 3 2 5 4 7 6 8				
7.	1 3 2 5 4 7 6 8	hinteren Kamm	vorderen Kamm	1 3 2 5 4 7 6 8				rechts	rechts
8.	3 5 7 8	vorderen Kamm	hinteren Kamm	1 2 4 6	3 5 7 8	links (Normallage)			rechts
9.				1 2 4 6	3 5 7 8	rechts			rechts
10.	1 2 4 6	vorderen Kamm	hinteren Kamm		3 1 5 2 7 4 8 6	links (Normallage)			

Die vorstehende Tabelle giebt einen Ueberblick über die zur Erzeugung dieser Bindung mit einfacher Spulenreihe unmittelbar nothwendigen Bewegungen. Aus derselben ist ersichtlich:

1. dass zwei ganze Bewegungsperioden, d. h. 20 % der zur Erzeugung einer Maschinenreihe nothwendigen Zeit unbenutzt verloren geht;
2. dass nur während zweier Perioden (1. und 7.) alle Schiffchen, während der gleichen Periodenzahl (2. und 6.) blos $7/8$ der Schiffchen, in den zwei Bewegungsperioden 8 und 10 blos die Hälfte der Schiffchen und endlich wieder in zwei Perioden (3. und 5.) nur $3/8$ der Schiffchenzahl in Bewegung gesetzt wird, was auf die ökonomische Verwerthung der zur Anwendung gebrachten Kraft ungünstig einwirken muss;
3. dass beide Kämme zweimal nach rechts um ein Schiffchen aus der Normalstellung gerückt werden, und
4. dass die Kettenleiter viermal nach rechts um einen und um zwei Kettenfaden-Zwischenräume aus der Normalstellung gerückt wird.

β) Erzeugung des glatten breiten Bobbinet-Gewebes mit doppelter Spulenreihe.

Der Hauptunterschied dieser Methode gegenüber der vorher beschriebenen besteht darin, dass zwei Ketten und zwei Schiffchen hinter einander zur Anwendung kommen. Die Vortheile, die hieraus resultieren, sollen am Schlusse dieser Beschreibung nachgewiesen werden.

Die Fadenstellung bei dieser Methode ist in den Figuren 34—40 Taf. II. und Fig. 41—53 Taf. III. und IV., die Stellung der Schiffchen in den Fig. 54—66 Taf. IV. dargestellt.

Die Fadenstellungs-Figuren führen immer diejenige Stellung vor Augen, bei welcher die Schiffchen ihre Bewegung beginnen. Sind die die Schiffchen repräsentirenden Vierecke weiss belassen, so zeigt die Figur diejenige Fadenstellung, bei welcher die im hinteren Kamme befindlichen Schiffchen eben im Begriffe sind, sich in den vorderen Kamm zu bewegen; sind diese Vierecke schraffirt, so stehen die Schiffchen im vorderen Kamme und sind eben im Begriffe, sich in den hinteren Kamm zu bewegen. Zwischen diese beiden Endstellungen schiebt sich nun bei dieser Methode immer eine Mittelstellung ein, bei welcher ein Theil der Schiffchen im vorderen, ein anderer Theil im hinteren Kamme sich befindet, weil hier zwei Spulenreihen, d. h. in jeder Bahn zwei Schiffchen hinter einander stehen, die ja nicht gleichzeitig aus einem Kamm in den andern übertreten können.

Soll nun bei einer solchen Mittelstellung z. B. Fig. 39 bestimmt werden, welche Schiffchen eben im Begriffe sind, die Bewegung zu beginnen, so muss die vorhergehende Figur 38 in Betracht gezogen werden; stehen in dieser Figur sämmtliche Schiffchen im hinteren Kamm, wie dies in Fig. 38 wirklich der Fall ist, so beginnen in Fig. 39 die noch im hinteren Kamm verbliebenen Schiffchen die Bewegung, indem sie in den vorderen Kamm vorrücken. Ist die Schiffchenbewegung z. B. für Fig. 37 zu bestimmen, so zeigt ein Blick auf Fig. 36, in welcher sämmtliche Schiffchen im vorderen Kamm stehen, dass in Fig. 37 die im vorderen Kamm verbliebenen Schiffchen die Bewegung beginnen müssen.

Da die in Wirklichkeit hintereinander stehenden Kettenfäden und Schiffchen in der Zeichnung nebeneinander dargestellt werden mussten, so muss erwähnt werden, dass die rechts stehenden, schwarzen Fäden der vorderen Kette, die rechts stehenden Schiffchen der vorderen Schiffchenreihe angehören und dass, wenn alle Schiffchen im hinteren Kamme stehen, selbstverständlich die vordere Reihe, wenn alle Schiffchen im vorderen Kamme stehen, ebenso selbstverständlich die hintere Schiffchenreihe die Bewegung beginnt.

Fig. 34, Taf. II zeigt die Anfangsstellung der Fäden in der Maschine. k sind die Fäden der vorderen Kette, welche in der Leiter L eingezogen sind; k_1 die Fäden der hinteren Kette, in die Leiter L_1 eingezogen, diese Fäden sind weiss belassen. Die Anzahl der in der Maschine eingezogenen Kettenfäden hängt von der Breite der Maschine und der Feinheit des Gewebes ab. Dieselbe beträgt gewöhnlich mehrere Hundert, welche in der Zeichnung durch neun Fäden repräsentirt sind. Die hintere Kette erhält rechts einen Faden mehr als die vordere.

Ausser diesen Fäden sind noch der linke Randfaden k_l und der rechte Randfaden k_r vorhanden, welche beide eine besondere Bewegung erhalten, aus stärkerem Material bestehen und dazu dienen, beim Spannen des Gewebes die nöthige Festigkeit zu geben.

Die Schiffchen der vorderen Reihe sind, wie in Fig. 54, Taf. IV, mit den Ziffern 6—11, die der hinteren Reihe mit 1—5 bezeichnet. Die der hinteren Spulenreihe angehörigen Schussfäden sind gezwirnt dargestellt, die der vorderen Reihe angehörigen sind weiss belassen. Aus den Schussfäden der vorderen Schiffchenreihe werden hier naturgemäss die im Kreuze oben liegenden, aus denen der hinteren Reihe die im Kreuze unten liegenden Bindungstheile hergestellt.

Bei dieser Bindung sind daher in Anwendung:

x Kettenfäden in der vorderen Kette;

$x+1$ Kettenfäden in der hinteren Kette;

2 Randfäden;

$2x+3$ Schiffchen, d. h. so viel Schiffchen als Ketten- und Randfäden zusammen vorhanden sind;

2 Leitern, je eine für jede Kette;

2 besondere Bewegungsapparate für die Randfäden.

Bevor ich auf die eigentlichen Bewegungsperioden übergehe, muss noch der Gang der Schiffchen näher beleuchtet werden.

Wenn sämmtliche Schiffchen in einem Kamme sich befinden, beginnt die Bewegung immer damit, dass diejenige Schiffchenreihe, welche der Kette am nächsten steht, zuerst in den anderen Kamm tritt, hierauf folgt eine Ruhepause, während welcher der eine Theil der Schiffchen im vorderen Kamme, der andere im hinteren Kamme sich befindet; während dieser kurzen Ruhe geht auch die Bewegung der Ketten vor sich. Hierauf erst folgen die zurückgebliebenen Schiffchen den vorangegangenen nach.

Vergleicht man diese Bewegung der Schiffchen mit derjenigen, welche bei der ersten Methode beschrieben wurde, so sieht man, dass eine jede Schiffchenbewegungsperiode der ersteren in zwei Theile getheilt erscheint. Fig. 54 Anfangsstellung; Fig. 55 Mittelstellung; Fig. 56 Endstellung einer Bewegung.

Die Bewegungsperiode Fig. 25 bis 26 der ersten Methode ist daher gleich der Bewegungsperiode Fig. 54 bis 56 dieser Methode.

Und nun zur Beschreibung der einzelnen aufeinander folgenden Bewegungen:

1. **Bewegung.** Die vordere Schiffchenreihe tritt aus dem hinteren in den vorderen Kamm, mit Ausnahme des rechten Randschiffchens 11, welches im hinteren Kamm zurückbleibt. Fig. 55, Taf. IV.

Pause, Fig. 35. In dieser, selbstverständlich nur ganz kurze Zeit währenden Pause rückt die Leiter L_1, d. h. die hinteren Kettenfäden k_1 um einen Kettenfaden-Zwischenraum nach links. Es legen sich diese daher über die hinteren Schussfäden, wie aus Fig. 35, Taf. II ersichtlich. Die vordere Kette und die Randfäden bleiben unbewegt.

Hierauf tritt die hintere Schiffchenreihe sammt dem Schiffchen 11 in den vorderen Kamm. Fig. 56, Taf. IV. Die Leiter L_1, d. h. die hintere Kette kehrt in ihre Normalstellung zurück und die erste Bewegung ist beendet. Fig. 36, Taf. II.

2. **Bewegung.** Die hintere Schiffchenreihe übergeht mit Ausnahme des Randschiffchens 11, in den hinteren Kamm, die vordere Schiffchenreihe bleibt im vorderen Kamm mit 11 zurück. Fig. 57, Taf. IV.

Pause, Fig. 37. In dieser Pause rückt die vordere Leiter L, d. h. die vorderen Kettenfäden k und der linke Randfaden um einen Zwischenraum nach rechts. Diese Fäden legen sich dadurch unter die vorderen Schussfäden. Die hintere Kette und der rechte Randfaden bleiben in Ruhe. Fig. 37, Taf. II.

Hierauf rückt die vordere Schiffchenreihe und Schiffchen 11 aus dem vorderen in den hinteren Kamm.

Die vordere Kette und der linke Randfaden treten in ihre Normalstellung zurück.

Die hintere Kette rückt um einen Zwischenraum nach links.

Die vordere Nadelstange beginnt mit ihren Nadeln n, links von den vorderen Schussfäden, dicht über den Schiffchen in die Fadensysteme einzutreten und die 2. Bewegung ist beendet. Fig. 38 und 58.

3. Bewegung. Die vordere Schiffchenreihe, mit Ausnahme des Schiffchens 11, tritt aus dem hinteren in den vorderen Kamm. Fig. 58, Taf. IV. die Schiffchen sind daher wieder auf beide Kämme vertheilt. Fig. 59.

Pause, Fig. 39. In dieser rückt die hintere Kette in ihre Normalstellung zurück, wodurch das erste Kreuz gebildet wird. Die Nadeln n rücken um etwas nach rechts, um die herankommenden hinteren Schussfäden auf ihre linke Seite zu bekommen, unterfangen dadurch das Kreuz und heben dasselbe auf die Höhe der Leiste L. Fig. 6, Taf. I.

Nun tritt die hintere Schiffchenreihe mit 11 aus dem hinteren in den vorderen Kamm und alle Schiffchen stehen nun wieder im letzteren, Fig. 60.

Die vordere Kette und der linke Randfaden gehen um einen Zwischenraum nach rechts und legen sich dadurch unter die hinteren Schussfäden. Fig. 40.

Die hintere Kette und der rechte Randfaden bleiben unbewegt und die dritte Bewegung ist zu Ende, Fig. 40 u. 60.

4. Bewegung. Die hintere Schiffchenreihe ohne 11 rückt aus dem vorderen in den hinteren Kamm Fig. 60, Taf. IV: die Schiffchen sind wieder auf beide Kämme vertheilt Fig. 61.

Pause Fig. 41. Taf. III. Die vordere Kette und der linke Randfaden treten in ihre Normalstellung zurück.

Hierauf rückt die vordere Schiffchenreihe mit 11 aus dem hinteren in den hinteren Kamm wo nun alle Schiffchen wieder beisammen sind. Fig. 62.

Die hintere Kette rückt um einen Zwischenraum nach links. Fig. 42.

Der vordere Kamm — in dem sich jetzt kein Schiffchen befindet — rückt um ein Schiffchen nach links. Die vordere Kette und die Randfäden bleiben in Ruhe. Stellung Fig. 42 u. 62. Die 4. Bewegung ist beendet.

5. Bewegung. Die vordere Schiffchenreihe ohne Schiffchen 11 tritt aus dem hinteren in den vorderen, jetzt verschobenen Kamm, Fig. 62.

Pause Fig. 43. Die hintere Kette sowie der vordere Kamm gehen in ihre Normalstellung zurück Fig. 63.

Hierauf tritt die hintere Schiffchenreihe ebenfalls aus dem hinteren in den vorderen Kamm in welch letzterem nun sämmtliche Schiffchen in geänderter Ordnung vereinigt sind Fig. 64.

Dieser, nämlich der vordere Kamm rückt wieder mit allen darin befindlichen Schiffen um ein Schiffchen nach links. Beide Ketten, sowie die Randfäden bleiben in Ruhe. Die Nadeln n_1 der hinteren Nadelstange beginnen rechts an den hinteren Schussfäden, dicht über den Schiffchen der hinteren Schiffchenreihe sich gegen die verschlungenen Fadensysteme zu bewegen.

Die 5. Bewegung ist beendet. Fig. 44 u. 64.

6. Bewegung. Die hintere Schiffchenreihe mit Ausnahme des Schiffchens 1 tritt aus dem vorderen in den hinteren Kamm. Die Schiffchen sind wieder auf beide Kämme vertheilt. Fig. 65.

Pause Fig 45. In dieser bewegt sich der vordere Kamm in seine Normalstellung zurück.

Die vordere Kette und der rechte Randfaden rückt um einen Zwischenraum nach rechts. Die Nadeln n_1 gehen etwas nach links um die herankommenden vorderen Schussfäden auf ihre rechte Seite zu bekommen. Hierauf tritt die vordere

Schiffchenreihe auch aus dem vorderen in den hintern Kamm, wo nun alle Schiffchen in geänderter Reihenfolge versammelt sind. Fig. 66.

Die vordere Kette und der rechte Randfaden treten in ihre Normalstellung zurück.

Die Nadeln unterfangen das durch die letzten Bewegungen hergestellte zweite Kreuz und heben dasselbe bis zur Leiste L Fig. 6 Taf. I empor, wo sich gleichzeitig die andere Nadelreihe aus dem Gewebe zurückgezogen hat. Fig. 46 u. 66.

Die 6. Bewegung ist beendet und mit derselben der Rapport erreicht.

Die Ketten und Randfäden, sowie die Schiffchen resp. Schussfäden befinden sich, wie aus den Figuren 46 u. 66 ersichtlich, in derselben Lage wie zu Anfang der 1. Bewegung Fig. 34 Taf. II u. Fig. 54 Taf. IV.

Das Resultat dieser sechs Bewegungen ist also:
a) Die Bildung zweier versetzter Kreuzreihen resp. einer Maschenreihe in der dem Bobbinetgewebe eigenthümlichen Bindungsweise;
b) Die Wanderung der Schiffchen, durch welche das Schiffchen 1 aus der hinteren in die vordere, das Randschiffchen 11 aus der vorderen in die hintere Schiffchenreihe getreten und das Schiffchen 10 zum rechten Randschiffchen geworden ist.

Die Schiffchenstellung am Anfang der 1. Bewegung ist:

1 2 3 4 5
6 7 8 9 10 11

am Schluss der 6. Bewegung ist dieselbe:

2 3 4 5 11
1 6 7 8 9 10

Der Spulenfaden des Schiffchens 1 ist aus dem Systeme der im Kreuze unten liegenden in das System der im Kreuze oben liegenden Fäden, der Spulenfaden des Schiffchen 11 dagegen umgekehrt aus dem System der im Kreuze oben liegenden in das System der im Kreuze unten liegenden Fäden übergegangen. Die Schiffchen resp. Spulen- oder Schussfäden des hinteren resp. im Kreuze unteren Fadensytems sind um je einen Kettenfaden nach links; die Schiffchen resp. Fäden des oberen resp. vorderen Systems um einen Kettenfaden nach rechts gerückt.

Dass die Bindung bei den Randfäden auch anders ausgeführt werden kann ist selbstverständlich; so kann statt der halben Umschlingung des Schuss — um die Randfäden auch eine ganze Umschlingung wie in der ersten Methode erzielt werden.

Die Figuren 47 bis 53 zeigen die Fortsetzung des Prozesses und ist ersichtlich, dass Fig. 47 mit 35, 48 mit 36, 49 mit 37, 50 mit 38, 51 mit 39, 52 mit 40 und 53 mit 41 gleiche Faden- und Schiffchenstellung zeigt. In Figur 51 ist wieder eine Kreuzreihe gebildet, welche von der vorderen Nadelreihe unterfangen und fixirt wird.

Durch die gegenseitige Spannungsausgleichung der Ketten und Schussfäden namentlich aber durch die Nadeln, deren Durchmesser gleich oder nahezu gleich dem Kettenfäden-Zwischenraum ist, werden die paarweise und hintereinander angeordneten Ketten und Schussfäden auseinandergezogen und im Gewebe in eine Ebene gebracht.

Betrachtet man die Schiffchenbewegung in den Figuren 54 bis 66, so sieht man, dass dieselbe durch eine regelmässige Hin- und Herbewegung der Schiffchen; die erste Kreuzung ohne Schiffchenwanderung und erst die 2. Kreuzung durch eine Wanderung der Schiffchen erzeugt wird und dass diese Wanderung durch eine Verschiebung blos des vorderen Kammes herbeigeführt wird.

Die auf einander folgenden Schiffchenstellungen sind:

1	2	3	4	5		
6	7	8	9	10	11	Anfangsstellung.
2	3	4	5	11		
1	6	7	8	9	10	1. u. 2. Kreuzung.
3	4	5	11	10		
2	1	6	7	8	9	3. u. 4. „
4	5	11	10	9		
3	2	1	6	7	8	5. u. 6. „
5	11	10	9	8		
4	3	2	1	6	7	7. u. 8. „
11	10	9	8	7		
5	4	3	2	1	6	9. u. 10. „
10	9	8	7	6		
11	5	4	3	2	1	11. u. 12. „
9	8	7	6	1		
10	11	5	4	3	2	13. u. 14. „
8	7	6	1	2		
9	10	11	5	4	3	15. u. 16. „
7	6	1	2	3		
8	9	10	11	5	4	17. u. 18. „
6	1	2	3	4		
7	8	9	10	11	5	19. u. 20. „
1	2	3	4	5		
6	7	8	9	10	11	21. u. 22. „

Also auch bei dieser Methode tritt die Anfangsstellung der Schiffchen ein, wenn die Anzahl der gebildeten Kreuzungen die Anzahl der Schiffchen um das Doppelte übersteigt.

In der auf Seite 20 folgenden Tabelle II sind die einzelnen Bewegungen in übersichtlicher Weise zusammengestellt.

Vergleicht man nun die Tabellen I und II mit einander, so ergeben sich folgende Vortheile für die letztere Methode der Erzeugung mit doppelter Spulenreihe:

1. Die zur Bildung einer Maschenreihe nöthigen Bewegungsperioden sind bei der ersten Methode (A) zehn, bei der zweiten Methode (B) blos sechs, welcher Vortheil wohl dadurch etwas beeinträchtigt wird, dass jede Bewegungsperiode nicht nur bei der Bewegungsumkehrung der Schiffchen, also am Ende, sondern auch in der Mitte derselben durch eine, allerdings kurze Pause unterbrochen wird. Immerhin dürfte der Gewinn an Zeit etwa dem Zeitaufwande einer Bewegungsperiode gleichkommen.

2. Bei der Methode A gehen zwei Bewegungsperioden — die 4. und 9. — ganz unbenutzt verloren, während bei der Methode B alle Bewegungsperioden vollkommen ausgenutzt werden, wodurch im Laufe der Tagesarbeit ein bedeutender Zeitraum gewonnen, resp. die Quantität des in der Zeiteinheit producirten Gewebes erhöht wird.

3. Die Gleichförmigkeit der Schiffchenbewegung, der normale und natürliche Rythmus, die ununterbrochene Hin- und Herbewegung der Schiffchen ist hier ganz constant durchgeführt, während sie in der Methode A zweimal

2*

Tabelle II.

Bewegungs-Periode		Schiffchen-Bewegung			Auf die Schiffchen-Bewegung folgende gleichzeitige Bewegungen				Schiffchen-Stellung am Schluss der Bewegung	
		Bewegte Schiffchen	Diese treten		Leitern-Bewegung		Randfaden-Bewegung	Kamm-Bewegung		
			aus dem	in den	Es rückt um einen Kettenfaden-Zwischenraum		Randfaden rückt um einen Kettenfaden-Zwischenraum nach	Es rückt um ein Schiffchen der	im hinteren Kamm	im vorderen Kamm
					die vordere Leiter nach	die hintere Leiter nach	der linke / der rechte	vordere / hintere Kamm nach		
1. Bewegung	erste Hälfte	Schiffchen-Bewegung	6 7 8 9 10	hinteren Kamm	vorderen Kamm						
		Pause									
	zweite Hälfte	Schiffchen-Bewegung	1 2 3 4 5 11	hinteren Kamm	vorderen Kamm	links					1 2 3 4 5 11 / 6 7 8 9 10
		Pause									
2. Bewegung	erste Hälfte	Schiffchen-Bewegung	1 2 3 4 5	vorderen Kamm	hinteren Kamm		rechts				
		Pause									
	zweite Hälfte	Schiffchen-Bewegung	6 7 8 9 10 11	vorderen Kamm	hinteren Kamm	links (Normalst.)				1 2 3 4 5 / 6 7 8 9 10 11	
		Pause									
3. Bewegung	erste Hälfte	Schiffchen-Bewegung	6 7 8 9 10	hinteren Kamm	vorderen Kamm		rechts (Normalst.)				
		Pause									
	zweite Hälfte	Schiffchen-Bewegung	1 2 3 4 5 11	hinteren Kamm	vorderen Kamm		rechts	links (Normalst.)			1 2 3 4 5 11 / 6 7 8 9 10
		Pause									
4. Bewegung	erste Hälfte	Schiffchen-Bewegung	1 2 3 4 5	vorderen Kamm	hinteren Kamm			links (Normalst.)	links		
		Pause									
	zweite Hälfte	Schiffchen-Bewegung	6 7 8 9 10 11	vorderen Kamm	hinteren Kamm		rechts (Normalst.)		rechts (Normalst.)	1 2 3 4 5 / 6 7 8 9 10 11	
		Pause									
5. Bewegung	erste Hälfte	Schiffchen-Bewegung	2 3 4 5 11	hinteren Kamm	vorderen Kamm				links		1 2 3 4 5 11 / 6 7 8 9 10
		Pause									
	zweite Hälfte	Schiffchen-Bewegung	1 6 7 8 9 10	hinteren Kamm	vorderen Kamm		rechts	links (Normalst.)	rechts (Normalst.)		
		Pause									
6. Bewegung	erste Hälfte	Schiffchen-Bewegung		vorderen Kamm	hinteren Kamm	links (Normalst.)				2 3 4 5 11 / 1 6 7 8 9 10	
		Pause									

unterbrochen wird; indem die die Schiffchen bewegenden Constructionstheile der Maschine zweimal ganz unbelastet, daher unnöthiger Weise ihre Bewegung vollführen, ist dies bei der Methode B niemals der Fall. Auch die Anzahl der gleichzeitig bewegten Schiffchen zeigt bei der Methode B eine bedeutend grössere Gleichförmigkeit.

4. Die Leitern werden immer nur um einen Kettenfaden-Zwischenraum verschoben, wodurch eine — wenn auch unbedeutende — Vereinfachung der Gestalt des bewegenden Constructionstheiles resultirt.

5. Wichtiger ist der Vortheil, dass nur ein Kamm bei dieser Methode B bewegt wird; da hierdurch in Verbindung mit dem Vortheil Punkt 3, nämlich der gleichförmigen Schiffchenbewegung, eine bedeutende Vereinfachung der Maschine sich ergiebt.

6. Der unstreitig wichtigste Vortheil der Methode B besteht aber darin, dass bei gleich grossem Kettenfaden-Zwischenraum im Gewebe, d. h. bei gleich grosser Maschenweite der Raum für den Durchgang der Schiffchen bei der Methode B in Folge der paarweisen Gruppirung der Kettenfäden und Schiffchen doppelt so gross wird als bei der Methode A, woraus folgt, dass die Schiffchen selbst stärker, d. h. widerstandsfähiger hergestellt oder die Gewebe selbst in grösserer Feinheit ausgeführt werden können.

Diese zweite Methode B, die übrigens auch ihre Wandlungen durchgemacht hat, ist unstreitig als ein grosser Fortschritt in der Bobbinet-Fabrikation zu betrachten und namentlich ist die kinematische Lösung der Schiffchenwanderung in höchst einfacher, daher genialer Weise erreicht.

Ein in dieser Weise erzeugtes Spulennetzgewebe ist in Fig. 321, Taf. XX in Naturgrösse dargestellt.

b) Herstellung des schmalen bandartigen Bobbinet-Gewebes (Entoilage).

Die Bindung dieses Gewebes ist genau dieselbe wie beim breiten Spulennetzgewebe, daher auch dieses in genau derselben Weise, d. h. mit denselben Faden- und Schiffchenstellungen hergestellt werden kann.

Es wäre daher nach dem Vorhergehenden nichts wesentliches mehr über diese Bindung zu sagen, wenn nicht praktische Anforderungen und namentlich Rücksichten auf die Oekonomie der Erzeugung, sowie auf die nachfolgenden Appretur-Arbeiten die Methode der Herstellung beeinflussen würden, so dass dieselbe für sich besprochen zu werden verdient.

Die Oekonomie der Erzeugung erfordert es, dass nicht jedes Band auf einer anderen Maschine, sondern thunlichst viel Bänder gleicher Breite gleichzeitig und zwar auf derselben Maschine erzeugt werden, um diese letztere vollkommen ausnützen zu können. Es könnten nun beliebig viel Bänder, in der Anzahl nur durch die Breite der Maschine und der Bänder begrenzt, neben einander auf der Maschine hergestellt werden; der Umstand aber, dass es für die Vornahme der Appretur des Trocknens und Spannens günstig ist, wenn alle auf einer Maschine erzeugten Bänder ein zusammenhängendes Gewebe bilden, hat die Constructeure veranlasst, die Methode der Erzeugung so zu modificiren, dass die einzelnen Bänder durch Bindefäden mit einander verbunden erzeugt, gewissermassen aneinander gewebt werden, jedoch in einer Weise, dass ihre Trennung leicht durchführbar ist. Ausserdem erhält dieses aus Bändern bestehende Gewebe an den beiden Enden starke Randfäden, welche die zum Spannen nöthige Festigkeit besitzen.

In Fig. 67, Taf. IV sind zwei solche Bänder (Entoilage-Streifen) I und II dargestellt, die in der Breite von fünf Maschen hergestellt und durch den Bindefaden b mit einander verbunden sind, während sie mit den benachbarten Bändern durch die Bindefäden $b_1 b_1$ verwebt werden.

Betrachtet man die Bindung eines dieser Bänder, so findet man alle charakteristischen Eigenschaften des Spulnetzgewebes, das Hindurchgehen der Schussfäden durch die ganze Breite des Gewebes und das Umkehren am Saume desselben etc. Wird nun nach der Appretur der Bindefaden herausgezogen, was wie ersichtlich ganz leicht ausführbar ist, so sind die beiden Bänder getrennt und bilden ein für sich bestehendes, abgeschlossenes Ganzes.

Um für das zickzackförmige Einziehen des Bindefadens b den nöthigen Raum an den Saumfaden der benachbarten Bänder zu erhalten, sind diese letzteren so angeordnet, dass sich in derselben Höhe mit dem am rechten Saume des Bandes I befindlichen Kreuz k, am linken Saume des Bandes II eine Oeffnung o befindet, was dadurch erreicht wurde, dass zwischen den beiden Bändern ein Zwischenraum von zwei Maschenbreiten gelassen wurde.

Was nun die Anordnung der Fäden anbelangt, so ist dieselbe für ein Band von vier Maschenbreiten in Fig. 68 dargestellt. Hier sind:

$s s$ der durch starke Schraffirung gekennzeichnete linksseitige **Saum-** oder **Spannfaden**, welcher beim Spannen in der Appretur die nöthige Festigkeit giebt und eine ganz selbständige Bewegung besitzt.

$r r$ Die **linken Randfäden** der Bänder I und II, die eine gleiche Bewegung haben und daher, sammt den gleichen Randfäden aller anderen in der Maschine gleichzeitig erzeugten Bänder, in eine gemeinschaftliche Leiter und zwar — wie aus Fig. 75, Taf. V ersichtlich — in die hinterste Leiter L eingezogen sind.

r_1 Der **rechte Randfaden** des Bandes I, der mit allen übrigen rechten Randfäden der gleichzeitig erzeugten Bänder in dieselbe Leiter eingezogen ist und daher gleiche Bewegung hat. Diese Faden sind, wie aus Fig. 75 zu sehen, in die vorderste Leiter L_3 eingezogen.

$k k$ sind die weiss belassenen **Kettenfäden der vorderen Kette**, die ebenfalls wieder mit allen vorderen Kettenfäden der übrigen Bänder durch eine gemeinschaftliche, d. h. durch die zweite Leiter von vorn L_2 — Fig. 75 — bewegt werden.

$k_1 k_1$ Die schwarz gezeichneten **Kettenfäden der hinteren Kette**, die sämmtlich in die, von vorn gezählt, dritte (vorletzte) Leiter L_1 (Fig. 75) eingezogen sind. Bei einem blos vier Maschen breiten Band, wie solches in der Praxis niemals hergestellt wird, ist in jedem Bande nur ein solcher Kettenfaden vorhanden. Um nicht zu viel Raum zu beanspruchen, musste bei der Darstellung in so vergrössertem Massstabe ein so schmales Band gewählt werden.

Ein rechter Saum- oder Spannfaden muss am rechten Ende der Maschine ebenfalls vorhanden sein, der eine selbständige Bewegung erhält, hier aber nicht gezeichnet werden konnte.

Wir haben also bei der Darstellung des bandartigen Bobbinets **vier Leitern** nothwendig, zwei für die beiden Ketten und je eine für die rechten und linken

Randfäden; ausserdem erhalten noch die beiden Saumfäden eine besondere Bewegung.

Was nun die Anordnung der Schiffchen anbelangt, so gleicht dieselbe, wie aus Fig. 94, Taf. VI ersichtlich, genau derselben bei Erzeugung des breiten Bobbinetgewebes, nur dass noch ein Schiffchen, welches den Bindefaden enthält, beigegeben ist. Die Anzahl der Schiffchen für ein Band von der besprochenen Breite beträgt daher sechs, fünf gewöhnliche mit der Anordnung

1 2
3 4 5

und das ganz schwarz gezeichnete Bindfaden-Schiffchen, welches hinter dem Randschiffchen 5 steht.

Während nun bei der Erzeugung des breiten Spulennetz-Gewebes alle Schiffchen über die ganze Breite der Maschine dahin wandern, sind die zur Erzeugung eines Bandes dienenden Schiffchen gezwungen, nur über die Breite dieses Bandes hinweg zu wandern und an der Kante desselben ihre Wanderungsrichtung zu ändern. Dies, sowie der Umstand, dass das Bindefaden-Schiffchen seine Bahn niemals verlassen, also an der Schiffchen-Wanderung gar nicht theilnehmen darf, hat wesentliche Aenderungen in die kinematischen Verhältnisse dieser Wanderung und der Maschine selbst gebracht. Während bei der Erzeugung des breiten Bobbinets das Randschiffchen von der, die Bewegung beginnenden Schiffchenreihe stets zurückbleibt und daher fortwährend aus einer in die andere Reihe übergeht, bis es endlich nach vollführter Wanderung in der hinteren Schiffchenreihe bleibt; geht es hier constant mit den Schiffchen der ersten Reihe auf und ab, bis es endlich nach beendeter Wanderung ebenfalls in die hintere Reihe tritt.

Die aufeinander folgende Fadenverschlingung ist in den Fig. 68—71, Taf. IV und 72—85, Taf. V, die Bewegung der Schiffchen in den Fig. 86, Taf. V und 87—100, Taf. VI dargestellt.

Die Darstellung der Fadenverschlingung ist hier in einem anderen Stadium und zwar dicht vor der Schiffchenwanderung, d. h. Kreuzbildung begonnen, was selbstverständlich gleichgiltig ist und zeigen soll, dass die Maschine in jeder Stellung die Arbeit beginnen kann.

Die Schussfäden der hinteren Schiffchenreihe sind auch hier gezwirnt gezeichnet; die der vorderen Reihe weiss belassen. Die Schiffchen, wenn sie im hinteren Kamme stehen, weiss belassen, wenn sie sich im vorderen Kamme befinden, schraffirt. Der Bindefaden b ist durch scharfe Zwirnung ausgezeichnet, das Bindfadenschiffchen schwarz gezeichnet. Die aufeinander folgenden Bewegungen sind nun folgende:

Anfangsstellung. Fig. 68, Taf. IV.

Sämmtliche Schiffchen stehen im hinteren Kamm zum Beginn der Bewegung bereit. Fig. 94, Taf. VI.

Die vordere Kette rückt um einen Kettenfaden-Zwischenraum nach links. Fig. 69.

Der vordere Kamm — in dem sich jetzt keine Schiffchen befinden — rückt um ein Schiffchen nach links. Fig. 94.

1. Bewegung. Die Schiffchen 3 und 4 der vorderen Reihe treten aus dem hinteren in den vorderen Kamm. Das Randschiffchen 5 bleibt mit dem Bindfaden-Schiffchen und den Schiffchen der hinteren Reihe im hinteren Kamm zurück, die letzteren rücken jedoch gleichzeitig in eine Front mit Schiffchen 5. Fig. 95.

Dies geschieht gleichförmig bei allen Schiffchengruppen zu sechs Schiffchen, von welchen eine jede Gruppe ein besonderes Band erzeugt.

Pause. Fig. 70. In dieser rückt der vordere Kamm, in dem sich die Schiffchen 3 und 4 aller Schiffchengruppen befinden, wieder nach rechts in seine Normalstellung. Fig. 96.

Die vordere Kettenleiter L_2 rückt nach rechts in ihre Normalstellung.

Es befinden sich nun in einer Kammbahn ein Schiffchen 1, in der nächsten Bahn zwei Schiffchen 3 und 2 und in der darauffolgenden Bahn drei Schiffchen 4, 5 und das Bindefaden-Schiffchen, das wir im weiteren Verlauf mit B bezeichnen wollen.

Hierauf treten sämmtliche Schiffchen der hinteren Reihe aus dem hinteren in den vorderen Kamm, während das Schiffchen B im hinteren Kamme zurückbleibt. Fig. 96.

Die darauf folgende Schiffchenstellung zeigt Fig. 97.

Pause. In dieser rückt der vordere Kamm mit allen darin befindlichen Schiffchen zum zweiten Male um ein Schiffchen nach links. Fig. 98.

Die Nadeln n der hinteren Nadelstange beginnen sich gegen die verschlungenen Fadensysteme zu bewegen.

Die erste Bewegung ist beendet Fig. 71.

2. Bewegung. Die Schiffchen 2 und 5 der hinteren Reihe treten aus dem vorderen in den hinteren Kamm, während gleichzeitig die die vordere Reihe bildenden Schiffchen 3 und 4 in eine Reihe mit dem Schiffchen 1 treten. Fig. 98.

Darauf folgende Stellung. Fig. 99.

Es befinden sich jetzt im hinteren Kamme die Schiffchen 2, 5 und B; im vorderen die Schiffchen 1, 3 und 4.

Pause. Fig. 72, Taf. V. In dieser rückt der vordere Kamm mit der darin befindlichen vorderen Schiffchenreihe wieder nach rechts in seine Normalstellung.

Die hintere Kettenleiter L_1 rückt um einen Zwischenraum nach rechts.

Die Leiter L mit den linken Randfäden, sowie die Leiter L_3 mit den rechten Randfäden rückt ebenfalls um einen Zwischenraum nach rechts.

Der Saumfaden, sowie die vordere Kettenleiter bleiben in Ruhe.

Hierauf tritt die vordere Schiffchenreihe aus dem vorderen in den hinteren Kamm. Fig. 100. Die Schiffchen stehen nun wieder alle im hinteren Kamm und zwar in veränderter Ordnung, die erste Kreuzreihe ist gebildet. Fig. 86, Taf. V.

Die aufeinander folgenden Schiffchenstellungen während der Wanderung sind folgende:

```
1   2
3   4   5  . . . Fig. 94.

1   2   5
3   4      . . . Fig. 95.

1   2   5
  3   4    . . . Fig. 96, 97, 98.

    2   5
1   3   4  . . . Fig. 99.

2   5
1   3   4  . . . Fig. 100.
```

Man ersieht hieraus, dass Schiffchen 1 aus der hinteren in die vordere, das Schiffchen 5 aus der vorderen in die hintere Reihe übergegangen und das Schiffchen 4

Randschiffchen geworden ist, während das Bindfadenschiffchen seine Bahn nicht verlassen hat.

Pause. In dieser rücken die Leitern L, L_1 und L_2 in ihre Normalstellung zurück. Fig. 73.

Die hintere Nadelreihe hat die durch die Schiffchenwanderung erzeugten Kreuze unterfangen und in die Höhe gehoben, wo sie dieselben festhält.

Die zweite Bewegung ist beendet, alle Schiffchen stehen im hinteren Kamm. Fig. 73 und 86.

3. Bewegung. Anfangsstellung Fig. 73. Die vordere Schiffchenreihe rückt aus dem hinteren in den vorderen Kamm. Fig. 86. Die Schiffchen sind gleichförmig auf beide Kämme vertheilt. Fig. 87.

Pause. Fig. 74. In dieser rückt die vordere Kettenleiter L_2 um einen Zwischenraum nach links.

Die linken Randfäden gehen ebenfalls nach links.

Die hintere Kettenleiter, der rechte Randfaden, der Saumfaden und der vordere Kamm bleiben in Ruhe.

Hierauf tritt die hintere Schiffchenreihe, die Bindfadenschiffchen B mit inbegriffen, aus dem hinteren in den vorderen Kamm, in dem jetzt alle Schiffchen versammelt sind. Fig. 88, Taf. VI.

Pause. Fig. 75. In dieser rücken die vorderen Kettenfäden und die linken Randfäden nach rechts in ihre Normalstellung, wodurch sich der Bindefaden b um den linken Randfaden herumgelegt hat.

Die dritte Bewegung ist beendet.

4. Bewegung. Anfangsstellung Fig. 75 und 88. Die hintere Schiffchenreihe, die Schiffchen B inbegriffen, tritt aus dem vorderen in den hinteren Kamm; die Schiffchen sind wieder auf beide Kämme gleichmässig vertheilt. Fig. 89.

Pause. Fig. 76. In dieser rückt die hintere Kette und die linken Randfäden nach rechts.

Die vordere Kette, die rechten Randfäden, der Saumfaden und der vordere Kamm bleiben in Ruhe.

Hierauf tritt die vordere Schiffchenreihe aus dem vorderen in den hinteren Kamm, wo nun alle Schiffchen vereinigt sind. Fig. 90.

Pause. Fig. 77. In dieser treten die hintere Kette und die linken Randfäden in ihre Normalstellung nach links, während gleichzeitig die vordere Kette um einen Zwischenraum nach links rückt.

Die rechten Randfäden, der Saumfaden und der vordere Kamm bleiben in Ruhe.

Die Nadeln n_1 der vorderen Nadelstange beginnen sich dicht über den Schiffchen gegen das Gewebe zu bewegen.

Die vierte Bewegung ist beendet.

5. Bewegung. Anfangsstellung Fig. 77 und 90. Die vordere Schiffchenreihe bewegt sich aus dem hinteren in den vorderen Kamm.

Pause. Fig. 78. In dieser tritt die vordere Kette nach rechts in ihre Normalstellung zurück. Durch diese Bewegung ist die zweite Kreuzreihe gebildet, die nun von den Nadeln n_1 unterfangen und in die Höhe gehoben wird.

Die hintere Kette, die Randfäden, der Saumfaden und der vordere Kamm bleiben in Ruhe.

Hierauf tritt die hintere Schiffchenreihe, die Schiffchen B inbegriffen, aus dem hinteren in den vorderen Kamm. Fig. 91.

Pause. Fig. 79. In dieser rückt die hintere Kettenleiter L_1, die Leiter L mit den linken und die Leiter L_3 mit den rechten Randfäden, sowie der linke Saumfaden ss um einen Zwischenraum nach rechts.

Die vordere Kette und der vordere Kamm bleiben in Ruhe und die fünfte Bewegung ist beendet.

6. Bewegung. Anfangsstellung Fig. 79 und 92. Die hintere Schiffchenreihe, mit dem Schiffchen B, tritt aus dem vorderen in den hinteren Kamm.

Pause. Fig. 80. In dieser rückt die hintere Kette, die linken Randfäden und der Saumfaden in ihre Normalstellung nach links zurück, während die rechten Randfäden in ihrer Stellung rechts von der Normalstellung verbleiben.

Die vordere Kette und der vordere Kamm bleiben in Ruhe.

Hierauf tritt die vordere Schiffchenreihe aus dem vorderen in den hinteren Kamm (Fig. 93), wo nun alle Schiffchen wie in der Anfangsstellung Fig. 94, nur in veränderter Anordnung, vereinigt sind.

Pause. Fig. 81. In dieser tritt die Leiter L_3 mit den rechten Randfäden in ihre Normalstellung nach links zurück, wodurch sich der Bindefaden C um die rechten Randfäden geschlungen hat.

Die vordere Kette rückt um einen Zwischenraum nach links.

Der vordere Kamm rückt um ein Schiffchen nach links.

Die hintere Kette, die linken Randfäden und der Saumfaden bleiben in Ruhe.

Hiermit ist die sechste Bewegung beendet, der Rapport erreicht und die Faden- wie Schiffchenstellung vor der ersten Bewegung hergestellt.

Das Resultat dieser sechs Bewegungen ist nun wieder:

a) Die Bildung von zwei versetzten Kreuzreihen.

b) Die einmalige Umschlingung des linken und rechten Randfadens zweier benachbarten Bänder durch den Bindefaden.

c) Die schon besprochene Schiffchenwanderung.

d) Die einmalige Umschlingung des linken und rechten Saumfadens durch die ihre Stellung soeben wechselnden Randschiffchen-Fäden.

Die Figuren 82—85, Taf. V, zeigen die Fortsetzung des Prozesses bis zur Bildung der dritten Kreuzreihe.

Aus der Fig. 85 ist die Umschlingung des linken Saumfadens deutlich erkennbar; dieselbe ist so ausgeführt, dass nach dem Ausziehen dieses Fadens aus dem fertigen Gewebe, in Berücksichtigung der Elasticität des Fadenmaterials, keine sichtbare Veränderung an dem betreffenden Bande eintritt.

In der auf Seite 27 folgenden Tabelle III sind die Bewegungen übersichtlich dargestellt.

Aus dieser Tabelle ist ersichtlich, dass die Bewegungen im Allgemeinen denjenigen bei der Erzeugung des breiten Spulennetzgewebes gleichen.

Jede der Ketten wird dreimal und zwar stets nach derselben Seite von der Normalstellung, der vordere Kamm zweimal ebenfalls nach derselben Seite von der Normalstellung ab und zurück bewegt.

Die Schiffchenbewegung zeigt hier nur insofern eine Aenderung, als das beigegebene Bindfaden-Schiffchen die Bewegung zum Theil mitmacht, theilweise aber von ihr ausgeschlossen ist.

Die Randfaden-Bewegung ist deshalb etwas complicirter, einmal weil diese Fäden durch die Bobbinsfäden nicht blos ein halbes Mal, wie bei dem breiten Bobbinetgewebe gezeigt wurde, sondern ein ganzes Mal umschlungen werden und

Tabelle III.

Bewegungs-Periode		Schiffchen-Bewegung			Auf die Schiffchen-Bewegung folgende gleichzeitige Bewegungen				Schiffchen-Stellung am Schluss der Bewegung	
		Bewegte Schiffchen	Diese treten		Leitern-Bewegung			Kamm-Bewegung		
					Ketten	Randfäden		Es rückt um ein Schiffchen der		
			aus dem	in den	Es rückt um einen Kettenfaden-Zwischenraum	Es rückt um einen Kettenfaden-Zwischenraum		vordere | hintere		
					die vordere L_2 | die hintere Leiter L_1	die vordere Leiter L_3 | die hintere Leiter L_4		Kamm nach	im hinteren Kamm	im vorderen Kamm
1. Bewegung	erste Hälfte	Schiffchen-Bewegung	3 4	hinteren Kamm	vorderen Kamm						
		Pause				nach rechts (Normalstellung)			rechts (Normalstellung)		
	zweite Hälfte	Schiffchen-Bewegung	1 2 5	hinteren Kamm	vorderen Kamm						
		Pause							links	B	1 2 5 3 4
2. Bewegung	erste Hälfte	Schiffchen-Bewegung	2 5	vorderen Kamm	hinteren Kamm						
		Pause					nach rechts	nach rechts (Normalst.)	rechts (Normalst.)		
	zweite Hälfte	Schiffchen-Bewegung	1 3 4	vorderen Kamm	hinteren Kamm						
		Pause				nach links (Normalst.)	nach links (Normalst.)			2 5 B 1 3 4	
3. Bewegung	erste Hälfte	Schiffchen-Bewegung	1 3 4	hinteren Kamm	vorderen Kamm						
		Pause				nach links		nach links			
	zweite Hälfte	Schiffchen-Bewegung	2 5 B	hinteren Kamm	vorderen Kamm						
		Pause				nach rechts (Normalst.)		nach rechts (Normalst.)			2 5 B 1 3 4
4. Bewegung	erste Hälfte	Schiffchen-Bewegung	2 5 B	vorderen Kamm	hinteren Kamm						
		Pause					nach rechts	nach rechts			
	zweite Hälfte	Schiffchen-Bewegung	1 3 4	vorderen Kamm	hinteren Kamm						
		Pause				nach links	nach links (Normalst.)	nach links (Normalst.)		2 5 B 1 3 4	
5. Bewegung	erste Hälfte	Schiffchen-Bewegung	1 3 4	hinteren Kamm	vorderen Kamm						
		Pause				nach rechts (Normalst.)		nach rechts			
	zweite Hälfte	Schiffchen-Bewegung	2 5 B	hinteren Kamm	vorderen Kamm						
		Pause					nach links (Normalst.)	nach links (Normalst.)			2 5 B 1 3 4
6. Bewegung	erste Hälfte	Schiffchen-Bewegung	2 5 B	vorderen Kamm	hinteren Kamm						
		Pause									
	zweite Hälfte	Schiffchen-Bewegung	1 3 4	vorderen Kamm	hinteren Kamm						
		Pause				nach links	nach links (Normalst.)		links	2 5 B 1 3 4	

weil dieselben mit dem Bindefaden verbunden werden müssen. Es ergiebt sich dabei zwischen der Bewegung der beiden Randfäden ein wesentlicher Unterschied.

Derjenige Bobbinsfaden, der mit dem **rechten Randfaden** bei der Bindung verbunden wird, ist stets der des Randschiffchens, der eben im Begriffe ist, aus dem vorderen in das hintere Fadensystem überzugehen. Dieser Faden steht aber rechts vom rechten Randfaden; ebenso rechts vom rechten Randfaden steht aber auch der Bindefaden, woraus sich ergiebt, dass der rechte Randfaden **nur nach rechts** auszurücken hat, mag dies zur Verbindung mit dem Randschiffchen-Faden oder mit dem Bindefaden geschehen.

Anders ist dies beim **linken Randfaden**. Der Bobbinsfaden, der bei der Spulennetz-Bindung mit dem linken Randfaden verbunden wird, ist der letzte linksseitige Schussfaden, der aus dem hinteren Fadensystem in das vordere zu übergehen hat. Dieser Faden steht rechts vom linken Randfaden; der Bindefaden dagegen, der ebenfalls um den linken Randfaden geschlungen werden muss, steht wieder links von demselben, woraus folgt, dass der linke Randfaden sowohl **nach rechts** als auch **nach links** ausrücken muss.

Die Bewegung der Saumfäden wurde in die Tabelle nicht aufgenommen, weil dieselbe sehr einfach ist. Der linke Saumfaden bewegt sich einmal und zwar in der fünften Bewegung nach rechts, der linke Saumfaden ebenfalls in der zweiten Bewegung nach rechts.

Die Bewegung des vorderen Kammes bleibt unverändert.

Zwei in dieser Weise hergestellte, noch durch den Bindefaden verbundene schmale Spulennetzbänder sind in Fig. 322, Taf. XX in Naturgrösse ersichtlich.

c) Herstellung des breiten gefleckten Spulennetz-Gewebes (Spotted).

Dieses in Fig. 101, Taf. VI dargestellte Gewebe unterscheidet sich von dem gewöhnlichen breiten Bobbinetgewebe nur dadurch, dass das erste mit in bestimmtem Abstande von einander gesetzten Punkten p versehen ist, welche dadurch entstehen, dass ein Loch des Bobbinetgrundes mit Fäden vollkommen ausgefüllt wird. Diese Punkte, Tupfen, Flecken, sind in Reihen derart angeordnet, dass die Punkte der einen Reihe stets auf die Mitte des Abstandes zweier Punkte der benachbarten Reihe fallen. Die Entfernung der Punkte einer Reihe von einander, sowie die Entfernung zweier Reihen von einander kann selbstverständlich beliebig gewählt werden. In der Fig. 101 stehen die Punkte p einer Reihe um sieben Maschenbreiten, die Reihen um zehn Kreuzreihen von einander ab.

Die Herstellung dieser Bindung nun wird in folgender Weise ausgeführt.

Von einer Reihe zur andern wird das Gewebe genau so hergestellt, wie das breite gewöhnliche Spulennetzgewebe, sobald jedoch der Process die erste Tupfenreihe erreicht, werden diejenigen Bobbinsfäden, die sich jetzt in unmittelbarer Nähe des zu bildenden Punktes befinden, so oftmal gekreuzt, und diese Kreuze so eng aneinander geschoben, bis eine vollkommene Deckung der betreffenden Fläche erreicht ist. Während nun diese Tupfen gebildet werden, erzeugen die benachbarten Bobbinsfäden nur das der Bobbinet-Bindung entsprechende Kreuz, und sobald dies geschehen ist, findet bei denselben so lange keine Bindung statt, bis die Herstellung der Tupfen beendet ist.

Die eigentliche Bindung dieser Tupfen ist in Fig. 102 dargestellt und hieraus ersichtlich, dass jeder derselben aus 13 Kreuzungen besteht, die aus dem stets oben liegenden Faden aa und dem stets unten liegenden Faden bb in der Weise gebildet werden, dass der obere Faden a stets von unten an die Kettenfäden herantritt, während der Faden b an den rechtsseitigen Kettenfaden von unten, an den linksseitigen von oben herantritt, wodurch ein zu weit gehendes Uebereinanderschieben der Kreuze verhindert ist.

Diese Kreuze werden nicht durch eine seitliche Verschiebung der Schiffchen, sondern durch die Bewegung derjenigen Kettenfäden erreicht, zwischen welchen der Punkt hergestellt werden soll. Daraus folgt aber, dass diese Kettenfäden, welche einmal die gewöhnliche Bobbinet-Bindung, dann wieder die Bindung dieser Punkte herstellen sollen, eine von den übrigen Kettenfäden abweichende Bewegung erhalten müssen. Dasselbe ist der Fall bei denjenigen Kettenfäden, die die versetzten Punkte der nächsten Reihe zu bilden haben. Hieraus ergeben sich folgende Kettenfaden-Gruppen Fig. 101

1. $k\,k\,k$ . . . Fäden der vorderen Kette, welche ausschliesslich Bobbinet-Bindung zu machen haben;
2. $k_1\,k_1$ . . . Fäden der hinteren Kette, die ebenfalls blos zur Bobbinet-Bindung dienen;
3. $k_2\,k_2$ . . . linksseitige Kettenfäden, die ausser zur Bobbinet-Bindung auch noch bei der Bildung der Tupfen der 1., 3., 5., 7. u. s. w. Tupfenreihe mitarbeiten;
4. $k_3\,k_3$ . . . rechtsseitige, gleicherweise verwendete Kettenfäden;
5. k_4 . . . . linksseitige Kettenfäden, welche ausser zur Bobbinet-Bindung auch noch zur Herstellung der Tupfen der 2., 4., 6., 8. u. s w. Tupfenreihe nothwendig sind, und
6. k_5 . . . . rechtsseitige Kettenfäden, die in ähnlicher Weise arbeiten, wie die ad 4 erwähnten Fäden.

Aus dem Vorstehenden ergiebt sich nun von selbst, dass sechs verschieden bewegte Kettenfaden-Systeme vorhanden sind und daher auch sechs Leitern verwendet werden müssen, abgesehen von den möglicher Weise ebenfalls selbständig bewegten Saumfäden. Da die Herstellung des einfachen breiten Spulennetzgewebes mit doppelter Spulenreihe, welch' letztere Eventualität auch hier zur Anwendung kommt, schon besprochen wurde, so wird hier nur die Bildung der Tupfen besprochen.

Während der Herstellung der Bobbinet-Bindung bewegen sich diejenigen Leitern, in welche die Fäden k, k_3, k_5 eingezogen sind, vollkommen analog, da diese Fäden in dieser Periode des Processes nichts anderes sind als die Fäden der vorderen Kette. Ebenso diejenigen Leitern, in welche die Fäden k_1, k_2, k_4 eingezogen sind, weil diese Fäden wieder die hintere Kette bilden, so dass gewissermassen nur zwei Leitern vorhanden sind.

Kommt nun die 1., 3., 5. u. s. w. Tupfenreihe zur Herstellung, so bewegen sich nur diejenigen Leitern, in welche die Fäden k_2 und k_3 eingezogen sind, während alle übrigen Leitern in Ruhe verbleiben. Bei der Ausführung der Tupfenreihen mit geraden Nennziffern, also der 2., 4., 6., 8., bewegen sich wieder blos die Leitern, in die die Fäden k_4 und k_5 eingezogen sind. Der Bindungs-Rapport ist daher bei diesem Gewebe ein sehr grosser, er erstreckt sich von dem Beginne der Bewegungen zur Bildung der ersten Tupfenreihe bis zum Beginne der Bewegungen zur Bildung der dritten Tupfenreihe; erst von hier an wiederholen sich die aufeinander folgenden Bewegungen. Der Rapport erstreckt sich daher bei der Herstellung des Gewebes Fig. 101 über 20 Kreuzreihen der Bobbinet-Bindung.

Die Tupfenbildung beginnt bei einer Stellung der Fäden, wie sie bei der Darstellung der Erzeugung des breiten Bobbinet-Gewebes in Fig. 41 Taf. III, oder in

Fig. 53 Taf. IV dargestellt ist. Es ist eben eine Kreuzreihe gebildet und die vordere Schiffchenreihe übergeht noch aus dem vorderen in den hinteren Kamm. Dies ist die Stellung Fig. 103 Taf. VI. Die Tupfenbildung ist in ihrem weiteren Verlauf in den Figuren 104—112 Taf. VII dargestellt. Eine Darstellung der Schiffchenbewegung ist nicht nöthig, da diese den Rythmus ihrer Bewegung nicht ändern, auch eine Schiffchenwanderung während der Tupfenbildung nicht eintritt.

Die Bewegungen sind nun folgende:

Anfangsstellung Fig. 103.

Die Schiffchen befinden sich sämmtlich im hinteren Kamm. In die hinterste Leiter L_3 Fig. 106 Taf. VII sind die rechten, hinteren Kettenfäden für die ungeraden Tupfenreihen, also die Fäden k_3 eingezogen;

in die vorderste Leiter L_2 sind die linken, vorderen Kettenfäden für die ungeraden Tupfenreihen, also die Fäden k_2, eingezogen.

Diese vorderste und hinterste Leitern L_2 und L_3 arbeiten daher gemeinschaftlich und ausschliesslich an der Bildung der ungeraden Tupfenreihen.

In die zweite Leiter von hinten L_5 sind die rechten, hinteren Kettenfäden für die Bildung der geraden Tupfenreihen, daher die Fäden k_5;

in die zweite Leiter von vorn L_4 sind die linken, vorderen Kettenfäden für die geraden Tupfenreihen, also die Fäden k_4, eingezogen.

Diese beiden Leitern, die zweiten von vorn und hinten, L_4 und L_5 arbeiten gemeinschaftlich und ausschliesslich bei der Bildung der geraden Tupfenreihen.

In die zwei innersten Leitern nun, nämlich in L und L_1, sind diejenigen Kettenfäden k und k_1 eingezogen, die ausschliesslich zur Bobbinet-Bildung dienen, und zwar ist L_1 die vordere, L die hintere Leiter. Mit diesen beiden Leitern arbeiten aber auch die vier anderen gemeinschaftlich an der Herstellung des Bobbinetgrundes.

Da hier die Bildung der ersten, d. h. einer ungeraden, Tupfenreihe dargestellt werden soll, werden sich nur die Kettenfäden k_2 und k_3, also die hinterste und vorderste Leiter bewegen, alle übrigen Leitern bleiben in Ruhe.

Die vorderste Leiter L_2, also die Kettenfäden k_2, rücken um einen Kettenfadenzwischenraum nach rechts. Fig. 103.

1. Bewegung. Die vordere Schiffchenreihe tritt aus dem hinteren in den vorderen Kamm.

Pause. Fig. 104. In dieser treten die Kettenfäden k_2 in ihre Normalstellung zurück; die hinterste Leiter L_3, daher die Kettenfäden k_3, rücken um einen Zwischenraum nach links.

Die übrigen Kettenfäden bleiben in Ruhe.

Die vorderen Nadeln beginnen sich gegen das Gewebe zu bewegen.

Hierauf tritt die hintere Schiffchenreihe aus dem hinteren in den vorderen Kamm.

Pause. Fig. 105. Die Kettenfäden k_3 kehren in ihre Normalstellung zurück; dadurch ist ein Kreuz gebildet, welches sofort von den vorderen Nadeln unterfangen und emporgehoben wird.

Die Kettenfäden k_2 rücken um einen Zwischenraum nach rechts.

Die 1. Bewegung ist vollendet. Stellung Fig. 105.

2. Bewegung. Die hintere Schiffchenreihe bewegt sich aus dem vorderen in den hinteren Kamm.

Pause. Fig. 106. In dieser rücken die Kettenfäden k_2 in ihre Normalstellung. Dadurch ist wieder ein und zwar das zweite Kreuz gebildet, welches von der hinteren Nadelreihe unterfangen und in die Höhe gehoben wird.

Hierauf tritt die vordere Schiffchenreihe aus dem vorderen in den hinteren Kamm.

Pause. Fig. 107. In dieser rücken gleichzeitig die Kettenfäden k_2 nach rechts und die Kettenfäden k_3 nach links.

Die 2. Bewegung und mit ihr das dritte Kreuz ist beendet. Stellung Fig. 107.

3. Bewegung. Die vordere Schiffchenreihe tritt aus dem hinteren in den vorderen Kamm.

Pause. Fig. 108. In dieser rücken die Kettenfäden k_2 in ihre Normalstellung.

Hierauf tritt die hintere Schiffchenreihe aus dem hinteren in den vorderen Kamm.

Pause. Fig. 109. Die Kettenfäden k_3 rücken in ihre Normalstellung, wodurch wieder und zwar das vierte Kreuz gebildet ist, welches durch die vordere Nadelreihe unterfangen und aufgehoben wird.

Die Kettenfäden k_2 rücken um einen Zwischenraum nach rechts.

Die 3. Bewegung und das vierte Kreuz ist beendet. Stellung Fig. 109.

4. Bewegung. Die hintere Schiffchenreihe tritt aus dem vorderen in den hinteren Kamm.

Pause. Fig. 110. Die Kettenfäden k_2 treten in ihre Normalstellung zurück, und das hierbei gebildete fünfte Kreuz wird durch die hintere Nadelreihe unterfangen und gehoben.

Hierauf tritt die vordere Schiffchenreihe aus dem vorderen in den hinteren Kamm.

Pause. Fig. 111. In dieser rücken gleichzeitig die Kettenfäden k_2 nach rechts, die Kettenfäden K_3 nach links.

Die 4. Bewegung ist beendet, das fünfte Kreuz gebildet. Stellung Fig. 111. Es ist dies dieselbe Stellung wie in Fig. 107.

Dem aufmerksamen Leser wird nicht entgangen sein, dass sich die Bewegungen schon seit Fig. 107, also seit der zweiten Bewegung, wiederholen. Die Fadenstellungen Fig. 108, 109, 110 und 111 sind dieselben wie in Fig. 104, 105, 106, 107.

Nach je zwei Schiffchenbewegungen wiederholt sich daher die Fadenstellung, und während jeder Schiffchenbewegung wird ein Kreuz gebildet, so dafs zur Herstellung der zwölf Kreuze 2—13 Fig. 102 Taf. VI. zwölf Schiffchenbewegungen nothwendig sind.

Nach je zwei Schiffchenbewegungen befinden sich sämmtliche Schiffchen im hinteren Kamm.

Am Schluss der 12. Bewegung ist die Fadenstellung der in Fig. 111 ähnlich, nur mit dem Unterschied, dass blos die Fäden k_3 nach links gerückt werden, während die Fäden k_2 in ihrer Normalstellung verharren, und nun bedarf es noch zweier Bewegungen, bis endlich die Stellung Fig. 112 eintritt, mit welcher die Bobbinet-Bindung beginnt.

Von da an werden nun alle Leitern in die Bewegung gezogen und die Leitern L, L_3, L_5 in ganz gleicher Weise und ebenso die Leitern L_1, L_2 und L_4 in ebenfalls ganz gleicher Weise und zwar so bewegt, wie dies das Bindungsgesetz des breiten, glatten Spulennetzgewebes vorschreibt. Dies geschieht so lange, bis zehn Kreuzreihen hergestellt sind; sobald dies durchgeführt ist, verbleiben die Leitern L, L_1, L_2, L_3 in Ruhe und es beginnt die Tupfenbildung der zweiten Tupfenreihe durch die Leitern L_4 und L_5, die während dieser Tupfenbildung ausschliesslich in Thätigkeit sind.

Die von diesen Leitern vollführten Bewegungen sind nun genau die eben beschriebenen, nur dass an die Stelle der Kettenfäden k_2 und k_3 die Kettenfäden k_4 und k_5 treten. Ein Unterschied zwischen diesem Prozess und dem zur Herstellung des breiten Spulennetzgewebes mit doppelter Spulenreihe besteht in der Nadelbewegung.

Während bei dem letzteren die Nadeln nach jeder dritten Bewegung in das Gewebe einstechen, ist dies bei dem ersteren bei jeder Bewegung der Fall.

Die aufeinander folgenden Bewegungen bei der Herstellung des gefleckten Spulennetzgewebes sind in der folgenden Tabelle IV übersichtlich zusammengestellt.

Tabelle IV.

Bindung	Bewegungs-Periode		Schiffchen-Bewegung Es tritt die vordere | hintere Schiffchenreihe in den	Auf die Schiffchen-Bewegung folgende gleichzeitige Bewegungen Leitern-Bewegung Es rückt die Leiter um einen Kettenfaden-Zwischenraum nach						Kamm-Bewegung Es rückt der vordere Kamm nach
				L_2	L_4	L_1	L	L_5	L_3	
Spulennetz-Gewebe (11 Kreuzreihen)	29. Bewegung	Schiffchen-Bewegung	vorderen Kamm							
		Pause						zurück in die Normalstellung		rechts in die Normalst.
		Schiffchen-Bewegung	vorderen Kamm							
		Pause								links
	30. Bewegung	Schiffchen-Bewegung	hinteren Kamm							
		Pause		rechts	rechts	rechts				rechts in die Normalst.
		Schiffchen-Bewegung	hinteren Kamm							
		Pause		zurück in die Normalstellung						
	31. Bewegung	Schiffchen-Bewegung	vorderen Kamm							
		Pause					links	links	links	
		Schiffchen-Bewegung	vorderen Kamm							
		Pause					zurück in die Normalstellung			
	32. Bewegung	Schiffchen-Bewegung	hinteren Kamm							
		Pause		rechts	rechts	rechts				
		Schiffchen-Bewegung	hinteren Kamm							
		Pause		zurück in die Normalstellung			links	links	links	
	33. Bewegung	Schiffchen-Bewegung	vorderen Kamm							
		Pause					zurück in die Normalstellung			
		Schiffchen-Bewegung	vorderen Kamm							
		Pause		rechts	rechts	rechts				
	34. Bewegung	Schiffchen-Bewegung	hinteren Kamm							
		Pause		zurück in die Normalstellung						
		Schiffchen-Bewegung	hinteren Kamm							
		Pause		rechts						
1. (ungerade) Tupfenreihe	35. Bewegung	Schiffchen-Bewegung	vorderen Kamm							
		Pause		links (Normalst.)					links	
		Schiffchen-Bewegung	vorderen Kamm							
		Pause		rechts					rechts (Normalst.)	

Erstes Kapitel: Die Bindungen der Bobbinet-Gewebe.

Fortsetzung der Tabelle IV.

Bindung	Bewegungs-Periode		Schiffchen-Bewegung		Auf die Schiffchen-Bewegung folgende gleichzeitige Bewegungen						Kamm-Bewegung
			Es tritt die		Leitern-Bewegung						Es rückt der vordere Kamm nach
			vordere	hintere	Es rückt die Leiter						
			Schiffchenreihe in den		L_2	L_4	L_1	L	L_5	L_3	
					um einen Kettenfaden-Zwischenraum nach						
1. (ungerade) Tupfenreihe	36. Bewegung	Schiffchen-Bewegung		hinteren Kamm							
		Pause					links (Normalst.)				
		Schiffchen-Bewegung	hinteren Kamm								
		Pause					rechts			links	
	37. Bewegung	Schiffchen-Bewegung	vorderen Kamm								
		Pause					links (Normalst.)				
		Schiffchen-Bewegung		vorderen Kamm							
		Pause					rechts			rechts (Normalst.)	
	38. Bewegung	Schiffchen-Bewegung		hinteren Kamm							
		Pause					links (Normalst.)				
		Schiffchen-Bewegung	hinteren Kamm								
		Pause					rechts			links	
	Die Bewegungen von der 2. Hälfte der 35. Bewegung bis zur 2. Hälfte der 37. Bewegung wiederholen sich sechsmal.										
Spulennetz-Gewebe	46. Bew.	Schiffchen-Bewegung		hinteren Kamm							
		Pause								links	
	47. Bewegung	Schiffchen-Bewegung	vorderen Kamm								
		Pause								rechts (Normalst.)	
		Schiffchen-Bewegung		vorderen Kamm							
		Pause									
	48. Bewegung	Schiffchen-Bewegung		hinteren Kamm							
		Pause									
		Schiffchen-Bewegung		hinteren Kamm							
		Pause						links	links	links	links
	49. Bewegung	Schiffchen-Bewegung	vorderen Kamm								
		Pause						zurück in die Normalstellung			rechts (Normalst.)
		Schiffchen-Bewegung		vorderen Kamm							
		Pause									links
	50. Bewegung	Schiffchen-Bewegung		hinteren Kamm							
		Pause			rechts	rechts	rechts			rechts (Normalst.)	
		Schiffchen-Bewegung		hinteren Kamm							
		Pause			zurück in die Normalstellung						
	51. Bewegung	Schiffchen-Bewegung	vorderen Kamm								
		Pause					.	links	links	links	
		Schiffchen-Bewegung	vorderen Kamm								
		Pause						zurück in die Normalstellung			
	Von der 47. Bewegung an werden zur Herstellung von zehn Bobbinet-Kreuzreihen 30 Bewegungen gemacht.										
	78. Bew.	Schiffchen-Bewegung		hinteren Kamm							
		Pause					rechts				

Kraft.

Erster Abschnitt: Die Bindungen.

Fortsetzung der Tabelle IV.

Bindung	Bewegungs-Periode		Schiffchen-Bewegung Es tritt die		Auf die Schiffchen-Bewegung folgende gleichzeitige Bewegungen						Kamm-Bewegung
					Leitern-Bewegung						
			vordere	hintere	Es rückt die Leiter						Es rückt der vordere Kamm nach
			Schiffchenreihe in den		L_2	L_4	L_1	L	L_5	L_3	
2. (gerade) Tupfenreihe	79. Bewegung	Schiffchen-Bewegung	vorderen Kamm								
		Pause					links (Normalst.)		links		
		Schiffchen-Bewegung		vorderen Kamm							
		Pause					rechts		rechts (Normalst.)		
	80. Bewegung	Schiffchen-Bewegung		hinteren Kamm							
		Pause					links (Normalst.)				
		Schiffchen-Bewegung	hinteren Kamm								
		Pause					rechts		links		
	81. Bewegung	Schiffchen-Bewegung	vorderen Kamm								
		Pause					links (Normalst.)				
		Schiffchen-Bewegung		vorderen Kamm							
		Pause							rechts (Normalst.)		
	Die Bewegungen von der zweiten Hälfte der 79. bis zur zweiten Hälfte der 81. Bewegung werden sechsmal wiederholt.										
Spulennetz-Gewebe	90. Bew.	Schiffchen-Bewegung	hinteren Kamm								
		Pause							links		
	91. Bewegung	Schiffchen-Bewegung	vorderen Kamm								
		Pause							rechts (Normalst.)		
		Schiffchen-Bewegung		vorderen Kamm							
		Pause									
	92. Bewegung	Schiffchen-Bewegung		hinteren Kamm							
		Pause									
		Schiffchen-Bewegung	hinteren Kamm								
		Pause						links	links	links	links
	93. Bewegung	Schiffchen-Bewegung	vorderen Kamm								
		Pause						zurück in die Normalstellung			rechts (Normalst.)
		Schiffchen-Bewegung		vorderen Kamm							
		Pause									links

Zu dieser Tabelle ist folgendes zu bemerken:

Den Beginn des Gewebes macht hier beispielsweise ein Streifen Spulennetz-Gewebe aus 11 Kreuzreihen bestehend.

Die 29. Bewegung entspricht der Fadenstellung von Fig. 42, Taf. III, es sind bis zu dieser Bewegung neun Kreuzreihen gebildet worden.

Fig. 44 — Fig. 46 entspricht der 30. Bewegung;
Fig. 46 — Fig. 48   „   „ 31.   „
Fig. 48 — Fig. 50   „   „ 32.   „
Fig. 50 — Fig. 52   „   „ 33.   „
Fig. 53 entspricht der 1. Hälfte der 34. Bewegung.

Es sind nun 11 Kreuzreihen gebildet und es beginnt die Herstellung der 1. daher ungeraden Tupfenreihe. Fig. 103 entspricht der 2. Hälfte der 34. Bewegung. Die Stellung der Fäden in dieser Figur schliesst sich unmittelbar an die Fadenstellung in Fig. 53 an.

Fig. 103 — Fig. 105 entspricht der 35. Bewegung;
Fig. 105 — Fig. 107 „ „ 36. „
Fig. 107 — Fig. 109 „ „ 37. „
Fig. 109 — Fig. 111 „ „ 38. „

Während dieser vier Bewegungen sind vier Kreuze im Tupfen gebildet worden und es sind daher noch acht Kreuze herzustellen, wobei sich jedoch obige vier Bewegungen wiederholen.

Mit der 1. Hälfte der 46. Bewegung, welche der Fig. 110, Taf. VII entspricht, ist das 12. Kreuz im Tupfen gebildet und es handelt sich nunmehr nur darum, die Fadenstellung für den Beginn der Bobbinetbindung vorzubereiten. Dazu dient die 47. und 48. Bewegung. Mit der 2. Hälfte der letzteren Bewegung beginnt wieder die Herstellung des Bobbinet-Gewebes. Die Fadenstellung entspricht der Fig. 42, Taf. III oder Fig. 112, Taf. VII.

Es sollen nun zehn Kreuzreihen hergestellt werden, wozu 30 Bewegungen erforderlich sind.

Fig. 42 — Fig. 44 entspricht der 49. Bewegung;
Fig. 44 — Fig. 46 „ „ 50. „
Fig. 46 — Fig. 48 „ „ 51. „
u. s. w.

In der 2. Hälfte der 78. Bewegung, welche der Fig. 103, Taf. VI entspricht, beginnt die Bildung der zweiten geraden Tupfenreihe.

Fig. 103 — Fig. 105 entspricht der 79. Bewegung;
Fig. 105 — Fig. 107 „ „ 80. „
Fig. 107 — Fig. 109 „ „ 81. „

u. s. w., im ganzen 12 Bewegungen, die sich in ihrer Fadenstellung nach je zwei Bewegungen wiederholen.

Zu bemerken ist jedoch, dass — wie dies aus der Tabelle IV klar zu ersehen — nicht die Leiter L_2 und L_3 wie in den Fig. 103—111, sondern die Leiter L_4 und L_5 bewegt wird. Die aufeinander folgenden Bewegungen dieser letzteren Leitern sind jedoch genau den Bewegungen der Leitern L_2 und L_3 in Fig. 103—111 gleich.

In der 1. Hälfte der 90. Bewegung ist das 12. Kreuz in den Tupfen hergestellt und die Fadenstellung für den Beginn des Bobbinets muss wieder durch zwei Bewegungen 91 und 92 vorbereitet werden.

Mit der Bewegung 93 beginnt wieder die Bildung des Bobbinets, welche 30 Bewegungen beansprucht, worauf wieder die Herstellung einer ungeraden, nämlich der dritten Tupfenreihe beginnt.

Wir haben daher folgendes Schema:

Bewegung 1. bis 2. Hälfte der 34. Bewegung.
Bobbinet-Gewebe, 11 Reihen;
$33\frac{1}{2}$ Bewegungen.

2. Hälfte der 34. Bewegung bis 2. Hälfte der 46. Bewegung.
1. Tupfenreihe, 12 Kreuze;
12 Bewegungen.

2. Hälfte der 46. Bewegung bis 2. Hälfte der 48. Bewegung.
Vorbereitung.
2 Bewegungen.

2. Hälfte der 48. Bewegung bis 2. Hälfte der 78. Bewegung.
Bobbinet-Gewebe, 10 Reihen;
30 Bewegungen.

2. Hälfte der 78. Bewegung bis 2. Hälfte der 90. Bewegung.
2. Tupfenreihe, 12 Kreuze;
12 Bewegungen.

2. Hälfte der 90. Bewegung bis 2. Hälfte der 92. Bewegung.
Vorbereitung.
2 Bewegungen.

2. Hälfte der 92. Bewegung bis 2. Hälfte der 122. Bewegung.
Bobbinet-Gewebe, 10 Kreuzreihen;
30 Bewegungen.

2. Hälfte der 122. Bewegung bis 2. Hälfte der 134. Bewegung.
3. Tupfenreihe, 12 Kreuze;
12 Bewegungen.
u. s. w.

Da der Rapport die Bewegungen vom Beginne der Herstellung der 1. Tupfenreihe bis zum Beginne der 3. Tupfenreihe umfasst, so wird derselbe erst nach 88 Bewegungen erreicht.

Richtiger ist es auch zu Anfang blos 10 oder weniger Reihen zu bilden.

Während dieser 88 Bewegungen bewegt sich:

Die Leiter L 30 mal
„ „ L_1 30 „
„ „ L_2 42 „
„ „ L_3 39 „
„ „ L_4 42 „
„ „ L_5 39 „

Der Kamm wird während des Rapportes nur 20 mal, jede der Nadelstangen 44 mal bewegt.

Die Saumfäden sind hier als von nebensächlicher Bedeutung nicht berücksichtigt.

Diese grosse Anzahl von Bewegungen im Rapport, sowie andere Umstände gestalten die zur Herstellung des gefleckten Spulennetz-Gewebes dienenden Maschinen zu den complicirtesten dieser Gattung.

Zu bemerken wäre noch, dass in der Tabelle IV die Leitern in derjenigen Reihenfolge angegeben erscheinen, wie sie in der Maschine von vorne an, angeordnet sind.

Die Bewegungen werden durch eine Jaquard-Kette bewirkt.

Ein solches Spotted-Gewebe ist in Fig. 323, Taf. XX in Naturgrösse dargestellt.

Zweites Kapitel.
Die Bindungen der spitzenartigen Gewebe.

Sobald wir von spitzenartigen Geweben sprechen, stellen sich dem inneren Auge sofort Gewebe dar, die auf einem sogenannten Grund ein mehr oder minder complicirtes Muster zeigen und in der That lässt sich an den meisten spitzenartigen Geweben der Unterschied zwischen Grund und Figur constatiren, jedoch nicht an allen, da es solche Gewebe giebt, bei denen dies nicht der Fall ist.

Nach dem äusseren Ansehen lassen sich daher die spitzenartigen Gewebe eintheilen:

1. in solche, welche blos aus Grund ohne Muster bestehen, wie dies z. B. bei den sogenannten Eternelles der Fall ist;
2. in Gewebe, welche wieder blos aus Figur, aus Muster bestehen, wie z. B. die Guipure- und Cluny-Spitzen und
3. in solche Gewebe, die aus Grund und Muster bestehen.

Die letzteren sind diejenigen, welche am häufigsten auf mechanischem Wege hergestellt werden.

Unter Grund verstehen wir in den meisten Fällen ein Gewebe, welches gewöhnlich aus der Aneinanderreihung einfacher geometrischer, einander vollkommen gleicher Gebilde, wie des Vierecks, des Rechtecks, des Rhombus, des Kreises etc. entsteht und in welchem die das Muster bildenden Figuren, Ornamente so eingewebt erscheinen, dass sie die Continuität des Grundes unterbrechen. Der Grund ist oft in so untergeordneter Ausdehnung vorhanden, so von der Musterung verdrängt, dass er kaum den Namen verdient und hier und da auch schwer als solcher zu erkennen ist, namentlich dann, wenn die innerhalb der Figurengrenzen entstehenden Flächen durch ein grundähnliches, regelmässiges, jedoch durch eine andere Bindung charakterisirtes Gewebe gedeckt erscheinen. In diesen Fällen ist als Grund jedenfalls das, ausserhalb der Figurengrenzen befindliche, gewissermassen die Verbindung zwischen diesen letzteren bildende, Gewebe anzusprechen.

Die Muster, Figuren, Ornamente werden in diesen Geweben entweder dadurch von dem Grunde abgehoben, dass die ganze von ihnen beanspruchte Fläche durch dichte Aneinanderreihung der Fäden mehr oder weniger gedeckt d. h. undurchsichtig gemacht wird, oder indem diese Fläche durch stärkere und dadurch hervortretende Fäden begrenzt wird. Im letzteren Falle ergeben sich häufig innerhalb dieser Begrenzungen Flächen, die entweder durch dichte Aneinanderreihung der Fäden gedeckt, oder mit einer grundähnlichen oder sonst irgend einer Bindungsart gefüllt werden. Es kann dabei selbstverständlich ein und dieselbe Figurenfläche durch verschiedene nebeneinander gestellte Gewebegattungen gefüllt sein.

Diese verschiedenen Combinationen, wie sie durch die Phantasie der alten und neuen Spitzenerzeuger eingeführt wurden, in ein nach allen Seiten ausreichendes System zu bringen, ist kaum thunlich und würde auch von geringem Effekt sein, da die Terminologie der Spitzen gewöhnlich ganz andere Wege geht.

Für die Untereintheilung der auf mechanischem Wege hergestellten Spitzengewebe sind die oben erwähnten Standpunkte auch nebensächlich, da hier mehr technologische Momente berücksichtigt werden müssen.

Ein solch wichtiges technologisches Moment ist die Breite der Gewebe, da durch diese sowohl die Bindungsart, als auch die Construction der Maschine und der ganze Herstellungsprocess beeinflusst wird.

Wir unterscheiden daher:

    A. **Breite, gardinenartige Spitzen-Gewebe, kurzweg Vorhang-Gewebe.**

    B. **Schmale, streifenartige Spitzen-Gewebe, Spitzen-Gewebe im engeren Sinne.**

Beide Gattungen sind sehr leicht von einander zu unterscheiden, namentlich dadurch, dass die ersteren die ganze Breite der Maschine einnehmen, dass sie gewöhnlich, ähnlich wie die Damast-Gewebe, eine besonders gemusterte Bordure und einen oft anders ornamentirten Mitteltheil, oder ein auf die breite Fläche gleichmässig vertheiltes — verstreutes — Ornament, immer aber an wenigstens drei Seiten einen charakteristisch gestalteten Rand, zeigen daher symmetrisch zu einer Mittelachse gestaltet sind; während die letzteren in den meisten Fällen einen entschieden einseitigen Charakter zeigen, der sich in der stets reicheren Linienführung und Ornamentation des einen Randes deutlich ausprägt und stets eine bedeutend geringere Breite als die Maschine besitzen, so dass sie — ähnlich wie Entoilage — in mehreren Exemplaren neben einander, gleichzeitig hergestellt werden.

Dass auch hier einzelne Ausnahmen vorkommen, bei welchen diese Charakteristik nicht gilt, ist selbstverständlich. Der Zweck der unter A angeführten Gewebe, als Decoration in Wohnräumen zu dienen, sowie der unter B begriffenen, an die Kante eines anderen Gewebes geheftet zu werden, ist unverkennbar.

Der Umstand, dass das Spulennetz- (Bobbinet) Gewebe sehr häufig bei den Handspitzen als Grund zur Verwendung kommt, dürfte die Constructeure auf die Idee gebracht haben, eine ähnlich gebaute Maschine zur Herstellung der Spitzen-Vorhänge und Spitzen zu verwenden, wobei sich allerdings von der Spulennetz-Bindung ganz verschiedene Bindungsarten und Grundgewebe herausgebildet haben.

Vor allem musste man, um complicirtere Bindungen — Muster — herstellen zu können, den Mechanismus nach einer anderen Richtung vereinfachen, was theilweise dadurch erreicht wurde, dass man nur mehr Bindungen mit getheiltem Grund zur Ausführung brachte.

Unter **Bindungen mit getheiltem Grund** verstehen wir solche, bei welchen die Schussfäden **nicht** über die ganze Breite des Gewebes, sondern nur über eine beschränkte Zahl von Kettenfäden hinwegreichen; Bindungen mit **ungetheiltem** Grund werden solche genannt, bei welchen die Schussfäden, wie beim Bobbinet, über die ganze Breite des Gewebes hinweggehen.

Der ungetheilte Grund beim Bobbinet erfordert die Schiffchenwanderung, complicirt daher den Process und die Mechanismen desselben.

Um an Zeit zu sparen, wurde die Anordnung von zwei Schiffchenreihen, wie sie bei der Bobbinet-Erzeugung üblich ist und dort auch die Herstellung der Bindung wesentlich erleichtert, aber durch die Anordnung von Pausen in Mitte der Schiffchen-Bewegung den Process verlängert, aufgegeben und behufs Erreichung der geforderten Feinheit des Gewebes andere Aenderungen im Mechanismus durchgeführt.

Andererseits musste aber die Maschine insofern complicirter werden, als nun an die Stelle der beim Spulennetzgewebe vorhandenen Regelmässigkeit des Bindungsgesetzes dieselbe Unregelmässigkeit trat, wie wir sie schon bei der Erzeugung gemusterter Gewebe kennen.

Zweites Kapitel: Die Bindungen der spitzenartigen Gewebe.

So wie bei diesen letzteren wird auch bei den spitzenartigen Geweben zur Ueberwindung dieser Unregelmässigkeit die geniale Erfindung Jaquard's in Anwendung gebracht. Die Maschine selbst ist dieselbe, wie sie bei der gewöhnlichen Weberei in Verwendung steht, mit ganz unbedeutenden Aenderungen; nur die Wirkungsübertragung von der Jaquardmaschine auf die Kette ist bei der Spitzenerzeugung in anderer Weise ausgeführt, wie dies ja auch selbstverständlich ist, da hier die Kettenfäden bei der Fachbildung nicht senkrecht aus der Gewebefläche herausgehoben, sondern parallel zu derselben bewegt werden. Die Anwendung von Litzen und Maillons ist daher nicht durchführbar.

Solcher Uebertragungsapparate sind drei zu nennen;
1. Die sogenannten **Selectoren** — die Auswähler;
2. die **Grundstangen** — *Bottom-bars* und
3. die **unabhängigen Stangen** — *Independent-bars*.

Alle drei Apparate arbeiten jedoch bei der Fachbildung niemals allein, sondern sind stets noch mit einem anderen Apparate verbunden.

Sowie in der Bindung eines jeden Spitzengewebes, namentlich im Grunde eine gewisse Regelmässigkeit herrscht, während die Musterung die Unregelmässigkeit — innerhalb des Rapportes — repräsentirt; ebenso sind auch diejenigen Apparate, welche diese Bindung durch entsprechende Fachbildung auszuführen haben, stets aus zwei Apparatgruppen gebildet, von welchen die eine Gruppe eine ganz regelmässig wiederkehrende, die zweite Gruppe eine innerhalb des Rapportes unregelmässige Fachbildung hervorbringt. Die erste Gruppe erhält daher ihre Bewegung von einem einfach gestalteten Constructionstheil der Maschine, während die zweite unter dem Einflusse der Jaquard-Maschine steht.

Die Selectoren sind Vorrichtungen, die überhaupt ein Fach selbständig nicht zu bilden, sondern ein, durch einen anderen Apparat gebildetes Fach nur zu modificiren vermögen.

Aehnliche Apparate sind auch die *bottom-bars*, die — wenn sie auch ein Fach zu bilden vermöchten — doch nur dazu benutzt werden, ein solches, von einem anderen Apparate gebildetes Fach, dem Bindungsgesetze entsprechend, zu ändern.

Nur die *independent-bars* bilden selbständig ein Fach, werden aber trotzdem oft noch mit einem zweiten Apparat combinirt.

Die Selectoren bestehen aus den elastischen, federnden Stahlstäbchen s Fig. 113 und 114, Taf. VII und Fig. 6, Taf. I, welche an ihrem oberen Ende zu einem Haken um 90° gebogen, an ihrem unteren Ende an einer gemeinschaftlichen Stange, der Selector-Stange S befestigt sind. Die Entfernung der Selectoren von einander ist genau so gross, wie die Entfernung zweier Kettenfäden, so dass auf jeden Kettenfaden-Zwischenraum ein Selector entfällt.

Etwa in $^2/_3$ ihrer Höhe oder noch höher bei a sind diese Stäbchen ausgebogen — gekröpft — und an dieser Stelle sind die Platinenschnüre c — Corden — des Jaquard-Apparates befestigt.

Um ein Ausweichen der Selectoren nach der Seite, d. h. eine unbeabsichtigte Wirkung derselben zu verhindern, liegen die horizontalen, eigentlich wirksamen Theile derselben zwischen den Zähnen eines kammartigen Apparates A, der aus einer über die ganze Breite der Maschine hinwegreichenden Stange besteht, an deren oberer Kante senkrecht nach aufwärts stehende, aus Blech hergestellte Zähne sich befinden, die die einzelnen Selectoren von einander trennen.

Die Selector-Stange S ist um zwei Zapfen drehbar angeordnet, durch deren Drehung um einen kleinen Bogen die Enden der Selectoren den vertikal gespannten Ketten- und sonstigen Fäden genähert und von denselben entfernt werden können.

Die Normalstellung der Selectoren ist die in Fig. 6 dargestellte, voll ausgezogene Stellung, wobei dieselben schief nach rückwärts stehen; die daneben durch Punktirung charakterisirte Stellung ist diejenige, welche schon durch eine Drehung der Stange S gegen die Kette zu herbeigeführt wurde, wodurch die Selectorenden zum Einstechen zwischen die sogenannten Spulenfäden gebracht wurden. Dieselbe Stellung ist in Fig. 113 fixirt. Hat nun an einer oder mehreren Stellen ein solcher Selector zwischen die vertikal gespannten Fäden eingestochen, so werden die entsprechenden Fäden gehindert an der durch die Leiter N_1 vermittelten Verschiebung frei theilzunehmen, es wird daher die Stellung dieser Fäden durch die in die Fadenebene hineinragenden Selectoren entsprechend modificirt, während diejenigen Fäden, welche mit keinem Selector bei ihrer Verschiebung durch die Leiter in Berührung kommen, dieser Bewegung frei und ungehindert zu folgen vermögen. Es ist daher klar, dass durch das Einstechen der Selectoren eine Beeinflussung der Fachbildung eintritt; dass dieser Einfluss an jeder beliebigen Stelle der ganzen Maschinenbreite in Action treten kann und dass das System der Selectoren immer mit Leitern zusammen arbeiten muss, d. h. kein selbständiges Fach bilden kann.

Da nun durch die Drehung der Stange S von rechts nach links alle Selectoren einstechen würden, müssen diejenigen, welche dem Bindungsgesetze entsprechend nicht einstechen sollen, durch die Jaquard-Maschine daran gehindert werden, was durch die Hebung der zugehörigen Platinen d. h. durch ein Loch an der entsprechenden Stelle der Jaquard-Karte erreicht wird. Die von der Platine gezogenen Selectoren verbleiben sodann in der in Fig. 6 gezeichneten, voll ausgezogenen schiefen Lage, während sich die anderen Selectoren der Bewegung der Stange S folgend in die punktirte Stellung gleich der Stellung Fig. 113 begeben.

Die Grundstangen — *bottom-bars* — sind nichts anderes als Leitern, nur dass dieselben — da sie oft in grösserer Anzahl verwendet werden und auf den Raum zwischen den beiden Kämmen der Maschine beschränkt sind — gewöhnlich nicht in der Fig. 8 Taf. I dargestellten Construction in Anwendung kommen, sondern aus einfachen dünnen Stahlbändern bestehen — etwa wie Fig. 119—121 Taf. VII zeigt, in welchen in entsprechender Entfernung befindliche Löcher ausgestanzt sind, durch die die Ketten oder sonstige Fäden hindurchgezogen werden. Die dem Bindungsgesetze entsprechend gleich bewegten Fäden sind durch dieselbe Grundstange gezogen.

Diese Stangen, welche wie die Leitern horizontal in der Maschine angeordnet sind, daher mit ihrer Längenrichtung senkrecht auf die Richtung der Kette stehen, werden auch in dieser Richtung wie die Leitern bewegt. Diese Bewegung wird durch die Jaquard-Maschine eingeleitet. Zu diesem Behufe besitzen diese Stangen an dem einen Ende eine hakenartige Construction, unter der sich eine horizontal angeordnete Schiene in regelmässiger hin- und hergehender Bewegung befindet. Die Haken derjenigen Stangen nun, die ihre Stellung verändern sollen, werden von der auswärtsbewegten Schiene ebenso mitgenommen wie die Platinen durch das Platinenmesser. Die Haken derjenigen Stangen, welche dem Bindungsgesetze entsprechend in Ruhe bleiben sollen, werden durch den Jaquard-Apparat gehoben, daher von der bewegten Schiene nicht mitgenommen.

Die an diesen Stangen angebrachten Haken sind nichts anderes als Platinen —

Slides genannt — und wir haben es daher hier mit einer Combination von zwei Jaquard-Apparaten zu thun, von welcher nur einer mit Karten versehen ist der die Aufgabe hat, die Platinen (Slides) des zweiten, horizontal angeordneten Apparates auszulösen. Die Grösse der Bewegung der Schiene (Messer) dieses zweiten Apparates, d. h. die Grösse der Bewegung der bottom-bars bleibt stets unveränderlich dieselbe wie beim eigentlichen Jaquard. Es ist daher zweifellos, dass durch diesen Apparat ein Fach gebildet werden könnte. Die bottom-bars werden aber stets mit einem zweiten Apparat der sogenannten Hakenstange combinirt.

Diese letztere ist in den Figuren 115—118 Taf. VII dargestellt. Sie besteht aus einer horizontal und parallel zu den Grundstangen — bottom-bars — g Fig. 115 angeordneten Stange S_1, an deren oberer Seite in entsprechendem Abstande die breiten Haken h befestigt sind. Es sind dies kurze Stängelchen, die an ihrem oberen Ende mit einem um 90° gedrehten, breiten, plattenförmigen Ansatz versehen sind, welch letzterer seinerseits wieder, wie dies aus dem Grundrisse Fig. 118 zu ersehen, abgebogen ist. Durch diese beiden Haken h sind vier Drähte $d_1 - d_4$ horizontal gezogen, und über diesen Drähten liegen zwischen h u. h in genau gleichen Abständen, entsprechend den Kettenfäden-Zwischenräumen die dünnen Haken h_1, die aus einem, um 90° abgebogenen Stängelchen bestehen, dessen horizontaler, über den Drähten liegender Theil ebenfalls — wie aus Fig. 118 zu ersehen — abgebogen ist.

Durch diese Zusammenstellung von Haken und Drähten entstehen zwei Gittersysteme G_1 — bestehend, aus d_1 und d_2 — und G_2 — bestehend aus d_3 und d_4 —, in welche die Ketten- oder sonstige Fäden so eingezogen werden, dass jeder zweite durch das Gittersystem G_1, die dazwischen liegenden durch das System G_2 hindurchlaufen.

Unter diesen Gittern — der Haken- oder Hakelstange — liegen die bottom-bars g, die so gestellt sind, dass sämmtliche Fäden o o_1 Fig. 118 straff an den, die einzelnen, viereckigen Gitterabtheilungen links begrenzenden Haken h und h_1 anliegen, wie dies aus der erwähnten Figur zu ersehen. In dieser Normalstellung der Fäden liegt genau ein Kettenfaden-Zwischenraum zwischen den beiden Fäden und in dieser Normalstellung verbleiben die Fäden auch dann, wenn nur die Hakenstange allein bewegt wird und die bottom-bars in Ruhe bleiben.

Wird aber, ganz abgesehen von der Bewegung der Hakenstange, eine der Grundstangen — bottom-bars — durch die Wirkung der Jaquard-Maschine nach rechts gezogen, so verändern die in der bewegten Grundstange eingezogenen Fäden ihre Lage und legen sich an den, die viereckige Gitterabtheilung der Hakenstange rechts begrenzenden Haken h oder h_1 an, wie dies in Fig. 118 punktirt angedeutet ist, wodurch dieselben um einen Kettenfaden-Zwischenraum verschoben werden.

Werden z. B. beide Fäden o und o_1 gleichzeitig nach rechts gezogen, so ist die relative Lage der beiden Fäden zu einander nicht geändert; wird blos o nach rechts bewegt, so stehen die beiden Fäden um zwei Kettenfaden-Zwischenräume von einander ab; wird blos o_1 bewegt, so stehen die beiden Fäden, wie aus Fig. 118 ersichtlich, direkt hinter einander.

Die Bewegungen der Hakenstange und der Grundstangen werden nun in der Weise combinirt, dass die erstere eine regelmässige, nach jeder Schiffchenbewegung eintretende, hin und her gehende Bewegung ausführt, welcher sämmtliche Fäden in ganz gleicher Weise zu folgen gezwungen sind, während von den Grundstangen nur diejenigen bewegt werden, deren Platine vom Jaquard-Apparat nicht ausgelöst wurde, so dass oft nur eine beschränkte Anzahl von Fäden der Bewegung der Grundstangen folgt.

Die Grösse der Bewegung der Hakenstange ist je nach der zu erzeugenden Bindung verschieden, über einen, zwei oder auch mehrere Kettenfäden-Zwischenräume.

Bewegt sich z. B. die Hakenstange über zwei solche Zwischenräume, also über zwei Schiffchen hin und her, so kann ein Faden folgende Stellungen einnehmen:

Bewegt sich blos die Hakenstange nach rechts, so steht der Faden, wenn man den Raum seiner Normalstellung mit 0 (Null) bezeichnet, nach dieser Bewegung in
$$2;$$
bei der Zurückbewegung der Hakenstange nach links in ihre Normalstellung steht der Faden wieder in
$$0.$$
Bewegt sich die Hakenstange nach rechts und gleichzeitig eine Grundstange nach rechts, so stehen die mit dieser letzteren verbundenen Fäden am Ende der Bewegung in
$$2 + 1 = 3$$
d. h. die Fäden werden durch die Hakenstange um zwei, durch die Grundstange aber noch um ein Schiffchen weiter bewegt, die Bewegungen haben sich, weil in derselben Richtung ausgeführt, daher summirt. Geht nun die Hakenstange nach links in ihre Normalstellung, während gleichzeitig eine oder mehrere *bottombars* nach rechts verschoben werden, so stehen die mit diesen letzteren verbundenen Fäden nach der Bewegung in
$$2 - 1 = 1 \text{ oder } 0 + 1 = 1$$
d. h. die Fäden wurden durch die Hakenstange um zwei Schiffchen nach links, durch die Grundstange um ein Schiffchen nach rechts bewegt, die Bewegungen haben sich daher subtrahirt.

Hieraus ist zu ersehen, dass — trotzdem die Hakenstange eine ganz regelmässige, hin und her gehende Bewegung immer über zwei Schiffchen ausführt — die Fäden, durch den Eingriff der *bottom-bars*, doch alle Stellungen von Null bis Drei einzunehmen vermögen, was für viele einfachere Grundbindungen vollkommen genügt.

Die *Independent-bars* — unabhängigen Stangen — endlich in Fig. 119 bis 121, Taf. VII dargestellt, sind den *bottom-bars* vollkommen ähnliche Leitern, deren Bewegung durch einen einzigen Jaquard-Apparat besorgt wird. Dieser Jaquard-Apparat steht nicht über, sondern neben der Maschine, gewöhnlich rechts, und ist mit horizontalen Platinen versehen, die unmittelbar an den Stangen angreifen. Während nun die Grösse der Verschiebung bei den *bottom-bars* stets dieselbe bleibt und nur so gross bemessen wird, dass die von denselben bewegten Fäden sich mit Sicherheit an die rechten Begrenzungshaken der einzelnen Gitterabtheilungen der Hakenstange anlegen, wird die Grösse der Bewegung der unabhängigen Stangen bei jeder Bewegung geändert, oder kann wenigstens geändert werden.

Zu diesem Behufe ist die Bewegungsgrösse der die Stangen bewegenden Schiene — Messer — gleich der durch die Bindung bedingten grössten Verschiebung der Stangen, und ebenso gross auch der Abstand zwischen der Arbeitskante dieser Schiene und der Platinennase.

Soll nun gar keine Bewegung eintreten, so bewegt sich die Schiene bis zur

Nase der liegen bleibenden Platine, ohne dieselbe zu berühren, und die Platine resp. Stange bleibt in Ruhe.

Soll eine Stange, d. h. die in dieselbe eingezogenen Fäden um ein oder mehrere Schiffchen verschoben werden, so werden durch die Einwirkung eines mit Karten arbeitenden Jaquard-Apparates ein oder mehrere verschieden starke Körper — die sogenannten Dropper — zwischen Schiene und Platinennase geschoben und dadurch diese letztere, d. h. die dazu gehörige Stange um die Grösse gleich der Gesammtdicke der eingeschobenen Körper ausgerückt. Es arbeiten daher auch hier zwei Jaquard-Maschinen, welche jedoch bei neueren Maschinen zu einer vereinigt wurden.

Nach der Beschreibung dieser zum Verständniss des Folgenden unbedingt nothwendigen Apparate soll nun auf die einzelnen Bindungen selbst eingegangen werden.

A. Die Bindungen der breiten Spitzen-Gewebe.

Bei der Herstellung dieser Gewebe wird gewöhnlich eine Maschine in Anwendung gebracht, welche mit blos einer Schiffchenreihe und mit Selectoren arbeitet. Die Construction ist sonst im Princip dieselbe wie die zur Spulennetz-Erzeugung verwendete.

Was nun die Bindungen selbst anbelangt, so kann zwischen Grund- und Muster-Bindungen unterschieden werden.

a) Die Grundbindungen.

Als solche sind zu erwähnen:
1. Der China-Loup- (Schleifen-) oder englische Grund.
2. Der französische Grund.
3. Der Square- oder Viereck-, besser rhombische Grund.
4. Der Fillet-Grund.
5. Der Mocktravers- oder imitirte Bobbinet-Grund.
6. Der Matitsch-Grund.

Auch hier sowie bei den Spulennetz-Bindungen ist bezüglich der graphischen Darstellung zu erwähnen, dass der Deutlichkeit halber die Fäden in einer Anordnung gezeichnet sind, wie sie in der Wirklichkeit, wo die Fäden der natürlichen Spannung überlassen sind und sich oft hinter einander legen, nicht vorkommt. Der Abstand einzelner Fäden ist demzufolge in der Zeichnung viel grösser als in dem ausgeführten Gewebe, welch letzteres in der Zeichnung daher weniger dicht erscheint.

1. Der China-Loup- oder englische Grund.

Dieser Grund ist in Fig. 122, Taf. VII dargestellt und zwar vom Faden 1 bis 6, während die Bindung 6 bis 8 schon den Musterbindungen angehört.

Der englische Grund wird durch die Verbindung von drei Faden-Systemen gebildet und zwar:

    a) durch die Bobbinsfäden 1, 2, 3 u. s. w. Fig. 122, die gezwirnt gezeichnet und in den Schiffchen magazinirt sind;

b) durch die **Kettenfäden** — schwarz gezeichnet —, welche vertical in der Maschine gespannt sind und vom Kettenbaum ablaufen;

c) durch die **Spulenfäden** — weiss gelassen —, welche die eigentliche Bindung auszuführen, den Raum zwischen zwei Kettenfäden auszufüllen haben und die, da von ihnen in der Zeiteinheit eine grössere Quantität verbraucht wird, auf Spulen aufgewickelt sind.

In der Fig. 122 ist diese Bindung so dargestellt, als würden sich die Ketten- und Spulenfäden um die straff gespannten Bobbinsfäden herumwinden, als wären diese letzteren gewissermassen die Grundlage für die Befestigung der anderen Faden-Systeme. In Wirklichkeit jedoch bilden die straff gespannten Kettenfäden diese Grundlage — das Faden-Gitterwerk —, an welches die Spulenfäden durch die Bobbinsfäden angebunden werden, wie dies aus Fig. 123, Taf. VII ersichtlich, wobei selbstverständlich auch die Kettenfäden Ausbiegungen erleiden.

Diese drei Fadensysteme sind nun in der Maschine so angeordnet, dass sich Gruppen von je drei Fäden bilden, von welchen jeder Faden einem anderen Systeme angehört. Es stehen daher neben jedem **Bobbinsfaden** je ein **Ketten-** und ein **Spulenfaden**, und zwar, wie aus Fig. 124, Taf. VIII zu ersehen, rechts von dem Bobbinsfaden. Dabei sind alle Kettenfäden durch die Leiter L, sämmtliche Spulenfäden durch die Leiter L_1 gezogen, müssen daher der Bewegung dieser Leitern folgen.

In Wirklichkeit stehen die Ketten- und Spulenfäden hinter einander, nicht wie in der Zeichnung neben einander, und zwar die Kettenfäden vor den Spulenfäden, obwohl auch die entgegengesetzte Anordnung durchführbar ist.

Während sich nun bei der Herstellung der Bindung die Ketten- und Bobbinsfäden einfach um einander wickeln, sich gewissermassen zwirnen, zu einem sogenannten Schnürl verbinden, thun dies die Spulenfäden nur stellenweise, an anderen Stellen weichen diese zur Seite aus, umschlingen den benachbarten Bobbinsfaden der linksseitigen Gruppe, werden durch denselben an den Kettenfaden dieser Gruppe angebunden und kehren sodann zu dem Kettenfaden der eigenen Gruppe zurück.

Bei der Herstellung des englischen Grundes nun wird die Bindung regelmässig so ausgeführt, dass die Spulenfäden jeder zweiten Gruppe, also beispielsweise der Gruppen mit ungeradem Stellenzeiger, dann nach links ausweichen, wenn die der Gruppen mit geradem Stellenzeiger mit den Fäden der eigenen Gruppe Schnürl bilden. Dadurch entstehen im Gewebe annähernd viereckige Löcher, die, sowie die Löcher beim Spulennetzgewebe, versetzt erscheinen.

Die Grösse dieser Löcher hängt von der Anzahl der Umschlingungen ab, die der Spulenfaden zwischen je zwei Ausweichungen nach links um seinen eigenen Kettenfaden bildet. Bei dem eigentlichen englischen Grund umschlingt der Spulenfaden nur einmal seinen Kettenfaden, wird darauf sofort nach links geführt, nach seiner Rückkehr wieder einmal um seinen Kettenfaden gewickelt, dann wieder nach links geführt u. s. w., wie dies bei den meisten in Fig. 122 dargestellten Löchern der Fall ist.

Es kommen jedoch auch Abweichungen von dieser Regel vor, wie bei dem Loche a, wo der Spulenfaden seinen Kettenfaden zwischen je zwei Ausweichungen nach links zweimal, und bei den Löchern b, bei deren Bildung derselbe seinen Kettenfaden dreimal umschlingt, wodurch die Löcher, wie aus der Figur zu ersehen, mehr in die Länge gezogen, das Gewebe durchsichtiger wird.

Unter dem China- oder Loup-Grund im engeren Sinne versteht man jedoch

Zweites Kapitel: Die Bindungen der spitzenartigen Gewebe. 45

immer jene Bindung, bei welcher diese Umschlingung nur einmal zwischen je zwei Ausweichungen nach links stattfindet.

Die Herstellung dieses Grundes ist aus den Figuren 124—133, Taf. VIII zu ersehen.

In der Fig. 124 sind die Fadensysteme in der Normallage vor Beginn der Arbeit dargestellt, und zwar sind sieben Fadengruppen zu je drei Fäden gezeichnet.

Gruppe:	I	II	III	IV	V	VI	VII
Bobbinsfaden:	a	b	c	d	e	f	g
Kettenfaden:	k_a	k_b	k_c	k_d	k_e	k_f	k_g
Spulenfaden:	s_a	s_b	s_c	s_d	s_e	s_f	s_g

Die Bewegung der Bobbinsfäden geht in derselben Weise vor sich, wie bei der Erzeugung des Spulennetz-Gewebes, nämlich durch die regelmässige Hin- und Herbewegung der Schiffchen aus einem Kamm in den anderen und zurück.

Die Bewegung der Kettenfäden wird durch die vordere Leiter L, die Bewegung der Spulenfäden durch die hintere Leiter L_1 ausgeführt.

Da nun — wie aus Fig. 122 ersichtlich — die Kettenfäden sich ausschliesslich blos um den zugehörigen Bobbinsfaden herumdrehen, so ist die Bewegung dieser beiden Fäden resp. Fadensysteme eine streng regelmässige, durch nichts modificirte Bewegung.

Der Kettenfaden stellt sich links von seinem Bobbinsfaden, wenn das Schiffchen des letzteren sich im hinteren Kamme, und rechts von demselben, wenn sich dieses Schiffchen im vorderen Kamme befindet.

Die Bewegungsgrösse der Kettenfäden ist daher gleich dem Abstand zweier Schiffchen.

Die Bewegung des Spulenfadens dagegen ist eine combinirte, d. h. eine durch den Jaquard-Apparat — die Selectoren — modificirbare regelmässige Bewegung.

Da der Spulenfaden nicht nur seinen eigenen, sondern, wo dies nothwendig ist, auch seinen benachbarten linksseitigen Bobbinsfaden umschlingen soll, muss sich der Spulenfaden nicht blos um einen, sondern um zwei Bobbinsfäden verschieben. Die Spulenfäden werden daher, wenn die Schiffchen im hinteren Kamm stehen, um zwei Schiffchen nach links und wenn diese im vorderen Kamme stehen, wieder um zwei Schiffchen nach rechts d. h. in ihre Normalstellung durch die Verschiebung der Leiter gebracht.

Die Bewegungsgrösse der Spulenfäden ist daher gleich dem Abstande von drei Schiffchen.

Würden nun die Schiffchen und Leitern ihre vorgeschriebene Bewegung ohne Modification ausführen, so würden die Spulenfäden nach jeder zweiten Schiffchenbewegung den linksseitig benachbarten Bobbinsfaden umschlingen und es würde nicht der englische Grund, sondern jene Bindung entstehen, welche in Fig. 122 zwischen dem Bobbinsfaden 6, 7 und 8 dargestellt ist.

Um nun den Grund zu erzeugen, muss stets dort, wo ein Loch entstehen soll, der Selector die Bindung der Spulenfäden modificiren.

Unter jedem Schiffchen steht ein Selector, der jedoch — falls er die Bindung des zugehörigen Spulenfades modificiren soll — erst dann einstechen darf, wenn der Kettenfaden seine Bewegung vollendet hat, da er sonst bei dem nahen Zusammenstehen der Ketten- und Spulenfäden, den ersteren ebenfalls hemmen würde.

Anfangsstellung: Die Schiffchen stehen im hinteren Kamme, die beiden Leitern rücken um ein Schiffchen nach links, Fig. 125. Nun erfolgt der Einstich der Selectoren. Da zwischen den Bobbinsfäden links von a (nicht gezeichnet) und a, sowie zwischen b und c, dann d und e Löcher entstehen sollen, stechen die Selectoren S (unter dem Schiffchen links von a) S_b und S_d ein, also diejenigen Selectoren, welche links von denjenigen Zwischenräumen liegen, in welchen das Loch entstehen soll.

Die Selectoren sind hier als schwarze Kreisflächen gewissermassen als Schnitt durch den horizontalen Theil des Selectors dargestellt.

Nach dem Einstechen der Selectoren rückt die Spulenleiter noch um ein Schiffchen nach links, wobei diejenigen Spulenfäden, welche unmittelbar rechts von den eingestochenen Selectoren stehen, also s_a, s_c, s_e in ihrer Bewegung gehemmt und gehindert werden, sich vor den nächsten linksseitigen Bobbinsfaden zu legen, während die Spulenfäden s_b, s_d ihre Bewegung ungehemmt vollführen konnten und daher bereit sind, sich um die benachbarten Bobbinsfäden a und c zu schlingen. Fig. 126.

1. Bewegung. Die Schiffchen treten aus dem hinteren in den vorderen Kamm.

Die hintere Nadelreihe sticht ein und hebt die hergestellte Verschlingung in die Höhe.

Die Kettenleiter rückt um ein Schiffchen nach rechts.

Die Spulenleiter rückt um zwei Schiffchen nach rechts. Fig. 127.

2. Bewegung. Die Schiffchen rücken aus dem vorderen in den hinteren Kamm.

Die vordere Nadelreihe sticht ein und hebt die hergestellte Bindung nach aufwärts.

Beide Leitern rücken hierauf wieder um ein Schiffchen nach links. Fig. 128.

Hierauf stechen die Selectoren S_a und S_c ein.

Nach dem Einstechen der Selectoren rückt die Spulenleiter L_1 noch um ein Schiffchen nach links, wobei diesmal die Spulenfäden s_b und s_d in ihrer Bewegung gehemmt werden, während sich s_c vor den Bobbinsfaden b und s_e vor d legt. Fig. 129.

Hiermit ist eine abgeschlossene Bewegungsperiode zu Ende und es beginnt wieder die

1. Bewegung. Die Schiffchen treten aus dem hinteren in den vorderen Kamm. Gleichzeitig sticht wieder die hintere Nadelreihe ein und treten die Selectoren nach dem Durchgange der Schiffchen durch die Ketten- und Spulenfäden zurück.

Die Kettenleiter rückt um ein Schiffchen nach rechts.

Die Spulenleiter rückt um zwei Schiffchen nach rechts; beide also in ihre Normalstellung. Fig. 130.

2. Bewegung. Die Schiffchen treten aus dem vorderen in den hinteren Kamm.

Die vordere Nadelreihe sticht ein.

Beide Leitern rücken um ein Schiffchen nach links, während gleichzeitig der Jaquard-Apparat in Thätigkeit tritt. Die Selectorenstange dreht sich nach vorne, es stechen diesmal wieder S, S_b und S_d ein.

Hierauf rückt die Spulenleiter noch um ein Schiffchen nach links. Die Spulenfäden s_a, s_c, s_e werden gehemmt; s_b legt sich vor a, s_d vor c. Fig 131.

Eine zweite Bewegungsperiode ist zu Ende.

1. Bewegung. Die Schiffchen treten aus dem hinteren in den vorderen Kamm; gleichzeitig sticht die hintere Nadelreihe ein.

Hierauf treten die Selectoren zurück und die Kettenleiter rückt um ein, die Spulenleiter um zwei Schiffchen nach rechts. Fig. 132.

2. Bewegung. Die Schiffchen treten aus dem vorderen in den hinteren Kamm, die vordere Nadelreihe sticht ein.

Beide Leitern rücken um ein Schiffchen nach links.

Die Selectoren S_a und S_c stechen ein.

Die Spulenleiter rückt um ein Schiffchen weiter nach links. Die Fäden s_b und s_d werden gehemmt.

Die Bewegungsperiode ist abgeschlossen.

Da — wie zu ersehen — die Faden- und Selectoren-Stellung in Fig. 131 gleich der in Fig. 126, die in Fig. 133 gleich der in Fig. 129 ist, so ergiebt sich hieraus, dass bei der Erzeugung des China-Grundes im engeren Sinne, die Bewegungen sich nach zwei Bewegungsperioden d. h. nach vier Schiffchenbewegungen wiederholen.

Um die Stellung der Fäden nach jeder Schiffchenbewegung in einer Tabelle angeben zu können, bezeichnen wir denjenigen Bobbinsfaden-Zwischenraum, in welchem die zusammengehörigen Ketten- und Spulenfäden in ihrer Normalstellung stehen mit 0, den links davon befindlichen ersten Zwischenraum mit 1, den zweiten mit 2 u. s. w. In Fig. 124 wäre daher für die Fäden k_c und s_c der Raum zwischen den Bobbinsfäden c und d die Stellung 0, zwischen b und c die Stellung 1, zwischen a und b die Stellung 2; für k_f und s_f wäre die Stellung zwischen f und $g = 0$, zwischen e und $f = 1$, zwischen d und $e = 2$, u. s. w.

Die Aufeinanderfolge dieser Bewegungen ist in der folgenden Tabelle V. übersichtlich dargestellt.

Tabelle V.

Bewegungs-Periode	Bewegungs-Momente	Schiffchen-Bewegung die Schiffchen bewegen sich aus dem	in den	Leitern-Bewegung die Kettenleiter rückt um ein Schiffchen nach	die Spulenleiter rückt um ein	zwei Schiffchen nach	Selectoren-Bewegung die Selectoren mit geradem	ungeradem Stellenzeiger	Nadel-Bewegung Die vordere	hintere Nadelstange	Fadenstellung am Schlusse der Bewegung die Kettenfäden stehen in	die Spulenfäden mit geradem Stellenzeiger stehen in	die Spulenfäden mit ungeradem Stellenzeiger stehen in
1. Bewegung	1. Moment	hinteren Kamm	vorderen Kamm						sticht ein				
	2. Moment							treten zurück					
	3. Moment				rechts	rechts					0	0	0
2. Bewegung	1. Moment	vorderen Kamm	hinteren Kamm						sticht ein				
	2. Moment				links	links							
	3. Moment								stechen ein				
	4. Moment				links						1	1	2
3. Bewegung	1. Moment	hinteren Kamm	vorderen Kamm						sticht ein				
	2. Moment							treten zurück					
	3. Moment				rechts	rechts					0	0	0
4. Bewegung	1. Moment	vorderen Kamm	hinteren Kamm						sticht ein				
	2. Moment				links	links							
	3. Moment						stechen ein						
	4. Moment				links						1	2	1

Nach der 4. Bewegung beginnt wieder die erste. Die Eintheilung der einzelnen Bewegungen in mehrere Zeitmomente ist hier deshalb angewendet, um die Aufeinanderfolge der verschiedenen Bewegungen genau zu fixiren.

Die Gesammtdauer einer Bewegung, sei es nun die 1., 2., 3. oder 4., ist stets genau dieselbe, so dass die in der 1. und 3. Bewegung angeführten 3 Zeitmomente genau dieselbe Zeit beanspruchen, wie die in der 2. und 4. Bewegung angegebenen 4 Momente. Sobald nämlich die Schiffchen den zwischen den beiden Kämmen befindlichen Spielraum vollkommen passirt haben, folgen die Bewegungen der Leitern und Selectoren so rasch aufeinander, dass dieselben sicher vollendet sind, wenn die Schiffchen auf ihrem Rückwege den erwähnten Zwischenraum wieder passiren.

Da die Selectoren nun durch eine Jaquard-Maschine bewegt werden, so handelt es sich um die Herstellung der dazu nothwendigen Karten. Zu diesem Behufe wird das Muster wie bei der gewöhnlichen Weberei in Tupf übertragen, wobei jede Ausweichung des Spulenfadens nach links, also jede so gebildete Schleife als gefülltes Viereck gezeichnet wird. Der in Fig. 122 dargestellte Loup-Grund würde in Tupf übertragen eine schachbrettartige-Zeichnung zeigen wie aus Fig. 134 von a bis b zu ersehen.

Da nun die Selectoren derjenigen Schiffchen, mit deren Bobbinsfaden der rechtsseitig benachbarte Spulenfaden verbunden werden soll, nicht einstechen dürfen, dies aber durch die Hebung der mit dem Selector verbundenen Platine bewirkt wird; diese Hebung ihrerseits aber dadurch herbeigeführt wird, dass die zur Platine gehörige Nadel von der betreffenden Karte nicht zurückgedrängt wird d. h. in ein Loch der Karte trifft, so entspricht jedem im Tupf gezeichneten schwarzen Viereck ein Loch in der Karte. Diese Löcher werden daher bei den aufeinander folgenden Karten so angeordnet sein, dass die Löcher der einen Karte immer auf die Zwischenräume zwischen den Löchern der folgenden Karte zu stehen kommen, wie dies bei den in Fig. 135 gezeichneten Karten von a bis b der Fall ist. Auf je zwei in der Tabelle V angegebene Bewegungen entfällt eine Karte, so dass für den Rapport dieser Bindung zwei Karten nothwendig sind.

Das in Fig. 324 Taf. XX dargestellte Gewebe ist ausschliesslich mit einfacher Leinwand hergestellt und zeigt deutlich, dass mit derselben beliebige Musterfiguren dargestellt werden können; allerdings kommen dieselben viel weniger energisch zur Geltung als die in Fig. 325 Taf. XX dargestellten, mit doppelter Leinwand gebildeten Muster.

In diesem Gewebe sind die Grundöffnungen bedeutend grösser gehalten als im gewöhnlichen Loup-Grund, um dadurch eine noch stärkere Hebung der Muster zu erreichen.

2. Der französische Grund.

Der französische Grund ist in Fig. 136 Taf. VIII zwischen den ersten sechs Bobbinsfäden, also von A bis B dargestellt und zeigt mit dem vorher beschriebenen China-Grund insofern eine Aehnlichkeit, als die Deckung der Fläche ebenfalls eine schachbrettartige ist, indem Löcher gebildet werden, die gegen einander versetzt sind, so dass die, die Löcher eines Bobbinsfaden- resp. Kettenfaden-Zwischenraumes bildenden, Schleifen stets auf die Mitte der Löcher der benachbarten Zwischenräume treffen.

Die eigentliche Bindung aber ist, wie sofort ersichtlich, von der Bindung des englischen Grundes vollkommen verschieden. Während bei dem letzteren jede Ver-

Zweites Kapitel: Die Bindungen der spitzenartigen Gewebe.

bindungsstelle zwischen zwei Bobbinsfäden nur aus einer Schleife besteht, ist eine solche bei dem ersteren stets aus zwei Schleifen gebildet, die einander entgegen gerichtet sind. Dadurch wird eine vollkommenere, dichtere Deckung der betreffenden Fläche und auch eine exaktere Begrenzung derselben erreicht, da die, die Begrenzung der viereckigen Fläche bildenden, Fäden parallel zu einander liegen, während dies bei dem englischen Grund nicht der Fall ist.

Jede solche Verbindungsstelle wird daher aus vier statt aus zwei Fäden gebildet.

Das charakteristische Merkmal dieser Bindung liegt darin, dass der Spulenfaden von dem ihm zugehörigen Kettenfaden nach zwei Seiten d. h. nach links und rechts ausweicht, während bei der Loup-Bindung dies immer nur nach einer Seite, gewöhnlich nach links geschieht. Dieser Unterschied ist in Fig. 137 Taf. VIII dargestellt. Die oben gezeichnete Bindungsweise ist die französische; der Spulenfaden umschlingt den mittleren Kettenfaden k und weicht von diesem nach links bis zu k_1 und nach rechts bis k_2 aus. Bei der unteren Bindungsweise zwirnt der Spulenfaden mit k_2 und weicht nur nach links aus, entweder blos bis k, wie beim China-Grund, oder bis k_1, wie bei der sogenannten doppelten Leinwand, die erst bei den Musterbindungen zu erwähnen ist.

Bei der Herstellung des französischen Grundes ist der Weg eines jeden Spulenfadens folgender:

Der z. B. zu dem Bobbinsfaden b gehörige Spulenfaden umschlingt diesen letzteren einmal, weicht sodann nach links aus, um den Bobbinsfaden a zu umkreisen; kehrt dann sofort wieder zu b zurück, umschlingt diesen zweimal, weicht hierauf nach rechts aus, umschlingt den Bobbinsfaden c, kehrt sofort wieder zu b zurück, um nach einer einmaligen Umschlingung dieses wieder nach links auszuweichen. Der zu a und c gehörige Spulenfaden vollführt genau dieselben Bewegungen, und zwar die gleichen zu gleicher Zeit.

Bei der Herstellung dieses Grundes ist die Anordnung der Fäden in der Maschine genau dieselbe wie bei der Herstellung des englischen Grundes, d. h. wie die in Fig. 124 Taf. VIII dargestellte. Die Fäden werden daher wieder in Gruppen zu drei Fäden — nämlich Bobbins-, Ketten- und Spulenfäden — angeordnet.

Die Bewegung der Bobbinsfäden ist die allbekannte, senkrecht auf die Gewebefläche.

Die Bewegung der Kettenfäden wird durch die vordere Leiter L Fig. 148 Taf. IX ausgeführt und zwar stets blos um einen Bobbinsfaden, den der eigenen Gruppe, nach links oder rechts, da sich die zusammengehörigen Ketten- und Bobbinsfäden einfach zwirnen.

Die Bewegungsgrösse der Kettenfäden ist daher gleich dem Abstande zweier Schiffchen, wie beim englischen Grund.

Die Bewegung der Spulenfäden wird an der hinteren Leiter L_1 Fig. 148 ausgeführt und zwar stets um drei Bobbinsfäden, den der eigenen und die der beiden benachbarten links- und rechtsseitigen Gruppen.

Die Bewegungsgrösse der Spulenfäden ist daher nicht wie beim englischen Grunde gleich dem Abstande von drei, sondern gleich dem von vier Schiffchen, oder gleich der Summe dreier Bobbinsfaden-Zwischenräume.

Die Bewegung der Bobbins- und Kettenfäden ist daher hier wie beim englischen Grund eine vollkommen regelmässige, unabänderliche, die der Spulenfäden eine modificirbare. Würde eine solche Modification nicht eintreten, so würden die Spulenfäden bei jeder Bewegung um die beiden benachbarten Bobbinsfäden geschlungen und die Fläche des Gewebes ganz gedeckt werden.

Sollen nun in demselben Löcher entstehen, wie sie in Fig. 136 dargestellt sind, so muss sich der Spulenfaden an einzelnen Stellen mit seinem eigenen Ketten- und Bobbinsfaden zwirnen; dies ist jedoch nur dann möglich, wenn derselbe sowohl bei seiner Bewegung nach links als auch bei derselben nach rechts durch Selectoren gehemmt wird.

Die Herstellung dieses Grundes auf der Maschine ist aus den Figuren 141—144 Taf. VIII und IX zu ersehen.

Die Schiffchen stehen im hinteren Kamm; beide Leitern haben sich um ein Schiffchen nach links bewegt. Ketten- und Spulenfäden stehen daher in der Stellung 1 Fig. 141.

Hierauf stechen die Selectoren ein und zwar nur die mit geraden Stellenzeigern S_b und S_d. Die Spulenleiter rückt sodann um ein Schiffchen weiter nach links, die Spulenfäden s_b und s_d werden in ihrer Bewegung nicht gehemmt, stellen sich daher vor die Bobbinsfäden a und c, befinden sich dem zu Folge in der Stellung 2 und sind zur Umschliessung der Bobbinsfäden a resp. c vorbereitet. Die Spulenfäden s_c und s_e aber werden gehemmt, bleiben daher in der Stellung 1 und werden sich mit ihrem eigenen Bobbinsfaden zwirnen, so dass links von c und d Löcher entstehen, Fig. 142.

1. Bewegung. Die Schiffchen treten aus dem hinteren in den vorderen Kamm.

Hierauf rückt die Kettenleiter um ein, die Spulenleiter um zwei Schiffchen nach rechts.

Die Selectoren stechen nun wieder ein und zwar die mit ungeradem Stellenzeiger, wenn in der ersten Bewegung die mit geradem Stellenzeiger eingestochen haben. Es stechen daher jetzt die Selectoren S_a, S_c und S_e ein, worauf die Spulenleiter noch um ein drittes Schiffchen nach rechts rückt.

Hierbei legen sich die Spulenfäden s_a und s_c vor die benachbarten rechtsseitigen Bobbinsfäden, kommen daher in ihre äusserste rechte Stellung —1; während die Spulenfäden s_b und s_d, durch die eingetretenen Selectoren in ihrer Bewegung gehemmt, in der Stellung 0 bleiben müssen. Fig. 143 Taf. IX.

2. Bewegung. Die Schiffchen treten aus dem vorderen in den hinteren Kamm.

Die Selectoren treten zurück.

Die Kettenleiter rückt um ein, die Spulenleiter um zwei Schiffchen nach links. Die Kettenfäden stehen daher so wie die Spulenfäden in 1.

Nun stechen alle Selectoren ein, wodurch alle Spulenfäden, bei der gleich darauf folgenden Verschiebung der Spulenleiter um ein Schiffchen nach links in der Bewegung gehemmt und in der Stellung 1 zurückgehalten werden. Fig. 139 Taf. VIII.

Die Figuren 138—140 zeigen den Prozess vor der 1. Bewegung, die Stellung Fig. 144 gleicht genau der in Fig. 138, es sind daher die Stellungen Fig. 139 und 140 nach Fig. 144 wegen Raumersparniss ausgelassen.

3. Bewegung. Die Schiffchen treten aus dem hinteren in den vorderen Kamm.

Hierauf rückt die Kettenleiter um ein, die Spulenleiter um zwei Schiffchen nach rechts, d. h. beide Fäden stehen wieder in 0.

Nach dem Einstechen aller Selectoren rückt die Spulenleiter noch um ein Schiffchen nach rechts, wobei jedoch alle Spulenfäden in ihrer Bewegung gehindert werden, daher in der Stellung 0 verbleiben. Fig. 140 Taf. VIII.

4. Bewegung. Die Schiffchen treten aus dem vorderen in den hinteren Kamm.

Die Selectoren treten zurück.

Die Kettenleiter rückt um ein, die Spulenleiter um zwei Schiffchen nach links; beide Fadensysteme stehen daher in 1.

Nun stechen die Selectoren mit ungeraden Stellenzeigern, also S_a, S_c, S_e, ein, und die Spulenleiter rückt darauf noch um ein Schiffchen nach links. Die Spulenfäden s_b, s_d und s_f werden gehemmt und bleiben in 1. Die Spulenfäden s_a, s_c und s_e werden nicht gehemmt, gelangen nach 2 und legen sich daher vor die links benachbarten Bobbinsfäden.

5. Bewegung. Die Schiffchen treten aus dem hinteren in den vorderen Kamm.

Die Kettenleiter rückt um ein, die Spulenleiter um zwei Schiffchen nach rechts. Die Kettenfäden kommen daher, sowie die Spulenfäden nach 0.

Nun stechen die Selectoren mit geradem Stellenzeiger ein, also S_b, S_d, worauf die Spulenleiter noch um ein Schiffchen nach rechts rückt. Hierbei ist s_a und s_c gehemmt, nach —1 zu gelangen, während s_b und s_d in die Stellung —1 kommen und sich daher vor die Bobbinsfäden c und e legen.

6. Bewegung. Die Schiffchen treten aus dem vorderen in den hinteren Kamm.

Die Selectoren treten zurück.

Die Kettenleiter rückt um ein, die Spulenleiter um zwei Schiffchen nach links.

Hierauf stechen so wie in der 2. Bewegung alle Selectoren ein, wodurch die Spulenfäden gezwungen werden, in der Stellung 1 zu bleiben und sich mit dem Bobbins- und Kettenfaden zu zwirnen. Fig. 139 Taf. VIII.

7. Bewegung. Dieselbe ist genau gleich der 3. Bewegung. Fig. 140 Taf. VIII. In der

8. Bewegung treten die Schiffchen aus dem vorderen in den hinteren Kamm, worauf all diejenigen Bewegungen eintreten, die vor der 1. Bewegung stattgefunden haben.

Hiermit ist der Rapport erreicht und die Bewegungen wiederholen sich.

Aus dieser ganzen Darstellung ist zu ersehen, dass das Einstechen der Selectoren nicht nur dann stattfindet, wenn sich die Leitern nach links bewegen, wie dies bei der Bildung des englischen Grundes der Fall ist, sondern auch dann, wenn sich die Spulenfaden nach rechts bewegen. Während also bei der Herstellung des englischen Grundes innerhalb einer Bewegungsperiode gleich zwei Schiffchen-Bewegungen die Selectoren nur einmal einstechen, d. h. nach jeder zweiten Schiffchenbewegung, geschieht dies bei der Herstellung des französischen Grundes zweimal, d. h. nach jeder Schiffchenwegung. Da nun jedem Selectoreinstich die Verwendung einer Jaquard- oder Dessin-Karte entspricht, so ergiebt sich hieraus, dass die Herstellung des französischen Grundes doppelt so viel Karten erfordert als die des englischen Grundes.

Dass die Praktiker diesen grossen Aufwand an Karten zu beseitigen gesucht haben, ist selbstverständlich und es ist ihnen dies auch vollkommen gelungen.

Beachtet man nämlich die Stellenzeiger zweier nach einander einstechender Selectoren, so wird man finden, dass, wenn bei der ersten Bewegung der Leitern — nach links — die Selectoren mit geradem Stellenzeiger eingestochen haben, bei der darauf folgenden Rückbewegung nach rechts, stets die nächst rechts stehenden Selectoren mit ungeradem Stellenzeiger einstechen und umgekehrt. Haben daher z. B. bei der Linksbewegung die Selectoren S_a und S_d eingestochen, so werden bei der Rechtsbewegung jedesmal die Selectoren S_b und S_e einstechen; auf den Einstich des ungeraden S_a folgt also der gerade S_b und auf den geraden S_d der ungerade S_e.

Es lag daher nahe, den in der Linksbewegung einstechenden Selector auch zum Einstechen bei der Rechtsbewegung zu verwenden, was dadurch ganz leicht zu erreichen war, dass man diese Selectoren resp. die ganze Selectorstange nach der, auf die ausgeführte Linksbewegung, folgenden Schiffchenbewegung um ein Schiffchen nach rechts verschiebt. Diese Bewegung wird um so einfacher, als es — wie leicht zu begreifen — gar nicht nothwendig ist, die eingestochenen Selectoren wieder zurücktreten und bei der Rechtsbewegung wieder einstechen zu lassen.

Da nun in beiden Bewegungen jeder Bewegungsperiode nur derselbe eingestochene Selector, aber an zwei neben einander liegenden Stellen zur Verwendung kommt, so ist auch hier, wie beim englischen Grund, nur nach jeder zweiten Schiffchenbewegung eine Karte nöthig.

Die Bewegungen gehen nun so vor sich, dass nach dem Eintritte der Schiffchen in den hinteren Kamm die Kettenfäden um ein, die Spulenfäden um zwei Schiffchen nach links verschoben werden; dann stechen die entsprechenden Selectoren ein, hierauf rückt die Spulenleiter noch um ein Schiffchen nach links und nun treten die Schiffchen aus dem hinteren in den vorderen Kamm. Hierauf wird die Selectorstange, ohne zurückgedreht worden zu sein, um ein Schiffchen nach rechts und gleichzeitig die Kettenleiter um ein, die Spulenleiter um drei Schiffchen nach rechts verschoben, worauf die Schiffchen wieder aus dem vorderen in den hinteren Kamm treten.

Die in Fig. 142, Taf. VIII als eingestochen gezeichneten Selectoren S_b und S_d werden daher auch in Fig. 143 erscheinen, nur um einen Zwischenraum nach rechts verschoben, und wäre daher in dieser Figur statt S_c, S_b und statt S_e, S_d zu setzen.

Die in der auf Seite 53 folgenden Tabelle angegebenen Bewegungen dienen zur Herstellung der in Fig. 136 dargestellten Grundbindung.

Jede dieser Tabellen beginnt bei der Stellung der Schiffchen im hinteren Kamm.

Die 6. Bewegung der Tabelle VI entspricht den Fig. 138 und 139; die 7. der Fig. 140; die 8. Bewegung 3. Moment der Fig. 141, 4. und 5. Moment der Fig. 142; die 1. Bewegung der Fig. 143; der 2., 3. Moment der Fig. 138, 4. und 5. Moment der Fig. 139; die 3. Bewegung der Fig. 140; die 4. Bewegung der Fig. 144 und 145; die 5. endlich der Fig. 146.

Sollen die Löcher kleinere Dimensionen erhalten, d. h. die einzelnen Bindungsstellen näher aneinander rücken, so müsste z. B. die bei x angegebene Umschlingung des Bobbinsfadens durch den zugehörigen Spulenfaden s_b ausgelassen und dieser Spulenfaden gleich bis zum Bobbinsfaden a geführt werden, in welchem Falle die Bewegungen 2, 3, 6 und 7 ausfallen und blos 2 Karten nöthig sein würden.

Ueberträgt man die in Fig. 136 dargestellte Bindung in Tupf, so würde das Bild derselben das in Fig. 150 ersichtliche sein. Es ist dies auch eine schachbrettähnliche Anordnung, welche dann der in Fig. 134 dargestellten vollkommen gleich werden würde, wenn die Bindungsstellen, wie oben erwähnt, ganz nahe an einander gerückt würden.

Zur Herstellung der in Fig. 136 und 150 dargestellten, durch die in der Tabelle VI übersichtlich angeordneten Bewegungen erzeugten, Bindung dienen die in Fig. 151, Taf. IX gezeichneten Karten von 1 bis 8; die Karte 9 ist genau gleich der Karte 1, wenn man die letzten drei Löcher rechts, die nicht mehr zur Grund-, sondern schon zur Musterbindung gehören, nicht berücksichtigt.

Diese 8 Karten, entsprechend den acht in der Tabelle angegebenen Bewegungen wären nur dann nothwendig, wenn die oben erwähnte Verschiebung der Selectorstange nicht stattfinden würde. Bei Ausführung dieser Verschiebung aber sind nur die Karten 1, 3, 5 und 7, d. h. blos jede zweite Karte nöthig, da die dazwischen liegenden eben durch diese Verschiebung, wie dies leicht aus den Karten selbst zu ersehen, ersetzt werden. Dass die Grösse der Löcher dieser Bindung ganz beliebig vergrössert werden kann, wird jedem aufmerksamen Leser sofort klar sein.

Das in Fig. 326, Taf. XX dargestellte Muster ist mit französischem Grunde hergestellt.

Zweites Kapitel: Die Bindungen der spitzenartigen Gewebe.

Tabelle VI.

Bewegungs-Periode	Bewegungs-Momente	Schiffchen-Bewegung: Die Schiffchen treten aus dem	Schiffchen-Bewegung: in den	Leitern-Bewegung: Die Kettenleiter rückt um ein Schiffchen nach	Leitern-Bewegung: die Spulenleiter rückt um ein Schiffchen nach			Selectoren-Bewegung: die Selectoren mit geradem Stellenzeiger	Selectoren-Bewegung: die Selectoren mit ungeradem Stellenzeiger	Selectorstangen-Bewegung: Die Selectorstange rückt um ein Schiffchen nach	Nadel-Bewegung: Die vordere Nadelreihe	Nadel-Bewegung: hintere Nadelreihe	Fadenstellung am Schlusse der Bewegung: die Kettenfäden stehen	Fadenstellung: die Spulenfäden mit geradem Stellenzeiger stehen	Fadenstellung: die Spulenfäden mit ungeradem Stellenzeiger stehen
					ein	zwei	drei								
1. Bewegung	1. Moment	hinteren Kamm	vorderen Kamm	rechts			rechts			rechts		sticht ein	0	0	
2. Bewegung	1. Moment	vorderen Kamm	hinteren Kamm	links		links		treten zurück		links	sticht ein				0	−1
	2. Moment														
	3. Moment														
	4. Moment				links				stechen ein	stechen ein						
	5. Moment													1	1	1
3. Bewegung	1. Moment	hinteren Kamm	vorderen Kamm	rechts			rechts			rechts		sticht ein	0	0	0
4. Bewegung	1. Moment	vorderen Kamm	hinteren Kamm	links		links		treten zurück	treten zurück	links	sticht ein					
	2. Moment														
	3. Moment														
	4. Moment				links				stechen ein							
	5. Moment													1	1	2
5. Bewegung	1. Moment	hinteren Kamm	vorderen Kamm	rechts			rechts			rechts		sticht ein	0	0	0
6. Bewegung	1. Moment	vorderen Kamm	hinteren Kamm	links		links		treten zurück	treten zurück	links	sticht ein					
	2. Moment														
	3. Moment														
	4. Moment				links				stechen ein	stechen ein						
	5. Moment													1	1	1
7. Bewegung	1. Moment	hinteren Kamm	vorderen Kamm	rechts			rechts			rechts		sticht ein	0	0	0
8. Bewegung	1. Moment	vorderen Kamm	hinteren Kamm	links		links		treten zurück	treten zurück	links	sticht ein					
	2. Moment														
	3. Moment								stechen ein							
	4. Moment															
	5. Moment				links									1	2	1

3. Der Square-net oder rhombische Grund.

Derselbe ist in Fig. 152, Taf. IX dargestellt und besteht — wie aus der Figur zu ersehen — aus der Aneinanderreihung viereckiger Löcher, die auf die Spitze gestellt sind.

Hergestellt wird dieser Grund dadurch, dass durch das Zusammenzwirnen der drei zu einander gehörigen Fäden — Bobbins-Ketten- und Spulenfaden — starke, parallel zu einander laufende Zwirne entstehen, von welchen jeder in bestimmten Abständen einmal an den benachbarten rechtsseitigen und darauf an den benachbarten linksseitigen Zwirn, angebunden wird, wodurch die sogenannten Knotenpunkte-Kreuzungen-x erzeugt werden. Diese Knotenpunkte entstehen dadurch, dass der rechts stehende Zwirn durch den Bobbinsfaden des links stehenden Zwirnes an diesen und gleichzeitig der letztere durch den Bobbinsfaden des rechtsstehenden Zwirnes an den rechtstehenden Zwirn angebunden wird, wie dies aus der Figur deutlich zu ersehen.

Um die Bindung der einzelnen Fäden deutlich ersichtlich zu machen, ist der Kettenfaden der zweiten Fadengruppe bei pp schwarz ausgeführt, so dass dessen Lauf durch das Gewebe genau zu verfolgen ist; genau denselben Lauf verfolgt auch der in dieser Bindung vom Kettenfaden unzertrennliche Spulenfaden. Aus gleichem Grunde ist bei rr ein Bobbinsfaden schwarz ausgeführt, um dessen Lauf durch das Gewebe ersichtlich zu machen. Man ersieht hieraus, dass sich derselbe stets mit denselben — nämlich den ihm zugehörigen — Ketten- und Spulenfaden zwirnt, dass er aber in den Kreuzungspunkten die benachbarten Zwirne erfasst und an seinen eigenen Zwirn anbindet.

Das charakteristische Merkmal dieser Bindung besteht darin, dass auch die Kettenfäden, die sich bei den bisher erwähnten Grundbindungen nur mit den Fäden der eigenen Gruppe gezwirnt haben, nun auch mit den Fäden der benachbarten Gruppen in Verbindung treten.

Bei der Herstellung dieser Bindung werden die Fäden wieder in Gruppen zu drei Fäden — Ketten-Spulen- und Bobbinsfäden — in der Maschine angeordnet. Die Bobbinsfäden werden in bekannter Weise durch Schiffchen, die Ketten und Spulenfäden durch Leitern bewegt.

Da sich die Ketten- und Spulenfäden einer Gruppe nur mit dem ihnen zugehörigen Bobbinsfaden zwirnen, haben dieselben während der Zwirnbildung — vier Bewegungen — nur um ein Schiffchen nach links und rechts zu wechseln. Bei der Knotenbildung aber sollen dieselben bald von dem Bobbinsfaden der rechts- bald von dem der linksseitigen Fadengruppe erfasst und umschlungen werden. In dieser Bindungsperiode — zwei Bewegungen — nun müssen beide Fäden, der Ketten- und Spulenfaden sich um drei Schiffchen verschieben.

Die Verschiebungsgrösse der Leiter ist daher beim Zwirnen gleich einem, beim Knotenbilden gleich drei Bobbinsfaden-Zwischenräumen. Da jedoch im letzteren Falle niemals alle drei Bobbinsfaden, sondern immer blos zwei — der eigene und einer der benachbarten — zur Bindung gebracht werden sollen, so muss eine Modification dieser, bei der Knotenbildung constanten, Bewegung um drei Schiffchen durch die Selectoren eintreten.

Da die Selectoren aber hier nicht nur die Bindung der Spulenfaden — wie bei den früher beschriebenen Bindungen — sondern auch die der Kettenfaden beeinflussen sollen, so müssen sie sowohl zwischen Spulen- als auch Kettenfäden einstechen.

Die Herstellung dieser Grundbindung ist in den Fig. 153—159, Taf. IX und 160—167, Taf. X dargestellt.

Zweites Kapitel: Die Bindungen der spitzenartigen Gewebe. 55

Die anfängliche Anordnung der Fäden in der Maschine ist die in Fig. 124, Taf. VIII ersichtlich gemachte, nur könnten in diesem Falle, sowohl die Ketten- als auch Spulenfäden in eine Leiter eingezogen sein, vorausgesetzt, dass nur die Grund- und nicht gleichzeitig eine Musterbindung hergestellt werden soll.

Um die Stellung der Fäden fixiren zu können, bezeichnen wir wieder die Normalstellung in der sich die Fäden, wie in Fig. 124, wenn sie sämmtlich parallel zu einander laufen, befinden resp. den Zwischenraum rechts vom zugehörigen Bobbinsfaden, wie bisher mit 0; die von hier nach links liegenden Zwischenräume der Reihe nach mit 1, 2, 3 u. s. w., die nach rechts liegenden ebenso mit — 1, — 2, — 3 u. s. w. Für den Kettenfaden k_c und Spulenfaden s_c ist die 0-Stellung zwischen den Bobbinsfäden c und d, die Stellung 1 zwischen b und c, die Stellung 2 zwischen a und b, die Stellung — 1 zwischen d und e etc.

Anfangsstellung. Die Schiffchen stehen im hinteren Kamm. Beide Leitern rücken um zwei Schiffchen nach links, also von 0 nach 2. Fig. 153.

Hierauf stechen die Selectoren mit ungeradem Stellenzeiger, also S_a, S_c, S_e u. s. w. ein, worauf die Leitern um drei Schiffchen nach rechts, also von 2 nach — 1 rücken.

Dadurch werden die Fäden, wie aus Fig. 154 ersichtlich in Gruppen zu vier Fäden angeordnet, d. h. je zwei Gruppen behufs Knotenbildung vereinigt.

1. Bewegung. Die Schiffchen treten aus dem hinteren in den vorderen Kamm, während gleichzeitig die hintere Nadelreihe einsticht und die gebildete Bindung in die Höhe hebt.

Hierauf treten die Selectoren zurück — Fig. 155 —, werden gleichzeitig, wie bei dem französischen Grund, um ein Schiffchen nach rechts verschoben und stechen sofort, und zwar dieselben Selectoren S_a, S_c, S_e, S_g, aber diesmal nicht unter den ihnen zugehörigen, sondern unter den benachbarten Schiffchen ein.

Die Leitern rücken hierauf um zwei Schiffchen nach links, d. h. von — 1 nach 1, Fig. 156.

2. Bewegung. Die Schiffchen treten aus dem vorderen in den hinteren Kamm, während gleichzeitig die vordere Nadelreihe einsticht und die Bindung in die Höhe hebt.

Hierauf treten die Selectoren zurück und werden wieder in ihre Normalstellung um ein Schiffchen nach links geschoben, wodurch, wie aus Fig. 157 ersichtlich, die Knotenbildung vollendet ist und das einfache Zwirnen beginnt.

3. Bewegung. Die Schiffchen treten aus dem hinteren in den vorderen Kamm und die hintere Nadelreihe sticht ein und bewegt sich nach aufwärts, während sich die vordere Nadelreihe aus dem Gewebe zurückzieht. Erst hierdurch wird der in Fig. 158 ersichtliche Knoten durch die Spannung der Fäden zusammengezogen und fixirt.

Die Leitern rücken um ein Schiffchen nach rechts, d. h. von 1 nach 0. Fig. 158.

4. Bewegung. Die Schiffchen treten aus dem vorderen in den hinteren Kamm; die Leitern rücken um ein Schiffchen nach links, von 0 nach 1. Fig. 159.

5. Bewegung. Die Schiffchen treten aus dem hinteren in den vorderen Kamm; die Leitern rücken um ein Schiffchen nach rechts, von 1 nach 0. Fig. 160 Taf. X.

6. Bewegung. Die Schiffchen treten aus dem vorderen in den hinteren Kamm und damit ist das Zwirnen vollendet und es beginnt wieder die Knotenbildung.

Die Leitern rücken daher um zwei Schiffchen nach links; von 0 nach 2. Fig. 161.

Hierauf stechen die Selectoren mit geradem Stellenzeiger, daher S_b, S_d, S_f u. s. w. ein, die Leitern aber rücken gleich darauf um **drei Schiffchen nach rechts**, von 2 nach — 1. Fig. 162.

Hierdurch sind wieder Gruppen zu vier Fäden gebildet, die im Begriffe sind den rechts von ihnen stehenden Bobbinsfaden zu umschlingen resp. von ihm umschlungen zu werden.

7. Bewegung. Die Schiffchen treten aus dem hinteren in den vorderen Kamm. Die Selectoren treten hierauf zurück und rücken um ein Schiffchen nach rechts. Fig. 163.

Hierauf stechen dieselben Selectoren S_b, S_d, S_f nur unter dem rechts benachbarten Schiffchen ein und die Leitern rücken um **zwei Schiffchen nach links**, also von — 1 nach 1. Fig. 164.

8. Bewegung. Die Schiffchen treten aus dem vorderen in den hinteren Kamm und die Selectoren treten wieder zurück und rücken um ein Schiffchen nach links. Die Knotenbildung ist wieder vollendet und es beginnt das Zwirnen, Fig. 165, welches genau in der früher geschilderten Weise durch die Bewegung der Leitern von 1 nach 0 und zurück ausgeführt wird. Die

9. Bewegung gleicht daher genau der 3. Fig. 158 = Fig. 166. Die

10. Bewegung der 4., daher Fig. 159 der Fig. 167. Die

11. Bewegung ist gleich der 5. Mit der

12. Bewegung beginnt wieder die Knotenbildung. Die Schiffchen treten aus dem vorderen in den hinteren Kamm. Die Leitern rücken um zwei Schiffchen nach links, daher von 0 nach 2. Fig. 153.

Die Selectoren mit ungeradem Stellenzeiger S_a, S_c, S_e u. s. w. stechen ein.

Die Leitern rücken sodann um drei Schiffchen nach rechts, also von 2 nach — 1. Damit ist der Rapport im Gewebe erreicht und beginnt wieder die 1. Bewegung. Fig. 154.

Während im Gewebe der Rapport erst nach der 12. Bewegung erreicht ist, tritt die Wiederholung der Leiternbewegung schon nach der 6. Bewegung ein, wenn die Modification der Bewegung durch Selectoren nur während der Knotenbildung eintritt; ist dies aber auch während des Zwirnens der Fall, dann wiederholt sich die Leiternbewegung schon nach der zweiten Bewegung.

Im ersteren Falle, der vorhin eingehend beschrieben wurde, wird nur für die Knotenbildung und zwar für jede Knotenreihe eine Jaquard-Karte nothwendig sein, so dass auf je sechs Bewegungen eine Karte entfällt, wobei allerdings etwas complicirter gestaltete unrunde Scheiben für die Leiternbewegung verwendet werden müssen.

Im zweiten Fall, in dem auch das Zwirnen mit Hilfe der Selectoren ausgeführt wird, entfällt auf jede zweite Bewegung eine Jaquard-Karte, daher auf 6 Bewegungen drei, mithin dreimal so viel als im ersteren Fall; wobei allerdings noch zu erwähnen, dass wenn blos die Grund- und kleine Musterbindung beabsichtigt wird, im Ganzen blos 6 Karten nothwendig wären. In diesem Falle würden die Leitern nach je zwei Bewegungen ihre Bewegung wiederholen, daher wären die unrunden Scheiben einfacher zu gestalten.

Das Zwirnen würde dabei jedesmal durch das Einstechen aller Selectoren, daher durch eine ganz glatte Jaquard-Karte erreicht werden.

Alle diese Bewegungen sind in der auf Seite 57 folgenden Tabelle VII übersichtlich zusammengestellt:

Zweites Kapitel: Die Bindungen der spitzenartigen Gewebe.

Tabelle VII.

Bindung	Bewegungs-Periode	Bewegungs-Momente	Schiffchen-Bewegung: die Schiffchen treten aus dem	Schiffchen-Bewegung: in den	Leitern-Bewegung: die Ketten- und Spulenleiter rückt um ein Schiffchen nach	zwei	drei	Selectoren-Bewegung: die Selectoren mit geradem Stellenzeiger	ungeradem Stellenzeiger	Selectorstangen-Bewegung: Die Selectorstange rückt um ein Schiffchen nach	Nadel-Bewegung: Die vordere Nadelreihe	hintere	Fadenstellung am Schlusse der Bewegung: die Ketten- und Spulenfäden mit geradem Stellenzeiger stehen	ungeradem
Knotenbildung	1. Bewegung	1. Moment	hinteren Kamm	vorderen Kamm										
		2. Moment				links								
		3. Moment							treten zurück	rechts				
		4. Moment							sticht ein			sticht ein	0	−1
Zwirnen	2. Bew.	1. Moment	vorderen Kamm	hinteren Kamm										
		2. Moment							treten zurück	links			1	1
	3. Bew.	1. Moment	hinteren Kamm	vorderen Kamm	rechts									
		2. Moment									sticht ein		0	0
	4. Bew.	1. Moment	vorderen Kamm	hinteren Kamm	links									
		2. Moment										sticht ein	1	1
	5. Bew.	1. Moment	hinteren Kamm	vorderen Kamm	rechts									
		2. Moment									sticht ein		0	0
Knotenbildung	6. Bewegung	1. Moment	vorderen Kamm	hinteren Kamm				stechen ein						
		2. Moment				links								
		3. Moment							treten zurück stechen ein	rechts				
		4. Moment										sticht ein	1	2
Zwirnen	7. Bewegung	1. Moment	hinteren Kamm	vorderen Kamm					treten zurück	links				
		2. Moment				links					sticht ein		−1	0
	8. Bew.	1. Moment	vorderen Kamm	hinteren Kamm			rechts							
		2. Moment									sticht ein		1	1

Es folgen nun drei Bewegungen, die der 3., 4. und 5. vollkommen gleichen, Bewegung 9, 10, 11.

Knotenbildung	12. Bewegung	1. Moment	vorderen Kamm	hinteren Kamm							sticht ein			
		2. Moment												
		3. Moment						stechen ein						
		4. Moment					rechts						2	1

57

Die Darstellung dieser Bindung in Tupf ist in Fig. 168 Taf. X gegeben; dieselbe zeigt, so wie die früheren den Schachbrett-Charakter.

Von den nach diesem Tupf geschlagenen Karten müsste die erste mit den ungeraden Löchern versehen sein, die zweite und dritte würde kein Loch erhalten, die vierte erhielte wieder die geraden Löcher, die fünfte und sechste bliebe ganz glatt.

Selbstverständlich ist es vollkommen dem Belieben überlassen, das Zwirnen zwischen je zwei Knotenpunkten fortzusetzen durch Einschaltung beliebig vieler ungelochter Karten.

Dadurch würden die Rhomben im Gewebe mehr in die Länge gezogen werden.

Um in dieser Bindung grössere Löcher zu erzeugen, um dieselbe daher durchsichtiger und diesen Contrast zwischen Grund und Muster kräftiger zu gestalten, um endlich auch den Knotenpunkten einen ornamentalen Charakter zu verleihen, können wie in Fig. 169 zwei Fadengruppen und wie in Fig. 170 drei Fadengruppen zusammengezwirnt werden, wobei dann dieselben, wie aus diesen Figuren zu ersehen, in verschiedener Weise zu effectvollen, sternartigen Figuren ausgebildet werden können.

Je mehr Fadengruppen durch Zwirnen miteinander verbunden werden, desto grösser muss der entstandene freie Raum, das Loch sein.

Die Herstellungsweise ist eine ähnliche, wie die des gewöhnlichen Square-net und soll hier weiter nicht berührt werden.

Der Square-net-Grund ist in dem durch die Fig. 327, Taf. XX repräsentirten Gewebe als Füllungsbindung der Muster zur Anwendung gebracht.

4. Der Guipure- oder Filet-Grund.

Dieser oft auch einfach als Netz bezeichnete Grund soll eigentlich gar kein Grund sein.

Die Muster eines Gewebes werden selbstverständlich um so effectvoller hervortreten, je mehr der Grund in den Hintergrund tritt, je mehr derselbe verschwindet. Um nun dies in thunlichst vollkommener Weise zu erreichen, den Zusammenhang und die gegenseitige Lage der einzelnen Musterfiguren aber in entsprechender Weise zu sichern, müssen diese durch einzelne Fadenstränge mit einander verbunden werden, die von einander — so weit als möglich — abstehen, daher grosse, ungedeckte Zwischenräume zwischen sich lassen, und von der Regelmässigkeit der übrigen Grundbindungen thunlichst abweichen. Dadurch entsteht ein Netzwerk von ganz unregelmässig mit einander verbundenen Fäden, Fig. 171, die eben durch diese Unregelmässigkeit das Fehlen des Grundes markiren sollen.

Die Herstellung dieses Grundes kann nach denselben Principien und Regeln erfolgen, wie die des Square-net-Grundes, da sie durch Zwirnen und Knotenbilden in höchst einfacher Weise erzeugt werden kann.

Da nun aber hier nicht so, wie bei dem früher beschriebenen Grund, auf jede Knotenbildung ein zweimaliges Zwirnen in bestimmter Weise folgt, sondern dieses bei diesen Bindungsarten in ganz unregelmässiger Aufeinanderfolge ausgeführt werden muss, ist es selbstverständlich, dass die ganze Anordnung der Bewegungen, wie sie in der vorhergehenden Tabelle dargestellt ist, vollkommen geändert werden müsste und dass namentlich der Gebrauch von Jaquard-Karten hier in viel ausgedehnterem Maasse stattfinden müsste.

Es wäre nicht schwer, ein entsprechendes Schema für die Leiternbewegung, welches der Zeitökonomie vollkommen Rechnung trägt, für diese Bindung zu finden

Zweites Kapitel: Die Bindungen der spitzenartigen Gewebe.

— die Herstellung der Karten ist analog der Square-net-Bindung leicht verständlich — wenn dieser Grund überhaupt für sich ausgeführt würde. Da dies aber nicht stattfindet, dieser Grund namentlich stets nur in Gesellschaft von Mustern vorkommt, wodurch die Herstellungsweise sehr stark beeinflusst wird, so soll die Aufstellung eines solchen Schemas, sowie eine Beschreibung der einzelnen Bewegungen unterlassen werden.

Diese Grundbindung ist in dem Gewebe Fig. 327, Taf. XX als Grund zur Anwendung gebracht.

5. Der Moktravers- oder imitirte Bobbinet-Grund.

Dieser Grund ist in Fig. 172, Taf. X dargestellt und wie ersichtlich dem Bobbinet-Grund ganz ähnlich gestaltet; an dem ausgeführten Gewebe ist der Unterschied für den Laien nur mit bewaffnetem Auge erkennbar.

Dieser Grund zeigt so wie Bobbinet gekreuzte Fäden, von welchen der eine Faden ununterbrochen diagonal durch das ganze Gewebe nach rechts, der zweite ebenso nach links zu laufen scheint. Diese Wirkung ist jedoch nur eine scheinbare, denn in Wirklichkeit beruht diese Bindung auf ganz anderen Bindungsgesetzen.

Vor Allem ist sie eine theilbare Bindung, während Bobbinet eine untheilbare ist, d. h. die scheinbar über die ganze Breite des Gewebes hinweglaufenden gekreuzten Fäden erstrecken sich in Wirklichkeit nur über zwei benachbarte Bobbinsfäden, zwischen welchen sie, wie dies die schwarz ausgezogenen Fäden in Fig. 172 deutlich zeigen, in der Weise hin- und hergeführt werden, dass sie nach jeder Kreuzung die Bobbinsfäden zweimal umschlingen und hierauf wieder eine Kreuzung bewirken; welch letztere in den benachbarten Bobbinsfäden-Zwischenräumen so angeordnet und versetzt sind, dass die Wirkung des continuirlichen Hindurchlaufens in täuschender Weise erreicht ist.

Eine Consequenz dieser einfacheren Bindung ist dann der Umstand, dass, während beim echten Bobbinet der im Kreuze oben liegende Faden stets von links nach rechts, der im Kreuze unten liegende immer in entgegengesetzter Richtung durch das Gewebe zieht, dies bei diesem imitirten Bobbinetgrunde nicht der Fall ist; hier läuft der im Kreuze oben liegende Faden bald nach der einen bald nach der anderen Seite; ebenso der im Kreuze unten liegende Faden.

Was nun die Herstellungsweise des imitirten Bobbinetgrundes anbelangt, so ist nach dem bisher darüber Gesagten klar, dass dieselbe wesentlich von der Herstellungsweise des echten Bobbinets abweichen muss.

Während beim letzteren die Kreuze durch die Bobbinsfäden gebildet werden, die sich um die Kettenfäden schlingen, ist beim ersteren das entgegengesetzte der Fall; die Kreuze werden hier durch die Ketten- oder Spulenfäden gebildet, die sich um die Bobbinsfäden schlingen, woraus sich sofort ergiebt, dass eine Schiffchenwanderung hier nicht nothwendig ist.

Um die Bindung herzustellen, müssen zwischen je zwei Bobbinsfäden zwei Spulen- oder Kettenfäden angeordnet werden, genau so wie in Fig. 124, Taf. VIII, nur werden dieselben nicht in zwei, sondern in sechs Leitern gezogen, wenn überhaupt — was wohl selten vorkommt — nur die Grundbindung ausgeführt werden soll. In diesem Falle kann dieselbe, wie gezeigt wird, ausschliesslich mit Hilfe der Leitern, ohne Selectoren erzeugt werden, was nicht der Fall ist, wenn mit der Grund- auch eine Musterbindung hergestellt werden soll.

Diese zwei Spulenfäden werden zwischen den benachbarten Bobbinsfäden gekreuzt, dann zweimal um dieselben geschlungen, dann wieder gekreuzt, wieder geschlungen u. s. w. Da sie entgegengesetzte Wege gehen, müssen sie auch in verschiedene Leitern eingezogen sein, weshalb auch der in der vorderen Leiter eingezogene Faden stets im Kreuze oben liegt.

Da bei der in Fig. 172 ersichtlichen Versetzung der Kreuze immer erst jede dritte dieser Fadengruppen von je zwei Spulenfäden die gleiche Bewegung ausführt, ergeben sich sechs verschieden bewegte Fadensysteme, daher auch sechs Leitern L_1—L_6 Fig. 178, Taf. X. In jede dieser Leitern, welche hinter einander angeordnet sind, wird jeder sechste Faden in entsprechender Reihenfolge eingezogen; also die zwischen dem 1. und 2., dem 4. und 5., dem 7. und 8. Bobbinsfaden befindlichen Spulenfäden in die Leitern L_1 und L_2; die zwischen dem 2. und 3., dem 5. und 6., dem 8. und 9. Bobbinsfaden befindlichen Spulenfäden in die Leitern L_3 und L_4; die zwischen dem 3. und 4., dem 6. und 7., dem 9. und 10. Bobbinsfaden befindlichen Spulenfäden in die Leitern L_5 und L_6.

Die Bewegungsgrösse dieser Leitern ist während der Kreuzbildung gleich zwei Bobbinsfaden-Zwischenräumen, also über zwei Bobbinsfäden, während der Umschlingung über einen Bobbinsfaden. Da die Bewegungen der Leitern regelmässig aufeinander folgen, können sie durch unrunde Scheiben allein erzeugt werden.

Vor Beginn der Bewegungen stehen die Schiffchen im hinteren Kamm. Die Leitern L_1, L_3 und L_5 rücken um ein Schiffchen nach links. Fig. 173, Taf. X.

1. **Bewegung.** Die Schiffchen treten aus dem hinteren in den vorderen Kamm.

Hierauf rücken alle Leitern um ein Schiffchen nach rechts, die Fäden k_a k_b k_c k_d k_e k_f etc., daher von 1 nach 0; die Fäden s_a s_b s_c s_d s_e s_f etc. von 0 nach — 1. Fig. 174.

2. **Bewegung.** Die Schiffchen treten aus dem vorderen in den hinteren Kamm.

Hierauf rücken die Leitern L_1—L_4 um ein Schiffchen, die Leiter L_6 um zwei Schiffchen nach links, während die Leiter L_5 stehen bleibt. Fig. 175. Es gelangen daher die Fäden k_a k_b k_d k_e etc. von 0 nach 1; s_a s_b s_d s_e von — 1 nach 0; k_c und k_f bleiben in 0, s_c und s_f rücken von — 1 nach 1.

3. **Bewegung.** Die Schiffchen treten aus dem hinteren in den vorderen Kamm.

Nun rücken sämmtliche Leitern um ein Schiffchen nach rechts; es kommen daher die Fäden k_a k_b k_d k_e etc. von 1 nach 0; k_c k_f von 0 nach — 1; s_a s_b s_d s_e von 0 nach — 1; s_c s_f etc. von 1 nach 0. Fig. 176.

4. **Bewegung.** Die Schiffchen treten aus dem vorderen in den hinteren Kamm.

Hierauf rücken die Leitern L_1 L_2 L_5 L_6 um ein, die Leiter L_4 um zwei Schiffchen nach links, während die Leiter L_3 in Ruhe bleibt. Es gelangen daher die Fäden k_a k_c k_g etc. von 0 nach 1; k_b k_e etc. bleiben in 0; k_c k_f etc. rücken von — 1 nach 0; s_a s_c s_d s_f von 0 nach 1; s_b s_e etc. von — 1 nach 1. Fig. 177.

In dieser Weise geht die Bindung, wie aus den weiteren Figuren 178 u. 179, Taf. X und 180—183, Taf. XI ersichtlich ist, vor sich; nach jeder zweiten Bewegung ist ein Kreuz hergestellt, nach je zwölf Bewegungen ist der Rapport erreicht und sind sechs Kreuze in drei benachbarten Bobbinsfaden-Zwischenräumen gebildet worden.

Die Bewegungen dieser Bindung sind in der folgenden Tabelle VIII übersichtlich zusammengestellt.

Zweites Kapitel: Die Bindungen der spitzenartigen Gewebe.

Tabelle VIII.

Bewegungs-Periode	Bewegungs-Momente	Schiffchen-Bewegung: die Schiffchen treten aus dem	in den	Leitern-Bewegung rückt um — Schiffchen nach												Nadel-Bewegung: Die vordere / hintere Nadelreihe		Fadenstellung am Schlusse der Bewegung — die Fäden stehen in				
				L_1 1	L_1 2	L_2 1	L_2 2	L_3 1	L_3 2	L_4 1	L_4 2	L_5 1	L_5 2	L_6 1	L_6 2	vordere	hintere	$k_a k_d$ k_g etc.	$8_a 8_d$ 8_g etc.	$k_b k_e$ k_h etc.	$8_b 8_e$ 8_h etc.	$k_c k_f$ k_i etc.	$8_c 8_f$ 8_i etc.
1. Bewegung	1. Moment	hinteren Kamm	vorderen Kamm	rechts		rechts		rechts		rechts		rechts		rechts			sticht ein	0	−1	0	0	0	−1
	2. Moment	vorderen Kamm	hinteren Kamm	links		links		links		links		links		links		sticht ein		1	0	1	0	0	1
2. Bewegung	1. Moment	hinteren Kamm	vorderen Kamm	rechts		rechts		rechts		rechts		rechts		rechts			sticht ein	0	−1	0	−1	−1	*0
	2. Moment	vorderen Kamm	hinteren Kamm	links		links		links	links			links		links		sticht ein		1	0	0	1	1	1
3. Bewegung	1. Moment	hinteren Kamm	vorderen Kamm	rechts		rechts		rechts		rechts		rechts		rechts			sticht ein	0	−1	0	−1	0	0
	2. Moment	vorderen Kamm	hinteren Kamm	links		links	links			links		links		links		sticht ein		0	1	−1	0	−1	1
4. Bewegung	1. Moment	hinteren Kamm	vorderen Kamm	rechts		rechts		rechts		rechts		rechts		rechts			sticht ein	0	1	0	1	0	1
	2. Moment	vorderen Kamm	hinteren Kamm	links		links		links		links	links			links		sticht ein		−1	0	−1	0	−1	0
5. Bewegung	1. Moment	hinteren Kamm	vorderen Kamm	rechts		rechts		rechts		rechts		rechts		rechts			sticht ein	0	1	0	0	1	0
	2. Moment	vorderen Kamm	hinteren Kamm	links		links		links		links		links	links			sticht ein		−1	0	1	1	0	1
6. Bewegung	1. Moment	hinteren Kamm	vorderen Kamm	rechts		rechts		rechts		rechts		rechts		rechts			sticht ein	0	1	0	0	0	−1
	2. Moment	vorderen Kamm	hinteren Kamm	links		links		links		links		links		links		sticht ein		−1	0	−1	1	0	1
7. Bewegung	1. Moment	hinteren Kamm	vorderen Kamm	rechts		rechts		rechts		rechts		rechts		rechts			sticht ein	0	1	0	0	0	1
	2. Moment	vorderen Kamm	hinteren Kamm	links		links		links		links		links		links		sticht ein		1	0	−1	0	1	0

In der Tabelle VIII sind diejenigen Momente, in welchen eine Leiter um zwei Schiffchen verschoben wird, hervorgehoben, weil sie die Kreuzbildung kennzeichnen; man ersieht daher sofort, dass zuerst die Leiter L_6, hierauf L_4, dann L_2 L_5 L_3 L_1 die Kreuzbildung ausführt, welche Reihenfolge durch das Versetzen der Kreuze nothwendig wird.

Jedesmal wenn die Leiter einer Fadengruppe behufs Kreuzbildung um zwei Schiffchen verschoben wird, bleibt die zweite, derselben Fadengruppe zugehörige Leiter stehen, hieraus folgt, dass der eine Theil des Kreuzes und zwar der von rechts nach links absteigende, bei der Verschiebung um zwei Schiffchen, auf einmal gebildet wird, während der zweite Theil, der von links nach rechts absteigende, in zwei aufeinander folgenden Momenten, durch zweimalige Verschiebnng um ein Schiffchen hergestellt wird.

In derjenigen Bewegungsperiode — 1. bis 3. Bewegung — in welcher die Leiter L_6 um zwei Schiffchen verschoben wird, rückt L_5, welche derselben Fadengruppe angehört, zweimal um ein Schiffchen nach rechts, in der 1. und 3. Bewegung. Aus der Fadenstellung am Schlusse der Bewegung ist zu ersehen, dass jeder Faden dreimal zwischen 0 und —1 wechselt — beim Zwirnen —, dann überspringt er, bei dem Wechseln um zwei Schiffchen (Kreuzbildung) von —1 nach 1; hierauf wechselt er dreimal von 1 nach 0 — beim Zwirnen — und endlich bildet er durch das zweimalige Wechseln über ein Schiffchen nach rechts wieder das Kreuz und gelangt nach —1, worauf sich die Bewegungen wiederholen. Gleichzeitig macht der derselben Gruppe angehörige Faden die entgegengesetzte Bewegung.

Diese Grundbindung ist in dem Gewebe Fig. 337, Taf. XXI zur Anwendung gebracht.

6. Der Matitsch-Grund.

Dieser Grund, welcher in der Patentschrift eines dem Herrn August Matitsch in Wien verliehenen Patentes genau beschrieben ist, ist ein dem Moktravers- resp. Bobbinet-Grund ähnlicher, wie dies aus Fig. 184, Taf. XI zu ersehen. Er besteht aus gekreuzten Fäden, die diagonal über das ganze Gewebe hinwegzulaufen scheinen und kann daher ebenfalls als eine Bobbinet-Imitation bezeichnet werden. Die Imitation ist jedoch hier nicht so genau ausgeführt, wie bei dem Moktravers-Grund. Vergleicht man diese beiden Gründe genauer mit einander, also Fig. 172 mit Fig. 184, so zeigt sich, dass das diagonale Hindurchziehen der Kreuzungsfäden nur bei den von oben rechts nach unten links laufenden Fäden richtig imitirt ist. Bei den von oben links nach unten rechts laufenden Fäden ist dies nicht der Fall; hier liegt der Anfangspunkt des in dieser Richtung geführten Fadens — wie dies bei a Fig. 184 sichtbar — über dem Endpunkte des im vorhergehenden — linksseitigen — Kreuze befindlichen gleichgerichteten Fadens; während er beim echten Bobbinet- und Moktravers-Grund unter demselben liegen soll.

Auch hier ist die Kreuzung, wie beim Moktravers-Grund, dadurch gebildet, dass zwischen je zwei Bobbinsfäden zwei Spulenfäden angeordnet sind, die sich zwischen den ersteren kreuzen, dann sich mit denselben zwirnen, dann wieder kreuzen, wieder zwirnen u. s. w.

Während sich aber beim Moktravers-Grund die Spulenfäden beim Zwirnen zwischen je zwei Kreuzen $2^{1}/_{2}$ mal um die Bobbinsfäden schlingen, geschieht dies beim Matitsch-Grund $1^{1}/_{2}$ mal. Ein weiterer Unterschied zwischen diesen beiden Bindungen besteht darin, dass bei der letzteren ausser den beiden Spulenfäden auch

Zweites Kapitel: Die Bindungen der spitzenartigen Gewebe. 63

noch je ein Kettenfaden zwischen je zwei Bobbinsfäden zur Anwendung kommt, welcher jedoch an der Kreuzbildung keinen Antheil nimmt, sich daher nur mit den Bobbinsfäden zwirnt. Dieser Kettenfaden scheint für die Bindung unnöthig zu sein und ist auch nur dann wichtig, wenn diese Grundbindung mit einer Musterbindung gleichzeitig erzeugt wird.

Die Anordnung der Fäden ist aus Fig. 185, Taf. XI ersichtlich. Es sind hier je drei Fäden, und zwar zwei Spulenfäden und ein Kettenfaden, zu einer Gruppe vereinigt, von welchen der schwarz ausgezogene Kettenfaden ausschliesslich dem links stehenden Bobbinsfaden angehört, sich nur mit diesem zwirnt, während die beiden Spulenfäden bald mit den links, bald mit den rechts stehenden Bobbinsfäden sich binden.

Da die Kettenfäden sämmtlich und gleichzeitig dieselbe einfache Bewegung um ein Schiffchen nach rechts machen, sind dieselben in eine Leiter und zwar L_1 eingezogen. Die Spulenfäden sind in bestimmter Ordnung auf die übrigen vier Leitern vertheilt und zwar ist von den links vom Kettenfaden stehenden Faden jeder zweite, also s_a, s_c, s_e u. s. w., in die Leiter L_2, die dazwischen stehenden, also s_b, s_d, s_f u. s. w., in die Leiter L_3 gezogen, während von den rechts vom Kettenfaden stehenden Fäden jeder zweite, daher σ_a, σ_c, σ_e u. s. w., mit der Leiter L_4, die dazwischen liegenden, σ_b, σ_d, σ_f u. s. w., mit der Leiter L_5 in Verbindung stehen.

Die Verschiebungsgrösse der Kettenfäden, also der Leiter L_1, ist gleich einem Bobbinsfaden-Zwischenraum, die der Spulenfäden, also der übrigen vier Leitern, im Maximum gleich zwei solchen Zwischenräumen.

Die Herstellung dieser Grundbindung, welche in den Figuren 185—194, Taf. XI dargestellt ist, ist der des Moktravers-Grundes ziemlich analog.

Bei der Bestimmung der Stellung eines Fadens am Schlusse einer Bewegung wird auch hier für jede Fadengruppe diejenige Stellung, die dieselbe rechts von dem zugehörigen Bobbinsfaden einnimmt, also die in Fig. 185 gezeichnete Stellung mit 0, die Stellung links vom linksseitigen Bobbinsfaden mit 1 (+ 1), die rechts vom rechtsseitigen Bobbinsfaden mit − 1 bezeichnet.

Für die Fadengruppe k_b, s_b, σ_b ist daher die Stellung zwischen den Bobbinsfäden b und c die 0-Stellung, die Stellung zwischen den Bobbinsfäden a und b die 1-, die zwischen b und c die − 1-Stellung.

Vor Beginn der ersten Bewegung stehen die Fäden wie in Fig. 186, es ist zwischen den Bobbinsfäden b und c, dann d und e u. s. w. eben eine Kreuzbildung im Zuge.

Die Kettenleiter ist um ein Schiffchen nach links gerückt, die Kettenfäden stehen daher sämmtlich in 1.

Die Leiter L_2 mit den Spulenfäden s_a, s_c u. s. w. ist ebenfalls um ein Schiffchen nach links gerückt, die genannten Fäden stehen daher ebenfalls in 1 und sind im Begriffe, sich mit den ihnen zugehörigen linksseitigen Bobbinsfäden a, c u. s. w. zu zwirnen.

Die Leiter L_4 mit den Spulenfäden σ_a, σ_c u. s. w. wurde ebenfalls um ein Schiffchen nach links gerückt, die Fäden kamen von − 1 nach 0, stehen jetzt in 0 und sind im Begriffe, sich mit den rechtsseitigen Bobbinsfäden b, d u. s. w. zu zwirnen.

Die Leiter L_3 mit den Spulenfäden s_b, s_d u. s. w. ist um zwei Schiffchen nach links gerückt, von − 1 nach 1, die Fäden stehen daher in 1 und haben den ihnen zukommenden Theil des Kreuzes zwischen b und c, sowie d und e vollendet.

Die Leiter L_5 mit den Spulenfäden σ_b, σ_d u. s. w. ist stehen geblieben, die

Fäden stehen daher in 0 und haben die Hälfte des ihnen zukommenden **Theiles der Kreuzbildung** zwischen b und c, sowie d und e u. s. w. erzeugt.

1. **Bewegung.** Die Schiffchen treten aus dem hinteren in den vorderen Kamm.

Hierauf rücken sämmtliche Leitern um ein Schiffchen nach rechts. Fig. 187.

2. **Bewegung.** Die Schiffchen treten aus dem vorderen in den hinteren Kamm.

Hierauf rücken die Leitern L_1, L_3 und L_5 um ein Schiffchen, die Leiter L_4 um zwei Schiffchen nach links, während die Leiter L_2 stehen bleibt. Fig. 188.

3. **Bewegung.** Die Schiffchen treten aus dem hinteren in den vorderen Kamm.

Die Leitern rücken sämmtlich um ein Schiffchen uach rechts. Fig. 189.

4. **Bewegung.** Die Schiffchen treten aus dem vorderen in den hinteren Kamm.

Hierauf rücken die Leitern L_1, L_2 und L_4 um ein Schiffchen, die Leiter L_5 um zwei Schiffchen nach links, während die Leiter L_4 stehen bleibt. Fig. 190.

5. **Bewegung** gleich der 1. und 3. Bewegung. Fig. 191.

6. **Bewegung.** Die Schiffchen treten aus dem vorderen in den hinteren Kamm.

Von den Leitern rücken L_1, L_3 und L_5 um ein, L_2 um zwei Schiffchen nach links, während L_4 in Ruhe bleibt. Fig. 192.

7. **Bewegung**, in welcher die Schiffchen wieder in den vorderen Kamm treten und die Leitern sämmtlich um ein Schiffchen nach rechts bewegt werden. Fig. 193.

8. **Bewegung.** Die Schiffchen treten aus dem vorderen in den hinteren Kamm.

Hierauf rücken die Leitern L_1, L_2 und L_4 um ein, L_3 um zwei Schiffchen nach links, während L_5 stehen bleibt.

Die Fäden befinden sich damit in derselben Stellung, wie vor der 1. Bewegung, der Rapport ist daher erreicht und es beginnt wieder die 1. Bewegung.

Nach je zwei Bewegungen ist daher ein Kreuz hergestellt, nach acht Bewegungen der Rapport erreicht und vier Kreuzreihen vollendet.

Auch in der auf Seite 65 folgenden Tabelle ist die Analogie der Bewegungen mit denjenigen in der Tabelle VIII deutlich sichtbar und sind die die Kreuzbildung kennzeichnenden Bewegungen der Leitern über zwei Bobbinsfäden hervorgehoben. Dass die räumliche Vertheilung dieser hervorgehobenen Bewegungen in der Tabelle eine andere ist als in Tabelle VIII, liegt nur darin, dass die hinter einander folgenden fünf Fadensysteme etwas anders in die Leiter eingezogen sind, während in der Tabelle die Leitern in derselben Reihenfolge wie in Tabelle VIII angeordnet sind.

Diese Grundbindung ist in dem Gewebe Fig. 329, Taf. XX verwendet, nur sind die Löcher etwas grösser gewählt, als in der Zeichnung.

b) Die Musterbindungen.

Die Muster werden, wie schon in der Einleitung erwähnt, bei den grossmaschigen Geweben dadurch hergestellt, dass im Grundgewebe der Raum innerhalb der Muster-Contouren durch dichte Aneinanderreihung der Fäden gedeckt, mehr oder weniger undurchsichtig gemacht wird. Da nun der Grund, wie dies im Vorstehenden deutlich erläutert wurde, stets durchsichtig ist, werden sich die Muster je nach der

Zweites Kapitel: Die Bindungen der spitzenartigen Gewebe. 65

Tabelle IX.

Be-wegungs-Periode	Be-wegungs-Momente	Schiffchen-Bewegung		Leitern-Bewegung rückt um Schiffchen nach					Nadel-Bewegung Die Nadelreihe		Fadenstellung am Schlusse der Bewegung die Fäden		
		aus dem	in den	L_1 1	L_2 1	L_3 1 2	L_4 1 2	L_5 1 2	vordere	hintere	$k_a k_b$ $k_c k_d$ etc.	$s_a s_c$ $s_e s_g$ etc.	$s_b s_d$ s_f etc. $\sigma_a \sigma_c$ σ_e etc. $\sigma_b \sigma_d$ σ_f etc.
1. Bewegung	1. Moment	hinteren Kamm	vorderen Kamm		rechts rechts					sticht ein	stehen in		
	2. Moment			rechts	rechts	rechts	rechts				0	0 0	−1 −1
2. Bewegung	1. Moment	vorderen Kamm	hinteren Kamm						sticht ein				
	2. Moment			links	links	links	links				1	0 1	1 0
3. Bewegung	1. Moment	hinteren Kamm	vorderen Kamm							sticht ein			
	2. Moment			rechts rechts	rechts rechts	rechts	rechts				0	−1 0	0 −1
4. Bewegung	1. Moment	vorderen Kamm	hinteren Kamm					links	sticht ein				
	2. Moment			links links	links links	links					1	0 0	1 1
5. Bewegung	1. Moment	hinteren Kamm	vorderen Kamm							sticht ein			
	2. Moment			rechts rechts	rechts rechts	rechts	rechts				0	−1 −1	0 0
6. Bewegung	1. Moment	vorderen Kamm	hinteren Kamm			rechts links		links	sticht ein				
	2. Moment			links	links						1	1 0	0 1
7. Bewegung	1. Moment	hinteren Kamm	vorderen Kamm							sticht ein			
	2. Moment			rechts rechts	rechts rechts	rechts	rechts				0	0 −1	−1 0
8. Bewegung	1. Moment	vorderen Kamm	hinteren Kamm			links links	rechts links		sticht ein				
	2. Moment			links	links						1	1 1	0 0

Kraft.

Dichtheit der Fäden in der Musterbindung und je nach der Grösse der Grundöffnungen mehr oder weniger deutlich vom Grunde abheben.

Durch die mehr oder weniger dichte Aneinanderreihung der Fäden, sowie dadurch, dass man auf dieselbe Flächeneinheit eine grössere Anzahl von Fäden zusammendrängt, was zum Theil auf dasselbe herauskommt, ist man im Stande, eine ziemlich weitgehende Schattirung der Muster zu erreichen, wie sie nicht nur bei naturalistischen, sondern auch bei rein ornamentalen Mustern vorkommt.

Das Muster entsteht daher gewissermassen durch Füllung derjenigen Grundöffnungen, die innerhalb der Mustergrenzen fallen, wie dies ja auch beim Zeichnen eines Musters auf karrirtem Papier geschieht.

Da ein Spitzengewebe gar wohl ausschliesslich aus Grundbindung bestehen kann, während ein solches ausschliesslich aus Musterbindungen nicht denkbar ist — wobei allerdings die unregelmässigen oder auch regelmässigen Verbindungsstränge als Grund angesehen werden —, so müssen auch die Musterbindungen stets im Zusammenhange mit den Grundbindungen betrachtet werden.

Wir haben in diesem Abschnitte folgende combinirte Bindungen zu erwähnen:

1. Der China- oder Loup-Grund mit einfacher, doppelter und mehrfacher Leinwand.
2. Der französische Grund mit doppelter und mehrfacher Leinwand.
3. Der Square-Grund mit einfacher, doppelter, mehrfacher und aufgelegter Leinwand.
4. Der Square-Grund mit dicken Fäden.
5. Der Filet-Grund mit einfacher, doppelter und aufgelegter Leinwand.
6. Der Mocktravers-Grund mit einfacher und aufgelegter Leinwand.
7. Der Matitsch-Grund mit einfacher und aufgelegter Leinwand.

Wie aus dieser Eintheilung zu ersehen, sind alle vorkommenden Musterbindungen als Leinwand bezeichnet.

Diese Bezeichnung, die sich mit dem gewöhnlichen Begriffe, den wir mit demselben verbinden, durchaus nicht deckt, mag wohl daher kommen, dass die einfache Aneinanderreihung der Fäden bei der Musterbildung unter den bisher erwähnten, dieser Textil-Branche angehörigen Bindungen die einfachste ist, wie ja in der gewöhnlichen Weberei auch die Leinwandbindung als die einfachste bezeichnet werden kann, abgesehen davon, dass eine Aehnlichkeit mit der letzteren bei einer Gattung dieser Leinwand bis zu einem gewissen Grade wirklich vorhanden ist.

Es lassen sich zwei von einander verschiedene sogenannte Leinwandbindungen unterscheiden, von welchen die eine durch paralleles Aneinanderreihen der Fäden, die zweite durch Kreuzen der Fäden entsteht. Die erstere ist bei den oben vorgeführten fünf ersten Bindungsarten, die letztern bei den letzten zwei Bindungsarten in Anwendung; hier jedoch mit der ersteren combinirt.

Einfach wird die Leinwand dann genannt, wenn zur Deckung der Fläche zwischen zwei Bobbinsfäden nur ein Spulenfaden verwendet wird.

Doppelt, wenn zwei Spulenfäden hierzu verwendet werden;

mehrfach, wenn mehr als zwei Spulenfäden und endlich

aufgelegt, wenn so viele Spulenfäden zur Verwendung kommen, dass dieselben in Folge des, durch das Aneinanderdrängen hervorgebrachten, Druckes über die Fläche des Gewebes gewissermassen emporsteigen und eine vollkommene Undurchsichtigkeit der Fläche herbeiführen.

Zweites Kapitel: Die Bindungen der spitzenartigen Gewebe. 67

Diese letztere Bindungsgattung ist von Herrn Aug. Matitsch zuerst in Anwendung gebracht, patentirt und mit obigem Namen belegt worden.

Je vielfacher die Leinwand ausgeführt wird, desto vollkommner ist die Deckung der Fläche.

Bei der gekreuzten Leinwand wird vorläufig nur einfache Leinwand in Anwendung gebracht, indem die Deckung des Raumes zwischen zwei Bobbinsfäden durch die Kreuzung zweier einzelner Fäden zur Ausführung kommt.

Da nun bei den ersten fünf oben angegebenen Bindungsgattungen nur je ein Spulenfaden auf jeden Bobbinsfaden entfällt, so ist klar, dass zur Erzeugung der doppelten und mehrfachen Leinwand die Spulenfäden der benachbarten Bobbinsfäden herangezogen werden müssen. Diese verschiedenen Leinwandbindungen werden daher durch eine Aenderung der Verschiebungsgrösse der Spulenfäden erreicht.

1. Der China-Grund mit einfacher, doppelter und mehrfacher Leinwand.

Der China-Grund mit einfacher Leinwand ist in Fig. 122 Taf. VII dargestellt, in welcher zwischen den Bobbinsfäden 6, 7 und 8 ausschliesslich einfache Leinwand angewendet ist. Wie man sieht, ist dieselbe dadurch gebildet, dass der zum Bobbinsfaden 7 gehörige Spulenfaden zwischen den Bobbinsfäden 6 und 7 ununterbrochen hin und her geführt und um dieselben herumgeschlungen ist. In gleicher Weise ist zwischen 7 und 8 der zum Bobbinsfaden 8 gehörige Spulenfaden hin und her geführt, wodurch wie zu sehen, eine gleichmässige, wenn auch nicht sehr dichte Deckung der Fläche erreicht wird.

Die Herstellung dieser einfachen Leinwand ist aus den Figuren 124—133 zu ersehen. Es geht klar aus denselben hervor, dass die einfache Leinwand zwischen denjenigen Bobbinsfäden entsteht, deren Selectoren weder beim Links- noch beim Rechtsgange der Spulenleiter einstechen und zwar ist hierbei nur derjenige Selector massgebend, der unter dem Bobbinsfaden steht, welcher sich links von dem zu deckenden Zwischenraum befindet. Da nun überall dort, wo die einfache Leinwand entstehen soll, die Selectoren nicht einstechen dürfen, müssen dieselben vom Jaquard-Apparat zurückgezogen, d. h. die entsprechenden Platinen gehoben werden, was nur dann stattfindet, wenn die Karten an diesen Stellen mit Löchern versehen sind.

Zur Herstellung der in Fig. 122 erzeugten Leinwand müssen daher die Karten die in Fig. 135 rechts von b dicht aneinander stehenden Löcher erhalten, wie sie ja auch der in Fig. 134 dargestellten Punktirung rechts von b entspricht.

Da nun blos der Selector desjenigen Bobbinsfadens zum Einstechen gebracht zu werden braucht, an dessen rechter Seite keine Leinwand entstehen soll, so ist ersichtlich, dass die Bildung und Unterbrechung derselben in sehr einfacher Weise erreicht werden kann, dass daher die Bildung bestimmter Figuren leicht ausführbar ist.

Der Spulenfaden umschlingt bei der Bildung der einfachen Leinwand nur zwei Bobbinsfäden, den eigenen und den links benachbarten; er braucht daher blos um zwei Schiffchen, also von 0 nach 2, nach links verschoben zu werden, die Verschiebungsgrösse der Spulenleitern ist daher gleich zwei Bobbinsfaden-Zwischenräumen, d. h. gleich der Verschiebungsgrösse bei der Bildung des China-Grundes.

Bei der Herstellung des China-Grundes mit einfacher Leinwand werden daher zwei Leitern in Anwendung gebracht, eine für die Kettenfäden, die andere für die Spulenfäden.

Von denselben wird die erstere stets blos um ein Schiffchen, die letztere stets um zwei Schiffchen nach links und rechts bewegt. Die Linksbewegung der Spulenleiter ist jedoch eine unterbrochene Bewegung, d. h. sie erleidet eine Unterbrechung, indem der Spulenfaden nicht auf einmal von 0 nach 2, sondern zuerst nur von 0 nach 1 und nach dem Einstechen der Selectoren erst weiter, von 1 nach 2 bewegt wird; während die Rechtsbewegung ohne Unterbrechung von 2 nach 0 stattfindet.

Dass man mit einfacher Leinwand auch Muster herstellen kann, ist aus den Figuren 195—197 zu ersehen. In Fig. 195 ist das in Fig. 196 punktirte oder getupfte Muster in einfacher Leinwand dargestellt. Fig. 197 zeigt einige dazu gehörige Jaquard-Karten.

Bei dem China-Grund mit doppelter Leinwand sollen zwei parallel neben einander liegende Fäden zur Deckung der Zwischenräume verwendet werden, wie dies die Fig. 136 rechts von B bis C zeigt (nur ist die doppelte Leinwand hier mit französischem Grund gebildet, im äußeren Ansehen jedoch der doppelten Leinwand mit China-Grund ähnlich).

Zu diesem Behufe wird nicht nur der unmittelbar rechts von dem zu deckenden Zwischenraume befindliche, sondern auch der rechts benachbarte Spulenfaden herangezogen. Zur Deckung des Raumes zwischen den Bobbinsfaden a und b, Fig. 124 Taf. VIII, wird daher nicht nur der unmittelbar rechtsstehende Spulenfaden s_b, sondern auch s_c, zur Deckung des Raumes zwischen den Bobbinsfäden b und c wird ausser dem Spulenfaden s_c auch noch s_d verwendet u. s. w.

Das Maximum der Verschiebungsgrösse der Spulenfäden ist daher hier gleich drei Zwischenräumen, die Fäden müssen daher um 3 Schiffchen nach links verschoben werden.

Die Verschiebungsgrösse der Kettenfäden, welche an der Musterbildung, Deckung der Fläche, nicht theilnehmen, sondern blos als Unterlage zur Befestigung der Spulenfäden durch die Bobbinsfäden zu dienen, ist hier so wie bei der einfachen Leinwand blos über ein Schiffchen.

Zur Bildung der doppelten Leinwand werden daher abermals zwei Leitern verwendet, in deren eine die Kettenfäden, in die andere die Spulenfäden eingezogen sind. Die Bewegung geht dann in folgender Weise vor sich.

Die Schiffchen stehen im hinteren Kamm.

Beide Leitern bewegen sich um ein Schiffchen nach links, stellen daher alle Fäden (Ketten- und Spulenfäden) von 0 nach 1.

Hierauf stechen die Selectoren ein.

Dann bewegt sich die Spulenleiter noch um zwei Schiffchen nach links, führt also dort, wo kein Selector hindernd eingreift die Spulenfäden von 1 nach 3.

Nun treten die Schiffchen aus dem hinteren in den vorderen Kamm.

Die Selectoren treten zurück, worauf sämmtliche Fäden nach 0 zurückgeführt werden; die Kettenfäden durch eine Bewegung der Kettenleiter um ein Schiffchen, die Spulenfäden durch eine Bewegung der Spulenleiter um drei Schiffchen nach rechts.

Die Schiffchen treten nun wieder in den hinteren Kamm und die Bewegungen wiederholen sich.

Jeder Selector hindert nun nicht blos einen, sondern zwei Spulenfäden in der Bewegung nach links, allerdings in ungleichem Masse; den rechts zunächst stehenden zwingt er in 1 zu bleiben, sich also mit der Umschlingung des zugehörigen Bobbinsfadens zu begnügen; den rechts darauf folgenden lässt er nur bis 2 kommen, zwingt

Zweites Kapitel: Die Bindungen der spitzenartigen Gewebe.

ihn also, sich blos vor zwei statt vor drei Bobbinsfäden zu legen und daher einfache Leinwand oder China-Grund zu bilden.

Würden daher z. B. in Fig. 129 Taf. VIII bei der Bildung der doppelten Leinwand dieselben Selectoren S_a und S_c einstechen, so würden sich s_b und s_d so wie hier blos mit b und d zwirnen, s_c würde, ganz wie das hier der Fall ist, b umschlingen und dadurch einfache Leinwand oder China-Grund bilden; alle übrigen Spulenfäden aber würden doppelte Leinwand herstellen. s_f würde bis über den Bobbinsfaden d, s_g bis über e, s_h bis über f vorrücken, daher s_e mit s_f zwischen d und e, s_f mit s_g zwischen e und f, s_g mit s_h zwischen f und g u. s. w. doppelte Leinwand bilden.

Stechen alle Selectoren ein, so wird keine Leinwand gebildet, sondern nur gezwirnt, d. h. Grundöffnungen hergestellt.

Sticht jeder zweite Selector ein, so wird nur einfache Leinwand oder China-Grund gebildet.

Ist der Zwischenraum zweier benachbarten einstechenden Selectoren grösser, so wird dort doppelte Leinwand ausgeführt.

Ein Gewebestück mit China-Grund und Doppelleinwand ist in Fig. 198 Taf. XI dargestellt.

Bei dem China-Grund mit drei- und mehrfacher Leinwand werden zur Deckung der Fläche zwischen zwei Bobbinsfäden drei und mehr Spulenfäden parallel zu einander angeordnet; es müssen daher zur Deckung dieses Zwischenraumes die demselben rechts benachbarten drei oder n Spulenfäden herangezogen, daher die Spulenleiter um vier oder $n+1$ Schiffchen nach links verschoben werden. Die Bewegungen folgen daher einander in analoger Weise, wie bei der Bildung der Doppelleinwand.

Die Schiffchen stehen im hinteren Kamm.

Beide Leitern rücken um ein Schiffchen nach links und stellen alle Fäden von 0 nach 1.

Hierauf stechen die Selectoren ein.

Dann rückt die Spulenleiter um drei oder n Schiffchen weiter nach links und stellt die durch Selectoren nicht gehinderten Fäden von 1 nach 4 oder $n+1$.

Nun treten die Schiffchen in den vorderen Kamm.

Die Selectoren treten zurück.

Die Kettenleiter verschiebt sich hierauf um ein Schiffchen, die Spulenleiter um vier oder $n+1$ Schiffchen nach rechts, so dass sich alle Fäden in 0 befinden. Die Schiffchen treten wieder in den hinteren Kamm und die Bewegungen wiederholen sich.

Es werden hier wie früher wieder nur zwei Leitern in Anwendung gebracht, von welchen die eine — die Kettenleiter — blos um ein Schiffchen verschoben wird, während die andere — die Spulenleiter — bei dreifacher Leinwand um vier, bei vierfacher um fünf, bei $n$facher um $n+1$ Schiffchen nach links und rechts ausgerückt werden muss; wobei auch hier zu bemerken ist, dass die Linksbewegung eine unterbrochene, die Rechtsbewegung eine ununterbrochene Bewegung ist.

In den Figuren 199 und 200 Taf. XI und 201—209 Taf. XII ist die Erzeugung eines gemusterten Gewebes mit dreifacher Leinwand dargestellt.

Fig. 199 zeigt das schon angefangene Gewebe; die Schiffchen sind eben im Begriffe aus dem vorderen in den hinteren Kamm zu treten.

Fig. 200. Die Schiffchen stehen im hinteren Kamm; beide Leitern rücken um ein Schiffchen nach links, worauf hier der Selector S_e einsticht.

Fig. 201. Die Spulenleiter rückt um drei Schiffchen nach links; die Spulenfäden s_c, s_d u. s. w., die durch keinen Selector gehindert sind, stehen in 4, legen sich daher vor die Bobbinsfäden *b c d e* resp. *a b c d* u. s. w. und da die Kettenleiter vor der Spulenleiter, die Bobbinsfäden aber bei dieser Stellung der Schiffchen hinter den Spulenfäden stehen, so werden diese letzteren, wie dies deutlich ersichtlich ist, zwischen den Ketten- und Bobbinsfäden eingeschlossen und beim darauf folgenden Uebertritt der Schiffchen aus den hinteren in den vorderen Kamm durch die Ketten- an die Bobbinsfäden oder umgekehrt gebunden. Die Spulenfäden rechts von *e* werden sämmtlich durch den Selector S_e in ihrer Bewegung nach links gehindert.

Fig. 202. Die Schiffchen sind in den vorderen Kamm getreten, die Selectoren haben sich zurückgezogen und darauf wurde die Kettenleiter um ein, die Spulenleiter um vier Schiffchen nach rechts gerückt, die Fäden stehen alle in 0.

Da nun in dieser Stellung die Bobbinsfäden vor den Ketten-, diese aber stets vor den Spulenfäden stehen, so nehmen diese letzteren die hinterste Stellung ein, werden daher weder durch die Ketten-, noch durch die Bobbinsfäden gebunden und liegen daher auf der Rückseite des Gewebes flott.

Fig. 203. Die Schiffchen sind wieder in den hinteren Kamm getreten, beide Leitern wurden um ein Schiffchen nach links verschoben, worauf die Selectoren S_a und S_b eingestochen haben.

Fig. 204. Nach dem Einstechen der Selectoren hat sich die Spulenleiter um drei Schiffchen weiter nach links bewegt. Der Spulenfaden s_b wird daher durch den Selector S_a gezwungen, in der Stellung 1 zu bleiben und sich mit dem Bobbinsfaden *b* und dem Kettenfaden k_b zu zwirnen. Die Faden s_c s_d s_e werden durch den Selector S_b gehindert, sich nach links weiter zu bewegen; s_c bleibt daher in 1 und wird sich zwirnen, s_d gelangt in die Stellung 2, s_e in die Stellung 3 und bilden Leinwand.

Fig. 205. Die Schiffchen sind wieder in den vorderen Kamm getreten, die Selectoren haben sich zurückgezogen, worauf sämmtliche Fäden in die Stellung *O* zurückgebracht werden.

In dieser Weise folgen die Bewegungen aufeinander, in Fig. 206 stechen wieder die Selectoren S_a und S_d ein, wodurch das Muster in entsprechender Weise hergestellt wird. Stechen alle Selectoren ein, so wird im ganzen Gewebe blos gezwirnt, d. h. es werden Grundöffnungen erzeugt.

Sticht jeder zweite Selector ein, so wird einfache Leinwand oder Chinagrund hergestellt.

Sticht jeder dritte Selector ein, so wird Doppelleinwand, und erst wenn jeder vierte Selector einsticht, wird dreifache Leinwand gebildet. Es muss daher zur Erzeugung von dreifacher Leinwand zwichen den einstechenden Selectoren ein Spielraum von mindestens vier Bobbinsfäden Zwischenräumen vorhanden sein.

Sticht gar kein Selector ein, so wird auf der ganzen Breite des Gewebes dreifache Leinwand gebildet.

In der auf Seite 71 folgenden Tabelle sind die Bewegungen in ihrer Aufeinanderfolge bei der Bildung verschiedener Leinwand-Bindungen übersichtlich dargestellt.

Um die Tabelle nicht zu umfangreich zu gestalten, ist die, die Nadel-Bewegung betreffende Colonne, sowie die Colonne über die Fadenstellung am Schlusse der Bewegung weggelassen, letztere namentlich auch, weil diese Fadenstellung bei der

Zweites Kapitel: Die Bindungen der spitzenartigen Gewebe.

Tabelle X.

Bewegungs-Periode	Bewegungs-Momente	Schiffchen-Bewegung: die Schiffchen treten aus dem	in den	Grund-Bindung — Leiter-Bewegung: die Kettenleiter rückt um ein Schiffchen nach	die Spulenleiter rückt um ein Schiffchen nach		Selectoren-Bewegung: die Selectoren mit geradem Stellenzeiger	ungeradem Stellenzeiger	Muster-Bindung — Leiter-Bewegung: die Kettenleiter rückt um ein Schiffchen nach	die Spulenleiter rückt bei Bildung von einfacher Leinwand um		doppelter Leinwand um			dreifacher Leinwand um				n facher Leinwand um		Selectoren-Bewegung: Durch das Muster bedingte beliebige Selectoren
					ein	zwei				ein	zwei	ein	zwei	drei	ein	zwei	drei	vier	ein	n	n+1	
1. Bewegung	1. Moment	hinteren Kamm	vorderen Kamm																			
	2. Moment						treten zurück															treten zurück
	3. Moment			rechts	rechts				rechts	rechts											rechts	
2. Bewegung	1. Moment	vorderen Kamm	hinteren Kamm																			
	2. Moment			links	links				links	links												
	3. Moment							stechen ein				links			links				links			stechen ein
	4. Moment			links	links				links		links											
3. Bewegung	1. Moment	hinteren Kamm	vorderen Kamm																			
	2. Moment						treten zurück															treten zurück
	3. Moment			rechts	rechts				rechts	rechts			rechts			rechts			rechts		rechts	
4. Bewegung	1. Moment	vorderen Kamm	hinteren Kamm																			
	2. Moment			links	links				links	links		links			links			links				
	3. Moment																					
	4. Moment			links	links				links		links								links			stechen ein

Musterbindung ganz nach der Form des Musters sich richtet und daher keine allgemeine Gesetzmässigkeit erkennen lässt.

Siehe die Figuren 324 und 325, Taf. XX, in welchen die Muster und zwar in Fig. 324 mit einfacher, in Fig. 325 mit doppelter Leinwand hergestellt sind.

2. Der französische Grund mit doppelter und mehrfacher Leinwand.

Dieser Grund mit doppelter Leinwand ist in Fig. 136, Taf. VIII und dessen Herstellung in den Figuren 138—149 dargestellt. Der Unterschied zwischen diesem und dem Chinagrund ist bei den Grundbindungen eingehend erörtert. Der wichtigste Unterschied besteht darin, dass das Bindungsgebiet eines jeden Spulenfadens sich symmetrisch von dem ihm zugehörigen Bobbinsfaden nach beiden Seiten erstreckt, während dies bei dem Chinagrund nur nach einer Seite der Fall ist.

Demzufolge umschlingt jeder Spulenfaden mindestens drei Bobbinsfäden, seinen eigenen und die links und rechts benachbarten, woraus erklärlich, dass bei der bekannten Herstellungsweise niemals blos einfache Leinwand erzeugt werden kann, sondern mindestens doppelte Leinwand.

In der Herstellungsweise unterscheidet sich der französische vom China-Grund durch das zweimalige Einstechen der Selectoren während zwei Bewegungs-Perioden; beim Chinagrund stechen die Selectoren während dieser zwei Bewegungs-Perioden nur einmal ein.

Die aufeinander folgenden Bewegungen bei der Herstellung der Musterbindung sind genau dieselben, wie bei der Bildung des Grundes, was ja selbstverständlich ist, wenn beides gleichzeitig erzeugt werden soll.

Es rückt daher, während die Schiffchen im hinteren Kamm sind, die Kettenleiter um ein, die Spulenleiter um zwei Schiffchen nach links, demnach stehen alle Fäden in 1.

Nach dem Einstechen der Selectoren rückt die Spulenleiter noch um ein Schiffchen nach links und dann treten die Schiffchen aus dem hinteren in den vorderen Kamm.

Hierauf treten die Selectoren zurück, die Selectorenstange bewegt sich um ein Schiffchen nach rechts und dieselben Selectoren stechen wieder ein, worauf die Kettenleiter um ein, die Spulenleiter um drei Schiffchen nach rechts rückt.

Die Musterbindung wird daher hier wie beim Chinagrund durch das Einstechen der verschiedenen Selectoren gebildet. Stechen alle Selectoren ein, wie z. B. in Fig. 139 und 140, so wird blos gezwirnt; sticht jeder zweite Selector ein, wie in Fig. 142 und 143, so wird französischer Grund erzeugt und liegen die einstechenden Selectoren um drei und mehr Schiffchen von einander, so wird Doppelleinwand, d. h. Muster gebildet, wie dies aus Fig. 145—149 ersichtlich.

Mit dem französischen Grund lässt sich aber nicht nur Doppel-, sondern auch mehrfache Leinwand erzeugen, nur nicht jede mehrfache Leinwand.

Da nämlich das Bindungsgebiet eines jeden Spulenfadens sich symmetrisch vom zugehörigen Bobbinsfaden nach links und rechts erstreckt, wird dasselbe bei einer Vergrösserung stets um mindestens zwei Bobbinsfaden (einen rechts und einen links) wachsen müssen, während das Bindungsgebiet beim Chinagrund, das sich nur einseitig ausdehnt, bei einer Vergrösserung auch blos um einen Bobbinsfaden wachsen kann.

Beim französischen Grund wird daher jeder Spulenfaden drei, fünf, sieben, neun u. s. w. Bobbinsfaden umschlingen müssen und es wird bei der Umfassung von 3 Bobbinsfaden doppelte Leinwand; bei der Umschlingung von 5 Fäden vierfache, von 7 Fäden sechsfache u. s. w. Leinwand entstehen. Dreifache, fünffache etc. Leinwand kann nicht erzeugt werden. Um solche mehrfache Leinwand mit französischem Grunde zu erzeugen, ist nur die Verschiebungsgrösse der Spulenleiter zu ändern. Dieselbe wird bei Bildung vierfacher Leinwand gleich fünf, bei sechsfacher Leinwand gleich sieben Bobbinsfäden Zwischenräumen sein.

Die aufeinander folgenden Bewegungen werden bei Bildung vier- oder sechsfacher Leinwand folgende sein. Während sich die Schiffchen im hinteren Kamme befinden, rückt die Kettenleiter um ein, die Spulenleiter um drei Schiffchen nach links, darauf stechen die Selectoren ein und danach rückt die Spulenleiter noch um zwei Schiffchen nach links.

Die Schiffchen gehen durch die Fäden durch nach vorn. Die Selectoren treten zurück, verschieben sich um ein Schiffchen nach rechts und stechen sofort wieder ein, worauf die Kettenleiter um ein, die Spulenleiter um fünf Schiffchen nach rechts rückt.

Bei der Bildung der sechsfachen Leinwand bleiben die Bewegungen der Schiffchen, der Selectoren, der Selectorstange und der Kettenleiter genau dieselben, nur die der Spulenleiter ändert sich. Diese rückt anfänglich um vier Schiffchen nach links, nach dem Einstechen der Selectoren noch um drei Schiffchen nach links und nach dem Durchgange der Schiffchen und der Verschiebung der Selectoren um sieben Schiffchen nach rechts.

In Fig. 210 ist dasjenige Muster mit französischem Grund und doppelter Leinwand dargestellt, dessen Herstellung die Figuren 138—149 zeigen.

Das in Fig. 326, Taf. XX dargestellte Gewebe ist mit französischem Grunde, die Muster mit Grund und doppelter Leinwand gebildet. Da hier z. B. das mittlere Musterquadrat mit Grundbindung hergestellt ist, konnten die umgebenden Flächen nicht mit der einfachen Grundbindung hergestellt werden, da sich sonst das Muster nicht abgehoben hätte; es mussten daher für die Grundflächen grössere Oeffnungen gewählt werden, als sie sonst im Grunde üblich sind.

3. Der Square-net-Grund mit einfacher, mehrfacher und aufgelegter Leinwand.

Die Fig. 211, Taf. XII stellt diese Grundbindung mit einfacher Leinwand bei e und mit doppelter Leinwand vor, aus welcher Figur zu ersehen, dass jede beliebige Gestalt des Musters in diesen Grund eingebunden werden kann, indem sich das Muster mit seinen Contouren durchaus nicht an die Gestalt der Grundrhomben anzuschmiegen gezwungen ist, sondern in ganz beliebiger Weise Flächentheile dieser Vierecke für sich in Anspruch nimmt, so dass an diesen Stellen nur Rudimente derselben übrig bleiben. Die Herstellungsweise dieser schon etwas complicirteren Bindung ist Herrn Aug. Matitsch in Wien patentirt und in den Figuren 212—216, Taf. XII, 217—231, Taf. XIII und den Figuren 232—234, Taf. XIV dargestellt.

Die Schwierigkeit der Herstellung dieser Combination gegenüber den früher behandelten Grund- und Leinwand-Combinationen liegt hauptsächlich darin, dass während bei China- und französischem Grund die Spulenfäden sowohl bei der Grund- als auch Musterbindung dieselbe Lage einnehmen, dies hier nicht der Fall ist.

Während sich bei der Squarenet-Grund-Bindung die Spulenfäden mit den Kettenfäden ganz gleichmässig — wie bekannt — bewegen, müssen dieselben während der Musterbildung eine von den Kettenfäden abweichende unabhängige Bewegung ausführen, da die Flächendeckung während der Musterbildung ausschliesslich durch die Spulenfäden besorgt wird.

Die Kettenfäden nehmen in der Grundbildung sowohl bei der Herstellung der Knoten, als auch der gezwirnten Theile Antheil, während sie sich bei der Herstellung der Muster ausschliesslich nur mit ihrem Bobbinsfaden zwirnen.

Da nun die Kettenfäden bei der Knotenbildung des Squarenet-Grundes bald den links, bald den rechts vom eigenen Bobbinsfaden stehenden Bobbinsfaden, bei der Musterbildung nur den eigenen zu umschlingen haben, so wird sich deren Bindungsgebiet im Maximum über drei Bobbinsfäden erstrecken, es wird daher auch die Verschiebungsgrösse der Kettenleiter im Maximum gleich drei Bobbinsfaden-Zwischenräumen sein.

Die Verschiebungsgrösse der Spulenleiter wird im Minimum dieselbe Länge erreichen, im Maximum aber je nach der zu bildenden mehrfachen Leinwand grösser sein müssen.

Zur Herstellung dieser Bindung sind daher wieder blos zwei Leitern, die durch unrunde Scheiben bewegt werden, nöthig; die Fäden werden so wie bei den vorhergehenden Bindungen in Gruppen von je drei Fäden (Ketten-, Spulen- und Bobbinsfaden) angeordnet. Die Stellung der Fäden wird auch hier in der Weise charakterisirt, dass die ursprüngliche Stellung des Ketten- und Spulenfadens rechts vom zugehörigen Bobbinsfaden mit 0, die aufeinander folgenden Stellungen links von diesem Bobbinsfaden mit $+1, 2, 3$ u. s. w. diejenigen rechts von der Stellung 0 mit $-1, -2, -3$ u. s. w. bezeichnet werden.

Zur Herstellung der in Fig. 211 dargestellten Bindung sind daher folgende Bewegungen nach einander auszuführen: Stellung der Fäden vor der ersten Bewegung, Fig. 212, Taf. XII. Die Schiffchen stehen im hinteren Kamm.

Die Ketten- und Spulenleiter rückt um zwei Schiffchen nach links, die Fäden stehen daher in 2.

Hierauf stechen die Selectoren ein und zwar hier, wo vorläufig nur Grund speziell der Knoten gebildet werden soll, jeder zweite Selector S_a S_c S_e u. s. w. Fig. 213; worauf beide Leitern um zwei Schiffchen nach rechts rücken. Die Kettenfäden k_b k_d u. s. w., sowie die Spulenfäden s_b s_d u. s. w. werden in dieser Bewegung durch die Selectoren gehindert und in der Stellung 2 erhalten, während k_a k_c k_e s_a s_c s_e u. s. w. von 2 nach 1 gelangen, hier aber ebenfalls durch die Selectoren erhalten werden.

1. Bewegung. Die Schiffchen treten aus dem hinteren in den vorderen Kamm.

Hierauf treten die Selectoren zurück und beide Leitern rücken um ein Schiffchen nach rechts, so dass sämmtliche Faden die Stellung -1 einnehmen. Fig. 214.

Gleichzeitig wurde die Selectorstange um ein Schiffchen nach rechts verschoben, worauf dieselben Selectoren S_a S_c S_e wieder einstechen, jetzt um ein Schiffchen nach rechts verschoben, Fig. 215, und nun rücken die Leitern um ein Schiffchen nach links, was zur Folge hat, dass k_a k_c k_e s_a s_c s_e u. s. w. gehindert werden nach 0 zurückzukehren und daher in -1 erhalten werden, während k_b k_d s_b s_d u. s. w. anstandslos nach 0 gelangen.

2. Bewegung. Die Schiffchen treten aus dem vorderen in den hinteren Kamm. Durch diese Bewegung sind die Knoten des Square-net vollendet und es beginnt nun das Zwirnen des Grundes.

Hierauf treten die Selectoren zurück und die Selectorstange wird um ein Schiffchen nach links in ihre ursprüngliche Stellung verschoben.

Beide Leitern rücken sodann um ein Schiffchen nach links, so dass alle Fäden nach 1 gelangen. Fig. 216.

Hierauf stechen die Selectoren ein, und da gezwirnt werden soll, treten alle

Selectoren zwischen die Fäden, worauf die Spulenleiter allein um ein Schiffchen nach links rückt, die Fäden aber nicht aus ihrer Stellung in 1 zu bringen vermag, da alle durch die Selectoren in ihrer Bewegung gehindert, daher in Stellung 1 erhalten werden. Fig. 217.

3. Bewegung. Die Schiffchen treten aus dem hinteren in den vorderen Kamm.

Die Selectoren treten zurück und die Spulenleiter wird allein um ein Schiffchen nach rechts verschoben, so dass nun wieder alle Fäden in 1 stehen.

Die Selectorstange rückt um ein Schiffchen nach rechts und dieselben Selectoren stechen ein, jedoch ohne Erfolg, da die Leitern d. h. die Fäden in Ruhe bleiben. Fig. 218.

4. Bewegung. Die Schiffchen treten aus dem vorderen in den hinteren Kamm.

Die Selectoren treten zurück und die Selectorstange rückt in ihre Normalstellung um ein Schiffchen nach links und sticht hier wieder ein und zwar, da noch immer gezwirnt werden soll, alle Selectoren.

Hierauf geht die Spulenleiter wieder blos um ein Schiffchen nach links, alle Spulenfäden werden wieder durch die Selectoren an einer Weiterbewegung gehindert und bleiben daher, so wie die nicht bewegten Kettenfäden, in 1. Fig. 219.

5. Bewegung. Die Schiffchen treten aus dem hinteren in den vorderen Kamm.

Die Selectoren treten zurück und die Selectorstange rückt um ein Schiffchen nach rechts.

Nun verschiebt sich die Kettenleiter um ein, die Spulenleiter um zwei Schiffchen nach rechts; alle Fäden stehen daher in 0. Fig. 220.

Hierauf stechen die verschobenen Selectoren, die in der 4. Bewegung eingestochen hatten, wieder ein, und die Spulenleiter rückt um ein Schiffchen weiter nach rechts, während die Kettenleiter in Ruhe bleibt. Da alle Selectoren eingestochen haben, werden alle Spulenfäden an der Bewegung gehindert und es bleiben daher Ketten- und Spulenfäden in 0. Fig. 221.

6. Bewegung. Die Schiffchen treten aus dem vorderen in den hinteren Kamm, wodurch eine Zwirnung vollendet ist.

Die Selectoren treten zurück und die Selectorstange rückt in ihre Normalstellung, um ein Schiffchen nach links.

Hierauf wird die Kettenleiter um zwei, die Spulenleiter um drei Schiffchen nach links gerückt, so dass alle Fäden in 2 stehen. Fig. 222.

Nun stechen die Selectoren ein; da jedoch kein Knoten gebildet werden soll, werden sämmtliche Selectoren durch die Wirkung einer ganz glatten Jaquardkarte zurückgezogen, so dass gar kein Selector einsticht.

Hierauf rücken beide Leitern um zwei Schiffchen nach rechts, und da kein Selector eingestochen hat, stehen nun alle Fäden wieder in 0, so dass diese ganze 6. Bewegung ohne Resultat bleibt.

Nun ist der Rapport der Bewegungen erreicht und es beginnt wieder die 1. Bewegung, die wir in der Reihenfolge als siebente bezeichnen wollen.

7. Bewegung gleich der ersten. Die Schiffchen treten aus dem hinteren in den vorderen Kamm.

Hierauf rücken beide Leitern um ein Schiffchen nach rechts, wie in Fig. 214, die Fäden stehen daher sämmtlich in − 1.

Nun stechen die Selectoren, deren Stange mittlerweile ebenfalls um ein Schiffchen nach rechts verschoben wurde, wieder ein; diesmal wieder ohne Wirkung, da die im Jaquard befindliche, schon in der 6. Bewegung zur Wirkung gekommene glatte Karte noch immer wirksam bleibt; es wird daher kein Selector zwischen die Fäden treten.

Die Leitern rücken nun wieder um ein Schiffchen nach links und alle Fäden stehen abermals in 0.

Diese Bewegung ist wieder resultatlos verlaufen, weil sie zur Herstellung der Knoten dienen soll, diese aber in diesem Moment nicht gebildet werden.

8. **Bewegung gleich der zweiten.** Die Schiffchen treten aus dem vorderen in den hinteren Kamm.

Beide Leitern rücken um ein Schiffchen nach links, die Fäden stehen daher sämmtlich in 1. Fig. 223.

Hierauf stechen die Selectoren, deren Stange wieder in ihre Normalstellung zurückgekehrt ist, ein und zwar, da zwischen $a\,b$, $b\,c$, $c\,d$ Grund, zwischen $d\,e$, $e\,f$ Leinwand gebildet werden soll, bei den Bobbinsfäden $a\,b\,c\,d$ daher ein Zwirnen, bei e und f eine Musterbindung enstehen soll, die Selectoren S_a S_b S_c, worauf die Spulenleiter um ein Schiffchen nach links rückt, während die Kettenleiter in Ruhe bleibt. Wie aus Fig. 224 ersichtlich, werden daher die Spulenfäden s_b s_c s_d durch die Selectoren in ihrer Bewegung gehindert und daher gezwungen, in 1 zu bleiben, während die Spulenfäden s_e s_f ungehindert in die Stellung 2 gelangen können, wodurch einfache Leinwand gebildet wird.

9. **Bewegung gleich der dritten.** Die Schiffchen treten aus dem hinteren in den vorderen Kamm.

Die Selectoren treten zurück, die Selectorstange verschiebt sich nach rechts.

Die Spulenleiter rückt um ein Schiffchen nach rechts, es stehen wieder alle Fäden in 1. Fig. 225.

Die Selectoren stechen ein und zwar dieselben, wie in der 8. Bewegung, jedoch ohne Resultat, da eine Verschiebung der Leitern nicht stattfindet.

10. **Bewegung gleich der vierten.** Die Schiffchen treten aus dem vorderen in den hinteren Kamm.

Die Selectoren treten zurück und deren Stange kehrt wieder in ihre Normalstellung zurück, worauf sie sofort einstechen.

Da bei den ersten vier Bobbinsfäden blos ein Zwirnen, bei den letzten die Leinwandbildung fortgesetzt werden soll, müssen alle Selectoren einstechen, um die darauf folgende Bewegung der Spulenfäden nach links zu hindern.

Die Spulenleiter rückt hierauf um ein Schiffchen nach links, während die Kettenleiter in Ruhe bleibt. Alle Spulenfäden werden durch die Selectoren in der Stellung 1 erhalten. Fig. 226.

11. **Bewegung gleich der fünften.** Die Schiffchen treten aus dem hinteren in den vorderen Kamm.

Die Selectoren treten zurück, deren Stange rückt um ein Schiffchen nach rechts.

Die Kettenleiter bewegt sich um ein, die Spulenleiter um zwei Schiffchen nach rechts, so dass nun alle Fäden in 0 stehen. Fig. 227.

Nun stechen dieselben Selectoren wieder ein, die in der 10. Bewegung eingestochen haben, daher alle Selectoren, worauf die Spulenleiter um ein Schiffchen nach rechts rückt und, wie aus Fig. 228 zu ersehen, alle Spulenfäden gezwungen werden, mit den Kettenfäden in 0 zu bleiben und sich mit ihren Bobbinsfäden zu zwirnen oder einfache Leinwand zu bilden.

12. **Bewegung gleich der sechsten.** Die Schiffchen treten aus dem vorderen in den hinteren Kamm, womit die zweite Zwirnung bei der Grundbildung und die

einfache Leinwand bei Fig. 229 vollendet und der Bewegungsrapport ebenfalls erreicht ist.

Da bei der Grundbildung zwischen zwei Knoten blos ein zweimaliges Zwirnen gewöhnlich ausgeführt wird, so muss jetzt wieder in der Grundbindung der Knoten gebildet werden.

Es rückt nun wieder die Kettenleiter um zwei, die Spulenleiter um drei Schiffchen nach links, Fig. 229; alle Fäden stehen daher in 2.

Hierauf stechen die wieder in ihrer Normalstellung befindlichen Selectoren ein und zwar dort, wo der Grund gebildet wird, jeder zweite. Da bei der Bildung der ersten Knotenreihe in den ersten zwei Bewegungen die Selectoren mit ungeradem Stellenzeiger eingestochen haben, müssen jetzt, um den versetzten Knoten herzustellen, die Selectoren mit geradem Stellenzeiger, hier also S_b, einstechen.

Nun rücken beide Leitern um zwei Schiffchen nach rechts, wobei die Kettenfäden k_b k_c sowie die Spulenfäden s_b und s_c durch die Selectoren an der Bewegung gehindert werden und zwar so, dass k_b s_b in 1, k_c s_c in 2 bleiben, während an derjenigen Stelle, wo Leinwand gebildet wird, die Fäden in die Stellung 0 gelangen. Fig. 230.

13. Bewegung gleich der ersten. Die Schiffchen treten aus dem hinteren in den vorderen Kamm.

Die Selectoren treten zurück, die Selectorstange rückt um ein Schiffchen nach rechts.

Beide Leitern rücken um ein Schiffchen nach rechts und kommen daher alle Fäden nach — 1. Fig. 231.

Hierauf stechen dieselben Selectoren, jedoch in verschobener Stellung, ein, so dass der Selector S_b nicht unter dem Bobbinsfaden b, sondern unter c zu stehen kommt, worauf beide Leitern um ein Schiffchen nach links rücken; durch das Einstechen der Selectoren sind wieder dieselben Fäden k_b s_b k_c s_c gehindert und bleiben erstere in — 1, letztere in 0 stehen, während die zur Leinwandbindung bestimmten Fäden sämmtlich in 0 stehen. Fig. 232, Taf. XIV.

14. Bewegung gleich der zweiten. Die Schiffchen treten aus dem vorderen in den hinteren Kamm, wodurch die Knotenbildung der zweiten Knotenreihe vollendet ist.

Die Selectoren treten zurück, die Selectorstange geht in ihre Normalstellung zurück.

Beide Leitern rücken um ein Schiffchen nach links, es stehen daher alle Fäden in 1. Fig. 233.

Die Bewegungen folgen nun wieder in der dargestellten Weise auf einander; in Fig. 234 ist eine Fadenstellung vorgeführt, die der 5., 11., 17. Bewegung entspricht und in welcher die Bildung der Doppelleinwand beginnt.

Um nun diese etwas complicirten Bewegungen besser übersehen zu können, sind dieselben in der auf Seite 78 folgenden Tabelle XI zusammengestellt.

Wenn man diese Tabelle überblickt, sieht man sofort, dass Herr Matitsch — der in seiner Patentschrift eine andere Reihenfolge der Bewegungen einhält — die Knotenbildung des Squarenet-Grundes vom 5. Moment der 6. Bewegung bis zum 3. Moment der 2. Bewegung ausführen lässt, denn während der Knotenbildung müssen Ketten- und Spulenfäden gemeinsame Bewegungen machen, da beide an derselben gleichmässig theilnehmen; wir sehen daher auch beide in dem erwähnten 5. Moment 6. Bewegung gemeinsam um zwei Schiffchen nach rechts, im 3. Moment 1. Bewegung um ein Schiffchen nach rechts, dann im 5. M. der 1. Bew. ebenso nach links, im 3. M. 2. Bew. nochmals um ein Schiffchen nach links gehen.

Tabelle XI.

Bewegungs-Periode	Bewegungs-Moment	Schiffchen-Bewegung: Die Schiffchen treten aus dem	Schiffchen-Bewegung: in den	Leitern-Bewegung: die Kettenleiter rückt um ein	Leitern-Bewegung: zwei	Leitern-Bewegung: die Spulenleiter rückt um ein	Leitern-Bewegung: zwei	Leitern-Bewegung: drei Schiffchen nach	Selectoren-Bewegung: Beliebige in der Normalstellung befindliche Selectoren	Selectoren-Bewegung: Dieselben um ein Schiffchen nach rechts verschobenen Selectoren	Selectorstangen-Bewegung: die Selectorstange rückt um ein Schiffchen nach	Nadel-Bewegung: vordere Nadelreihe	Nadel-Bewegung: hintere Nadelreihe	Fadenstellung: Ketten-	Fadenstellung: Spulen-
1. Bewegung	1. Moment	hinteren Kamm	vorderen Kamm										sticht ein		
	2. Moment			rechts					treten zurück		rechts			−1	−1
	3. Moment			links						stechen ein				0	0
2. Bewegung	1. Moment	vorderen Kamm	hinteren Kamm									sticht ein			
	2. Moment			links					treten zurück		links			1	1
	3. Moment			links					stechen ein					1	2
3. Bewegung	1. Moment	hinteren Kamm	vorderen Kamm										sticht ein		
	2. Moment					rechts			treten zurück		rechts			1	1
	3. Moment					links				stechen ein				1	1
4. Bewegung	1. Moment	vorderen Kamm	hinteren Kamm									sticht ein			
	2. Moment					links			treten zurück		links			1	1
	3. Moment					rechts				stechen ein				1	2
5. Bewegung	1. Moment	hinteren Kamm	vorderen Kamm										sticht ein		
	2. Moment			rechts							rechts			0	0
	3. Moment					rechts			stechen ein					0	−1
6. Bewegung	1. Moment	vorderen Kamm	hinteren Kamm									sticht ein			
	2. Moment								treten zurück		links			2	2
	3. Moment			links					stechen ein					0	0

Zweites Kapitel: Die Bindungen der spitzenartigen Gewebe. 79

Während der zweiten Bewegung trennen sich nun beide Fäden (5. M. 2. Bew.) wie dies durch die Leinwandbildung nothwendig wird.

Die Bildung der einfachen Leinwand wird im 5. M. 2. Bew. durch das Linksrücken der Spulenfäden begonnen, aber erst in dem 3. M. der 5. Bew. vollendet.

Im 5. M. der 3. Bew. sowie im 3. M. der 4. Bew. findet gar keine Leiterbewegung statt, weil sonst Fadenverschlingungen entstehen würden, die dieser Bindung gar nicht angehören oder die der nun folgenden Bildung der mehrfachen Leinwand vorgreifen würden. Die beginnt mit dem 5. M. der 4. Bew. und ist mit dem 3. M. der 6. Bew. vollendet, mit welcher gleichzeitig die Bildung der Grundknoten beginnt, wenn überhaupt solche gebildet werden sollen.

Soll doppelte Leinwand gebildet werden, so geht die Spulenleiter im 5. Mom. der 5. Bew. um ein, bei dreifacher Leinwand um zwei, bei vierfacher um drei, bei n facher um $n-1$ Schiffchen nach rechts und kehrt im 3. M. der 6. Bew. um drei, resp. vier, fünf, $n+1$ Schiffchen nach links zurück.

An demjenigen Punkte des Gewebes, wo einfache Leinwand entstehen soll, kann selbstverständlich nicht gleichzeitig mehrfache Leinwand hergestellt werden, dort wird daher in der 6. Bewegung die einfache Leinwand beendet.

Ist während der 6. und darauf folgenden 1. Bewegung eine Knotenreihe des Grundes gebildet worden, so findet während der ersten Gruppe von zusammen 6 Bewegungen, so wie während der darauf folgenden zweiten Gruppe von 6 Bewegungen bei der Grundbildung nunmehr ein Zwirnen statt; erst nach 12 Bewegungen beginnt daher die Bildung der versetzten Knotenreihe im Grunde.

Es ist nicht zu verkennen, dass diese Bewegungs-Combination eine unökonomische ist, da Bewegungsperioden, wie namentlich die 3. und 4. Bewegung ganz resultatlos verlaufen, der stets nach Verbesserungen strebende Erfinder ist daher auch hier nicht stehen geblieben und hat andere Bewegungs-Combinationen zur Anwendung gebracht, die eine bedeutende Zeitersparniss gestatten. Eine dieser Combinationen sei im Folgenden mitgetheilt:

Die wichtigste Aenderung, die zur Durchführung einer ökonomischen Bewegungs-Combination an der Maschine nöthig wurde, ist die Anwendung von zwei Jaquard-Maschinen, von welchen aus je eine Zugschnur zu jedem Selector geht, so dass jeder derselben durch zwei Schnüre beeinflusst werden kann; dadurch ist eine ausserordentliche Mannigfaltigkeit in der Einwirkung der Selectoren ermöglicht, so dass die Erzeugung der Grundkarten, der einfachen und doppelten, oder mehrfachen Leinwand während zwei Bewegungen ausführbar wird, wodurch nicht weniger als vier Bewegungen erspart werden können.

Die Herstellung von Squarenet mit einfacher und doppelter Leinwand ist in den Figuren 235—246 Taf. XIV und 247—261 Taf. XV dargestellt.

Es sind nur zwei Leitern, die Ketten- und Spulenleiter und eine Selectorstange vorhanden, letztere wird aber nicht blos um ein, sondern um drei Schiffchen verschoben, allerdings in drei Zeitmomenten, so dass für jeden derselben nur eine Verschiebung um ein Schiffchen nothwendig wird.

Die Verschiebungsgrösse der Ketten- und Spulenleiter resp. Faden bleibt dieselbe, wie beim vorher beschriebenen Prozess, es ist daher auch das Bindungsgebiet jedes einzelnen Fadens dasselbe.

Zu bemerken wäre nur noch, dass diesmal die Kettenleiter hinter der Spulenleiter steht, weshalb auch die Spulenfäden bei der Leinwandbindung an der vorderen Seite des Gewebes flott liegen.

Vor Beginn der ersten Bewegung stehen die Schiffchen im hinteren Kamm.

80 Erster Abschnitt: Die Bindungen.

Die Kettenleiter wird hierauf um zwei Schiffchen, die Spulenleiter um drei Schiffchen nach links verschoben, alle Fäden kommen dadurch in die Stellung 2, Fig. 235.

Nun stechen die Selectoren in der Normalstellung der Stange ein, diesmal beeinflusst von Jaquard No. I. Da zwischen den Bobbins d und e ein Knoten, bei den übrigen Bobbins Schnüre entstehen sollen, stechen alle Selectoren ein, nur der links vom Bobbinsfaden d stehende Selector S_c nicht.

Nach dem Einstechen der Selectoren rückt die Selectorstange um ein Schiffchen nach rechts, so dass jetzt — wie aus Fig. 236 ersichtlich — S_d nicht unter Bobbin d, sondern unter e, S_e unter f, S_f unter g steht, während unter d gar kein Selector vorhanden ist, da S_c nicht eingestochen hat. Bei dieser Verschiebung der Selectorstange nach rechts stossen die Selectoren an die Ketten- und Spulenfäden und nehmen dieselben um ein Schiffchen nach rechts mit, so dass die Fäden statt durch die Leiter, durch die Selectoren verschoben werden.

Hierauf rückt die Kettenleiter um ein Schiffchen nach rechts, so dass jetzt alle Kettenfäden in 1 stehen.

Nun wird der Jaquard No. II in Thätigkeit gesetzt und nach dessen Hebung Jaquard I gesenkt. Durch II sind nun, ohne Verschiebung der Selectorstange, alle Selectoren zum Einstich gekommen, an deren rechter Seite die Bobbins gezwirnt werden sollen. Es stechen daher wieder die Selectoren S_d S_e S_f S_g ein, während S_c unter d nicht einsticht. Die durch den Jaquard II beeinflussten Selectoren sind — wie aus 237 ersichtlich — als Ringe gezeichnet.

Darauf rückt die Kettenleiter um ein Schiffchen nach links, Fig. 237, wobei die Kettenfäden k_d k_f k_g k_h durch die Selectoren in der Stellung 1 erhalten, der Kettenfaden k_c nach 2 geführt wird und den Knoten erzeugt.

1. Bewegung. Nun erst treten die Schiffchen aus dem hinteren in den vorderen Kamm.

Die Selectoren treten nun zurück und die Selectorstange wird wieder um ein Schiffchen nach rechts verschoben.

Beide Leitern rücken um ein Schiffchen nach rechts, so dass alle Fäden in 1 stehen, Fig. 238.

Gleich darauf kommt der Jaquard 1 zur Wirkung und die von demselben nicht gehobenen Selectoren kommen durch die Drehung der Selectorstange zum Einstich. Da nun zwischen d und e der Knoten vollendet, zwischen den übrigen Bobbins einfache Leinwand begonnen werden soll, so muss — wie dies aus der Grundbindung des Squarenet bekannt — ein Selector unter e einstechen, während zum Beginn der Knotenbildung in Fig. 235 der Selector unter d einstechen musste. Da die Selectorstange jetzt schon um zwei Schiffchen aus ihrer Normalstellung herausgerückt ist, so muss Selector S_a und S_c einstechen, während unter f g h kein Selector einsticht, um die Verschiebung der Fäden behufs Leinwandbildung zu ermöglichen.

Nach dem Einstechen rückt die Selectorstange wieder um ein Schiffchen weiter nach rechts und ist nun schon um drei Schiffchen aus ihrer Normalstellung verschoben; es befinden sich daher die Selectoren S_a und S_c unter den Bobbins d resp. f.

Hierauf rückt die Kettenleiter um ein, die Spulenleiter um zwei Schiffchen nach rechts. Die Spulenfäden s_c und s_e werden durch die Selectoren S_a und S_c gezwungen in der Stellung 0 zu bleiben, während die übrigen Spulenfäden nach −1 gelangen, Fig. 239.

Nun wird wieder Jaquard II gehoben und I gesenkt und es stechen, um die Leinwandbindung zu ermöglichen, noch die Selectoren S_d und S_e ein, Fig. 240, worauf die Kettenleiter um ein Schiffchen nach rechts, also den Spulenfäden nachrückt. k_d und k_e die sich zwischen S_a und S_c befinden, können sich mit ihren Spulenfäden wieder vereinigen, wie dies zur Knotenbildung notwendig ist, wobei k_d nach —1, k_e nach 0 gelangt; die anderen Kettenfäden k_f, k_g aber werden durch die Selectoren S_d und S_e an dieser Vereinigung gehindert, wie dies durch die Leinwandbindung bedingt ist, sie müssen daher in 0 bleiben.

2. Bewegung. Die Schiffchen treten aus dem vorderen in den hinteren Kamm, womit die Knotenbildung vollendet ist.

Die Selectoren ziehen sich zurück und die Selectorstange rückt um drei Schiffchen, d. h. in ihre Normalstellung nach links. Beide Leitern rücken um drei Schiffchen nach links und stehen die Fäden daher sämtlich in 2, Fig. 241, worauf nach Hebung des Jaquards No. I, die Selectoren wieder einstechen und zwar, da zwischen e, f, g Doppel-, zwischen g, h, i einfache Leinwand entstehen soll, die Selectoren S_c, S_f, S_g, S_h unter den Bobbins f, g, h. Nach dem Einstechen rückt die Selectorstange um ein Schiffchen nach rechts, wodurch die Spulenfäden s_e, s_h und s_i aus der Stellung 2 nach 1 zurückgedrängt werden.

Die Kettenleiter rückt nun gewissermassen den Selectoren nach, d. h. um ein Schiffchen nach rechts, so dass alle Kettenfäden in 1 stehen, wo sie behufs Zwirnen bleiben sollen, Fig. 242. Da nun kein Knoten gebildet werden soll, müssen alle Kettenfäden zum Zwirnen verwendet werden, daher alle Selectoren einstechen, was wieder durch die Bethätigung des Jaquard II geschieht, Fig. 243.

Nach dem Einstechen der von Jaquard II beeinflussten Selectoren rückt die Kettenleiter um ein Schiffchen nach links, wobei alle Kettenfäden, wie aus Fig. 243 ersichtlich, in der Stellung 1 festgehalten und daher zum Zwirnen gezwungen werden.

3. Bewegung gleich der 1. Die Schiffchen treten aus dem hinteren in den vorderen Kamm.

Die Selectoren treten zurück und die Selectorstange rückt um ein Schiffchen nach rechts.

Beide Leitern rücken ebenfalls um ein Schiffchen nach rechts, so dass alle Fäden in 1 stehen, Fig. 244.

Nun kommt wieder Jaquard No. I zur Wirkung und da bei d und e Squarenet, zwischen e und g Doppel-, zwischen g und i einfache Leinwand entstehen soll, stechen die Selectoren S_b, S_c, S_e und S_f ein, Fig. 244. Diese Selectoren rücken sofort um ein Schiffchen weiter nach rechts, worauf die Kettenleiter um ein, die Spulenleiter um zwei Schiffchen nach rechts rückt, wobei nur der Spulenfaden s_f frei nach —1 kommt, während alle anderen Spulenfäden in 0 zurückgehalten werden, die Kettenfäden stehen alle in 0, Fig. 245.

Hierauf kommt wieder Jaquard II zur Wirkung und da keine Knotenbildung stattfindet, müssen alle Kettenfäden an der Vereinigung mit ihren Spulenfäden gehindert, d. h. es müssen alle Selectoren zum Einstechen gebracht werden. Nach dem Einstechen rückt die Kettenleiter noch um ein Schiffchen nach rechts, alle Kettenfäden werden aber durch die Selectoren in 0 zurückgehalten, Fig. 246.

4. Bewegung gleich der 2. Die Schiffchen treten aus dem vorderen in den hinteren Kamm.

Die Selectoren treten zurück und die Selectorstange rückt um drei Schiffchen nach links in ihre Normalstellung.

Beide Leitern rücken um drei Schiffchen nach links, es stehen alle Fäden in 2.

Nun kommt Jaquard I zur Wirkung und da bei Bobbins d, e, f und g gezwirnt, zwischen fg, gh einfache Leinwand entstehen soll, stechen die Selectoren S_c, S_d und S_e ein, Fig. 247 Taf. XV und rücken mit der Selectorstange sofort um ein Schiffchen nach rechts und drängen die Spulenfäden s_e, s_f, s_g nach 1, während s_h, s_i in 2 bleiben. Die Kettenleiter rückt um ein Schiffchen nach rechts, Fig. 248. Jaquard II kommt zur Wirkung und es stechen alle Selectoren ein, da kein Knoten gebildet werden soll und daher alle Kettenfäden in 1 erhalten werden müssen.

Die Kettenleiter geht sodann um ein Schiffchen wieder nach links, wobei alle Kettenfäden an der Bewegung gehindert werden, Fig. 249. Sämtliche Kettenfäden zwirnen sich, da kein Knoten gebildet wird; die Spulenfäden s_d, s_e und s_g zwirnen sich, während s_f, s_h, s_i einfache Leinwand beginnen.

5. Bewegung gleich der 1. Die Schiffchen treten aus dem hinteren in den vorderen Kamm.

Die Selectoren treten zurück, die Selectorstange rückt um ein Schiffchen nach rechts.

Beide Kettenleitern rücken um ein Schiffchen nach rechts, alle Fäden stehen in 1.

Jaquard I tritt in Wirksamkeit, die Selectoren stechen ein und die Stange rückt sofort um ein Schiffchen nach rechts.

Da angenommen wird, dass sich die ersten vier Spulenfäden blos zwirnen, die Fäden s_h und s_i Leinwand bilden sollen, so stechen die Selectoren S_b—S_e ein, Fig. 250.

Gleichzeitig mit der Verrückung der Selectoren rückt die Kettenleiter um ein, die Spulenleiter um zwei Schiffchen nach rechts, wobei alle Spulenfäden, ausgenommen s_h und s_i durch die Selectoren in 1 zum Zwirnen zurückgehalten werden, Fig. 251.

Nun kommt Jaquard II zur Wirkung und lässt sämtliche eingestochenen Selectoren an Ort und Stelle, indem alle nachrückenden Kettenfäden — da keine Knoten gebildet werden sollen — an der Bewegung nach —1 gehindert werden müssen, was auch wie aus Fig. 252 bei dem Nachrücken der Kettenleiter um ein Schiffchen nach rechts der Fall ist. Sämtliche Faden, s_h und s_i ausgenommen, werden in 0 zurückgehalten.

6. Bewegung gleich der 2. Die Schiffchen treten aus dem vorderen in den hinteren Kamm.

Die Selectoren treten zurück und werden durch die Stange nach links in ihre Normalstellung gebracht.

Nun soll wieder und zwar diesmal zwischen den Bobbinsfäden $e\,f$ der versetzte Knoten gebildet werden. Bei der ersten Knotenbildung zwischen d und e musste Selector S_d einstechen, S_e heraussen bleiben, jetzt muss daher Selector S_e einstechen und S_d heraussen bleiben, da der Knoten um einen Bobbinsfaden nach rechts verschoben entstehen soll.

Bei der Knotenbildung sind nun die Kettenfäden k_e, k_f und die Spulenfäden s_e, s_f beteiligt, zwischen f und g wird während der Knotenbildung keine Bindung verlangt, s_g soll sich daher zwirnen, rechts davon soll Leinwand entstehen. Das Zwirnen wird durch den um zwei Schiffchen eingestochenen Selector beeinflusst, s_g daher durch S_e.

Es sticht daher blos S_c und S_e ein und diese rücken sofort um ein Schiffchen nach rechts, und drängen die Fäden $k_e s_e$, $k_g s_g$ nach rechts.

Die Kettenleiter rückt um ein Schiffchen nach rechts. Die Kettenfäden stehen alle in 1, von den Spulenfäden nur s_e und s_g; s_f, s_h, s_i stehen in 2, Fig. 254.

Nun kommt wieder Jaquard II zur Wirkung, welcher die Aufgabe hat, bei der darauf folgenden Bewegung der Kettenleiter nach links nur diejenigen Kettenfäden zu hemmen, die ein Zwirnen ausführen sollen; ausserdem müssen die zur Knotenbildung nötigen Selectoren einstechen, nämlich S_c und S_e, wie schon in Fig. 253 und 254. Es stechen daher die Selectoren S_c, S_e, S_f, S_g ein, worauf die Kettenleiter um ein Schiffchen nach links rückt, Fig. 255, nur Kettenfaden k_f gelangt dabei nach 2, die übrigen werden in 1 zurückgehalten.

7. Bewegung gleich der 1. Die Schiffchen treten aus dem hinteren in den vorderen Kamm.

Die Selectoren treten zurück und rücken mit der Selectorstange um ein Schiffchen nach rechts, worauf beide Leitern um ein Schiffchen ebenfalls nach rechts rücken und die Fäden sämtlich nach 1 stellen.

Nun stechen unter Einwirkung des Jaquard I die Selectoren wieder ein und zwar vor allem die zur Knotenbildung nötigen unter b und e, also mit Berücksichtigung der Selectorstangen-Verschiebung die Selectoren S_b und S_d, Fig. 256. Da sonst nur Leinwand gebildet wird, sticht kein weiterer Selector ein. Nach dem Einstechen rückt die Selectorstange sofort um ein Schiffchen weiter nach rechts, worauf die Kettenleiter um ein, die Spulenleiter um zwei Schiffchen nach rechts gehen. Die bei der Knotenbildung beteiligten Spulenfäden werden dadurch gehindert nach —1 zu gelangen, Fig. 257.

Hierauf tritt wieder der Jaquard II in Wirksamkeit und es stechen wieder S_b und S_d und ausserdem alle Selectoren dort ein, wo keine Knoten gebildet werden sollen, dann rückt die Kettenleiter noch um ein Schiffchen nach rechts, Fig. 258.

Mit dieser Bewegung ist der Knoten zwischen e und f und gleichzeitig auch ein solcher zwischen c und d vollendet.

In den darauf folgenden Figuren 259—261 findet zwischen de und ef weiter Grundbildung, also jetzt Zwirnen, zwischen e und h Leinwandbindung statt u. s. w.

Die Bewegungen dieses Bindungsprozesses sind in der auf Seite 84 folgenden Tabelle XII übersichtlich zusammengestellt.

Soll nur dreifache Leinwand gebildet werden, so müsste die Spulenleiter im 5. Moment der 1. Bewegung nicht um zwei, sondern um drei, bei vierfacher Leinwand um vier Schiffchen, bei n-facher Leinwand um n Schiffchen nach rechts rücken und in dem 3. Moment der 2. Bewegung um vier, fünf resp. $n+1$ Schiffchen nach links zurückkehren. Die andereren Bewegungen würden sich nicht ändern.

Man ersieht aus dieser Darstellung der Bindungsbewegungen, dass die vom ersten Jaquard beeinflussten Selectoren streng genommen nur die Bewegungen der Spulenfäden, die vom zweiten Jaquard beeinflussten Selectoren nur die Bewegungen der Kettenfäden modificieren.

Um nämlich jeder Zeit und an jeder Stelle des Gewebes den Knoten bilden zu können, bei dessen Herstellung Spulen- und Kettenfaden gemeinschaftliche Bewegungen ausführen, müssen beide Fadengruppen in die gleiche Lage gebracht werden; das geschieht nun hier nicht immer gleichzeitig, sondern der Spulenfaden geht gewöhnlich voraus, der Kettenfaden folgt ihm in einem anderen Zeitmoment nach; zwischen beiden Momenten stechen aber die von Jaquard II beeinflussten Selectoren ein und hindern die Kettenfäden an der Vereinigung mit den Spulenfäden, wenn kein Knoten, gestatten diese Vereinigung hingegen, wenn ein Knoten gebildet werden soll.

Die vom Jaquard II beeinflussten Selectoren haben daher nur mit der Knotenbildung und mit dem Zwirnen zu thun; soll kein Knoten gebildet werden, so stechen

6*

Erster Abschnitt: Die Bindungen.

Tabelle XII.

Bewegungs-Periode	Bewegungs-Momente	Schiffchen-Bewegung: Die Schiffchen treten aus dem	Schiffchen-Bewegung: in den	Leitern-Bewegung: die Kettenleiter rückt um ein Schiffchen nach	Leitern-Bewegung: drei	Leitern-Bewegung: die Spulenleiter rückt um ein Schiffchen nach	Leitern-Bewegung: zwei	Leitern-Bewegung: drei	Selectoren-Bewegung durch die Bindung bestimmte, vom Jaquard beeinflusste Selectoren I	Selectoren-Bewegung II	Selectorstangen-Bewegung: die Selectorstange rückt um ein Schiffchen nach	Selectorstangen-Bewegung: drei	Nadel-Bewegung: Die vordere Nadelreihe	Nadel-Bewegung: hintere	Fadenstellung: die von den Selectoren nicht beeinflussten Ketten-Fäden stehen in	Fadenstellung: Spulen-
1. Bewegung	1. Moment	hinteren Kamm	vorderen Kamm										sticht ein			
	2. Moment					rechts			treten zurück		rechts				1	1
	3. Moment			rechts					stechen ein							
	4. Moment			rechts			rechts				rechts				0	−1
	5. Moment									stechen ein						
	6. Moment			rechts											−1	−1
	7. Moment															
2. Bewegung	1. Moment	vorderen Kamm	hinteren Kamm											sticht ein		
	2. Moment								treten zurück			links			2	2
	3. Moment			links					stechen ein							
	4. Moment							links			rechts				1	2
	5. Moment									stechen ein						
	6. Moment			rechts												
	7. Moment			links											2	2

alle ein, soll ein solcher gebildet werden, so sticht an der betreffenden Stelle jeder zweite ein.

Die vom Jaquard I beeinflussten Selectoren haben dagegen sowohl die Knoten-, als auch Leinwandbindung, sowie das Zwirnen der Spulenfäden herbeizuführen.

Soll zwischen zwei Bobbinsfäden z. B. d und e der Knoten gebildet werden, so sticht zuerst — Schiffchen im hinteren Kamm — der Selector des links stehenden Fadens (d), S_d und der zweite nach links zu stehende, also S_b ein, während der nächste links stehende — S_c — heraussen bleibt. Die zur Knotenbildung berufenen vier Faden werden daher zwischen S_b und S_d eingeschlossen. In der darauf folgenden Bewegung — Schiffchen im vorderen Kamm — sticht sodann der unter dem rechts stehenden Faden e befindliche Selector, jetzt in Folge der Selectorstangen-Verschiebung S_c und der zweite nach links S_a ein, während der nächste nach links S_b heraussen bleibt, so dass nun dieselben vier Fäden zwischen S_a und S_c eingeschlossen sind. Der Jaquard II darf an dieser Selectorenstellung nichts ändern, sondern muss zuerst S_b und S_d, dann S_a und S_c beibehalten. Es stechen daher zuerst Selectoren mit geradem und darnach mit ungeradem Stellenzeiger ein, was bei der Herstellung der Karten, beim Lavieren wichtig ist. Der bei der Knotenbildung beteiligte rechts stehende Selector, im früheren Beispiele S_d beeinflusst gleichzeitig den rechts vom Knoten stehenden Spulenfaden, indem er denselben von der Knotenstelle abhält.

Die Leinwandbildung unterscheidet sich von den früher erwähnten Leinwand-Bindungsprozessen dadurch, dass nicht blos nach einer, sondern nach zwei Seiten von zugehörigen Bobbins aus gebunden wird u. z. nach links immer blos um einen, nach rechts aber je nachdem Doppel-, dreifache, vierfache Leinwand gebildet werden soll um ein, zwei, drei Bobbinsfaden.

Soll einfache Leinwand (nach rechts) gebildet werden, so dürfte im 4. Moment der 1. Bewegung unter dem rechts stehenden Bobbinsfaden kein Selector einstechen, um die Bewegung des Spulenfadens nach —1 nicht zu hindern, während die darauf folgende gleiche Bewegung des Kettenfadens durch das Einstechen eines vom Jaquard II beeinflussten Selectors unter dem rechts stehenden Bobbinsfaden gehindert werden muss. Im 4. Moment der 2. Bewegung muss sodann der vom linken Bobbinsfaden um ein Schiffchen links stehende, vom Jaquard I beeinflusste Selector einstechen; während der im 7. Moment der 2. Bewegung nachfolgende Kettenfaden ebenfalls durch vom Jaquard II beeinflusste Selectoren gehindert werden muss.

Um z. B. zwischen f und g einfache Leinwand zu bilden, darf zuerst S_d (dieser steht wegen der Selectorenstangen-Verschiebung unter g) nicht einstechen; später muss der Selector S_e in der Normalstellung einstechen, von Jaquard II beeinflusst: von den durch Jaquard II beeinflussten Selectoren muss zuerst S_d, dann S_d und S_e einstechen.

Wenn Doppelleinwand z. B. zwischen f und g gebildet werden soll, so darf im 2. Moment der 2. Bewegung der Selector S_e nicht einstechen, weil sonst der Spulenfaden s nicht nach 2 gelangen könnte, im 4. Moment der darauf folgenden 1. Bewegung darf wieder S_d, das jetzt unter f stehen und unter g gelangen würde, nicht einstechen; sonst könnte der Spulenfaden s_f nicht nach —1 gelangen. Die Kettenfaden K_g und K_f müssen in beiden Fällen durch von Jaquard II beeinflusste Selectoren an der Verschiebung nach 2 und —1 gehindert werden.

Wenn wir nun diese zwei Methoden zur Herstellung derselben Bindung mit einander vergleichen, so ergeben sich folgende Unterschiede:

Sämtliche Bindungsgattungen, Knoten, Zwirn, einfache und mehrfache Leinwand können während der Dauer von zwei Schiffchen-Bewegungen gemacht werden, während bei der ersteren Methode 6 solche Bewegungen notwendig waren, woraus ein bedeutend grösserer Effekt zu Gunsten der letzteren Methode sich ergiebt.

Die Selectoren haben hier nicht nur als die Bewegung hindernde Organe zu fungieren, sondern sie greifen auch activ ein und übernehmen zum Teil die Aufgabe der Leitern, indem sie im 4. Moment der 2. Bewegung bei ihrer Rechtsbewegung eine Verschiebung der Spulenfäden von 2 nach 1 ausführen.

Die Selectoren sind ununterbrochen in Thätigkeit, während der zwei Schiffchen-Bewegungen zweimal von Jaquard I und zweimal von Jaquard II beeinflusst.

Was nun die sogenannte aufgelegte Leinwand betrifft, auf deren Erzeugung sich das Patent des Herrn A. Matitsch bezieht, so lässt sich dieselbe einfach dadurch erreichen, dass man bei vollkommen ungeänderten Bewegungsgesetzen starke Spulenfäden in Anwendung bringt und doppelte oder mehrfache Leinwand erzeugt, wodurch sich die neben einander gelegten Spulenfäden so stark drängen, dass sie über die Fläche des Gewebes emporsteigen. Es werden diesbezüglich verschieden starke Zwirne in Verwendung gebracht.

4. Der Square-Grund mit dicken Fäden.

Diese Musterbindung wird hier und da auch als Grund benutzt und ist in Fig. 262 Taf. XVI dargestellt.

Sie besteht darin, dass starke Fäden im Square-Grund so hin und her geführt werden, dass sie bald horizontal, bald vertikal quer durch die rhombischen Löcher des Square-Grundes laufen und in den Knoten dieses Grundes gebunden werden. Verfolgen wir einen dieser dicken Fäden, z. B. F_1, so sehen wir denselben zuerst durch den Knoten II gebunden, von hier wendet er sich nach links und geht durch den Knoten I hindurch, so dass er zwischen I und II horizontal liegt; von I aus geht er wieder nach abwärts und wird durch den Knoten IV gebunden, steht daher zwischen I und IV vertikal, worauf er sich wieder nach rechts dem Knoten V zuwendet, und durch diesen, sowie endlich durch die Knoten VIII und VII hindurchgeht.

Genau denselben Weg verfolgen die benachbarten dicken Fäden $F_1\ F_2\ F_3$ u. s. w., so dass sämmtliche dicken Fäden in eine Leiter eingezogen werden können.

Aus dieser Bindungsart ist zu ersehen, dass eine Bewegung dieser Fäden nur während der Knotenbildung stattfindet und dass diese Bewegung immer erst wieder bei der Herstellung jeder zweiten Knotenreihe eintritt, so dass die Fäden während der Bildung der zwischen liegenden Knotenreihe in Ruhe verbleiben.

Behufs Herstellung dieser Bindungsart wird auf je zwei Bobbinsfäden ein dicker Faden in die Maschine eingezogen, es würde daher in Fig. 212 Taf. XII der Faden F z. B. zwischen den Bobbinsfäden $b\ c$, der Faden F_1 zwischen d und e u. s. w. stehen.

Fig. 213. Die Schiffchen stehen im hinteren Kamm. F zwischen b und c; F_1 zwischen d und e. Die dicken Fäden stehen dabei in einer Ebene, welche vor den Ebenen der Ketten- und Spulenfäden angeordnet ist.

Fig. 214. Die Schiffchen sind in den vorderen Kamm getreten, hierauf rücken die dicken Fäden um vier Bobbinsfäden nach links, F_1 kommt daher links vom Bobbinsfaden a, F_2 links vom Bobbinsfaden c zu stehen und zwar hinter denselben. F käme links von demjenigen Bobbinsfaden zu stehen, welcher vom Bobbinsfaden a um 2 Fäden nach links liegt.

Bezeichnet man die ursprüngliche Stellung der dicken Fäden mit 0, die nach links liegenden Stellen, conform der früheren Methode mit 1 2 3 u. s. w., so sind die Fäden jetzt nach 4 gerückt und bleiben in dieser Stellung bis die nächst zweite Knotenreihe wieder zur Herstellung gelangt; in diesem Falle werden die Fäden bei der durch Fig. 214 angedeuteten Stellung, also — Schiffchen im vorderen Kamm — um vier Schiffchen nach rechts, daher von 4 nach 0 gerükt, wo dieselben wieder so lange stehen bleiben, bis die nächst zweite Knotenreihe zur Herstellung kommt.

Die Bindung der dicken Fäden ist dann immer bei der, der Figur 216 entsprechenden Stellung, nachdem nämlich die Schiffchen wieder in den hinteren Kamm gelangt sind, vollendet und zwar in der Weise, dass die dicken Fäden durch beide den Knoten bindenden Bobbinsfäden gebunden werden, wie dies in Fig. 262 ersichtlich ist.

Es ist jedoch durchaus nicht nothwendig, die Bindung der dicken Fäden immer durch beide Bobbinsfäden ausführen zu lassen, es genügt vollständig für jeden dicken Faden blos je einen der zur Knotenbildung herangezogenen Bobbinsfaden zu verwenden. In diesem Falle stehen die dicken Fäden jedoch nicht wie früher rechts von den zur Knotenbildung verwendeten beiden Bobbinsfäden, sondern zwischen denselben. Während also im ersterwähnten Falle der Faden F rechts von ab daher zwischen b und c, der Faden F_1 rechts von cd daher zwischen d und e stand; würde jetzt F zwischen a und b, F_1 zwischen c und d stehen. ab und cd sind die in diesem Falle zur Knotenbildung verwendeten Bobbinsfadenpaare.

Auch die Verschiebungsgrösse der dicken Fäden wird sich hierbei sehr bedeutend ändern, indem dieselben nicht um vier sondern blos um zwei Schiffchen nach links und rechts verschoben werden.

Fig. 214. Die Schiffchen stehen im vorderen Kamm; die dicken Fäden rücken um zwei Schiffchen nach links, also von 0 nach 2. F_1 ist aus der Stellung zwischen c und d, in die Stellung zwischen a und b gerückt; F_2 aus der Stellung zwischen e und f in die Stellung zwischen c und d u. s. w.

Durch den Uebertritt der Schiffchen in den hinteren Kamm wird daher F_1 rechts durch den Bobbinsfaden c an den Knoten II und gleichzeitig links durch den Bobbinsfaden b an den Knoten I gebunden worden. In derselben Weise ist F_2 durch den Bobbinsfaden e an den Knoten III und durch den Bobbinsfaden d an den Knoten II befestigt worden.

In der Stellung 2 verbleiben die dicken Fäden nun so lange, bis die zweitnächste Knotenreihe hergestellt wird worauf sie (Schiffchen im vorderen Kamm) wieder nach 0 zurückkehren.

Machen alle dicken Fäden, während der ganzen Dauer der Herstellung des Gewebes, ohne Aenderung des Bindungsgesetzes dieselbe Zikzakbewegung, — wie dies wol selten vorkommen dürfte — so können alle dicken Fäden in eine Leiter eingezogen, und diese kann durch eine unrunde Scheibe bewegt werden. Sobald sich jedoch das Bindungsgesetz ändert und ausser der Durchkreuzung der Grundlöcher auch ein Zwirnen der dicken Fäden eintreten soll, oder die dicken Fäden gar nicht an der Bindung teilnehmen sollen, sobald ferner nicht alle dicken Fäden gleichzeitig dieselben Bewegungen auszuführen haben, muss eine, dem Bindungsgesetz entsprechende Anzahl von Leitern in Anwendung kommen, die dann am besten durch einen Jaquard in Bewegung gesetzt werden und dann als independent bars bezeichnet werden können. Der Square-Grund mit dicken Fäden wird, da eine ähnliche Bindung bei Spitzen oft zur Anwendung kommt, als imitirte Fillet-Bindung bezeichnet.

Eine solche Bindungsart ist in dem Gewebe Fig. 328, Taf. XX zur Anwendung gebracht.

5. Der Guipure-Grund mit einfacher, mehrfacher und aufgelegter Leinwand.

Diese Bindungsart kann ganz in derselben Weise hergestellt werden, wie die unter 3. erörterte Square-net Bindung mit Leinwand, da sie sich ja nur dadurch von der letzteren unterscheidet, dass die Knoten des Grundes nicht mit der bekannten Regelmässigkeit, sondern ganz unregelmässig an beliebigen Stellen hergestellt werden, dies jedoch mit dem vorgeführten Bewegungs-Schema ohne Anstand ausgeführt werden kann. Es gilt daher bezüglich dieser Bindungsart alles, was unter 3. eingehend gesagt wurde.

Ein Gewebe mit diesem Grund in vierfacher Leinwand als Musterbildung ist in Fig. 327, Taf. XX dargestellt. Die Füllungsbindung dieser Muster ist Square-net.

6. Der Mocktravers-Grund mit einfacher, mehrfacher und aufgelegter Leinwand.

Da die Herstellung dieser Bindung mit der Herstellung der im nächsten Punkte zu besprechenden Bindung annähernd identisch ist, so soll dieselbe hier nicht für sich besprochen, sondern auf die nächstfolgende Bindung verwiesen werden.

7. Der Matitsch-Grund mit einfacher, mehrfacher und aufgelegter Leinwand.

Die einfache Leinwand dieser Bindungsart, die mit der Grundbindung in Fig. 263 Taf. XVI dargestellt ist, besteht nicht, wie die einfache Leinwand der früher behandelten Bindungen, aus einem einzelnen, über den Zwischenraum zwischen zwei Bobbinsfaden gelegten Faden, sondern aus zwei über diesen Zwischenraum sich kreuzenden Fäden, die in der Weise mit den Bobbinsfaden verbunden werden, dass sie nach je einer halben Umschlingung der benachbarten Bobbinsfäden eine Kreuzung vollführen. Bei der Bildung der einfachen Leinwand liegt daher nur eine halbe Schnürlbildung zwischen zwei Kreuzen, während bei der Grundbindung zwischen je zwei Kreuzen mindestens eine, eigentlich ein und eine halbe Umschlingung der Bobbinsfäden durchgeführt wird. Es wird daher durch die Leinwand eine viel dichtere Deckung der Fläche erreicht, als durch den Grund, da eine Löcherbildung eigentlich gar nicht stattfindet.

Eine noch viel dichtere Deckung, ja geradezu vollkommene Undurchsichtigkeit wird durch die aufgelegte Leinwand erreicht, welche hier durch die Anwendung von je zwei Spulenfäden zwischen je zwei Bobbinsfäden entsteht, welche Fäden bei der Bildung mehrfacher Leinwand sich gegenseitig aus der Gewebefläche herausdrängen.

Während nun bei der Besprechung der Grundbindungen nur der Grund mit Hilfe von vier Leitern dargestellt wurde, müssen nun Grund, einfache und mehrfache Leinwand in ein und demselben Gewebe neben einander in der Weise hergestellt werden, dass jede dieser Bindungen dem Muster entsprechend an jeder beliebigen Stelle zur Erscheinung gebracht werden kann.

Hierbei werden blos drei Leitern in Anwendung gebracht und zwar, die Kettenleiter, in die alle Kettenfäden und zwei Spulenleitern, in die jeder zweite Spulenfaden eingezogen wird.

Zwischen je zwei Bobbinsfäden sind bei dieser Bindung, wie dies schon bei

Zweites Kapitel: Die Bindungen der spitzenartigen Gewebe. 89

der Erörterung der Grundbindung gezeigt wurde, drei Fäden gespannt; ein Ketten- und zwei Spulenfäden. Der eine dieser letzteren wird in die eine, der zweite in die andere Spulenleiter eingezogen. Nun müssen die Bewegungen dieser Leitern mit denen der Schiffchen so combinirt werden, dass durch entsprechende Beeinflussung von Seite der Selectoren die durch die Muster bedingte Abwechslung in der Darstellung von Grund, einfacher und mehrfacher Leinwand eintrete. Diese Combination ist von Herrn Matitsch in seiner Patentschrift so getroffen, dass sich die Bewegungen nach vier Schiffchenbewegungen, also nach vier Bewegungs-Perioden wiederholen.

Die Erzeugung dieser Bindungsart ist in den Figuren 264—272 Taf. XVI, 273—281 Taf. XVII, und Fig. 282 Taf. XVIII dargestellt und musste hierbei eine grössere Anzahl von Bobbinsfäden in Betracht gezogen werden, um die gleichzeitige Bildung von Grund, einfacher und mehrfacher Leinwand vorführen zu können und zwar soll zwischen den ersten zwei Bobbinsfäden a und b einfache Leinwand, vor a und zwischen bc und cd Grund, und zwischen de, ef, fg aufgelegte Leinwand erzeugt werden.

Die Kettenfäden sind schwarz, die Spulenfäden, Gruppe I, sind weiss, die Spulenfäden Gruppe II sind gezwirnt dargestellt.

Die Kettenleiter steht ganz vorn, hinter derselben die Spulenleiter I, und hinter dieser die Spulenleiter II; es wird daher in der Kreuzung stets der Spulenfaden I oben liegen.

Die ursprüngliche Stellung der Ketten- und der beiden Spulenfäden rechts vom zugehörigen Bobbinsfaden wird wieder mit 0, die linksseitigen Stellungen mit $+1$, 2, 3 u. s. w., die rechtsseitigen mit -1, -2 u. s. w. bezeichnet.

Anfangsstellung.

Die Schiffchen stehen im hinteren Kamm.

Die Kettenleiter rückt um ein Schiffchen nach links, die Kettenfäden stehen daher sämmtlich in 1.

Die Spulenleitern bleiben stehen und belassen die Spulenfäden in 0.

Nun stechen die Selectoren ein und zwar, um oben erwähnte Absicht zu erreichen die Selectoren S_a, S_c und S_g.

Nach dem Einstiche bleibt die Kettenleiter in Ruhe, die Spulenleiter I rückt um ein Schiffchen nach rechts, die Spulenleiter II um ein Schiffchen nach links.

Die durch Selectoren nicht gehinderten Spulenfäden I gelangen daher in die Stellung -1; die durch Selectoren nicht beeinflussten Spulenfäden II gelangen in die Stellung 1.

Die durch die Selectoren beeinflussten Spulenfäden I und II bleiben in 0.

Wie aus Fig. 264 ersichtlich, stehen die Kettenfäden k_a bis k_g in 1; die Spulenfäden Gruppe I, σ_a σ_c σ_d σ_e, weil durch Selectoren nicht gehindert, in -1; die derselben Gruppe angehörenden Spulenfäden σ_b σ_f, weil durch Selectoren gehindert, in 0; von den der Gruppe II angehörenden Spulenfäden stehen s_b s_d s_e s_f, weil durch Selectoren nicht beeinflusst, in 1; die Spulenfäden s_a s_c s_g, weil durch Selectoren beinflusst, in 0.

1. Bewegung. Die Schiffchen treten aus dem hinteren in den vorderen Kamm.

Die Selectoren treten zurück und die Selectorstange rückt nur ein Schiffchen nach rechts.

Die Kettenleiter und Spulenleiter I bleibt in Ruhe.

Die Spulenleiter II rückt um zwei Schiffchen nach rechts.

Während also, wie aus Fig. 265 zu ersehen, die Kettenfäden in 1, die Spulenfäden I in — 1 bleiben, rücken die Spulenfäden II von 0 resp. 1 nach — 1, so dass jetzt alle Spulenfäden in — 1 stehen.

Nun stechen die Selectoren ein und zwar dieselben, die in Fig. 264, d. h. in der vorhergehenden Bewegung eingestochen, nur um ein Schiffchen nach rechts gerückt, daher S_a nicht mehr unter den Bobbinsfaden a und S_c nicht mehr unter c, sondern ersterer unter b, letzterer unter d.

Die Kettenleiter bleibt stehen.

Die Spulenleiter I rückt um ein Schiffchen nach rechts.

Die Spulenleiter II rückt um ein Schiffchen nach links.

Von den Spulenfäden I sind die durch Selectoren nicht gehinderten nach — 2 gekommen, die gehinderten in — 1 geblieben.

Von den Spulenfäden II sind die durch Selectoren nicht beeinflussten von — 1 nach 0 gelangt, die beeinflussten in — 1 zurückgehalten worden Fig. 266.

2. Bewegung. Die Schiffchen treten aus dem vorderen in den hinteren Kamm.

Die Selectoren treten zurück, die Selectorstange rückt um ein Schiffchen nach links, daher in ihre Normalstellung.

Die Kettenleiter bleibt in Ruhe.

Die Spulenleiter I rückt um ein Schiffchen nach links, bringt daher die betreffenden Spulenfäden nach — 1.

Die Spulenleiter II bleibt in Ruhe, die dazu gehörigen Spulenfäden daher in 0 Fig. 267.

Hierauf stechen die Selectoren ein und zwar dort, wo keine aufgelegte Leinwand gebildet werden soll, jetzt gezwirnt werden muss, alle Selectoren, daher S_a S_b S_c S_g und der vor a befindliche, den wir S_x nennen wollen.

Die Kettenleiter bleibt in Ruhe.

Die Spulenleiter I rückt um zwei Schiffchen nach links.

Die Spulenleiter II rückt um ein Schiffchen nach links.

Die durch die Selectoren nicht beeinflussten Spulenfäden I gelangen daher von — 1 nach 1; die beeinflussten werden in — 1 zurückgehalten.

Die durch die Selectoren nicht gehinderten Spulenfäden II kommen von 0 nach 1; die gehinderten bleiben in 0 Fig. 268.

3. Bewegung. Die Schiffchen treten aus dem hinteren in den vorderen Kamm.

Die Selectoren treten zurück und die Selectorstange rückt um ein Schiffchen nach rechts.

Die Kettenleiter rückt um ein Schiffchen nach rechts, bringt daher sämmtliche Kettenfäden von 1 nach 0.

Die Spulenleiter I rückt um zwei Schiffchen nach rechts und stellt ihre Fäden von 1 nach — 1.

Die Spulenleiter II rückt um ein Schiffchen nach rechts und befördert die ihr zugehörigen Spulenfäden alle nach 0 Fig. 269.

Nun stechen die Selectoren wieder ein und zwar dieselben Selectoren, die in der 2. Bewegung eingestochen haben, daher S_x S_a S_b S_c S_g nur um ein Schiffchen nach rechts verschoben.

Die Kettenleiter bleibt in Ruhe, die Kettenfäden in 0.

Die Spulenleiter I rückt um zwei Schiffchen nach rechts.

Die Spulenleiter II rückt um drei Schiffchen nach rechts.

Die von den Selectoren nicht beeinflussten Spulenfäden I gelangen dadurch von der Stellung — 1 in die Stellung — 3; die von den Selectoren beeinflussten Spulenfäden II bleiben in — 1.

Die Spulenfäden II, die in ihrer Bewegung durch die Selectoren nicht gehindert wurden, sind aus der Stellung 0 in die Stellung — 3 gerückt, die durch die Selectoren gehinderten sind in 0 geblieben Fig. 270.

4. Bewegung. Die Schiffchen treten aus dem vorderen in den hinteren Kamm.

Die Selectoren treten zurük und die Selectorstange rückt um ein Schiffchen nach links, d. h. in ihre Normalstellung. Die Kettenleiter rückt um ein Schiffchen nach links und bringt die Kettenfäden von 0 nach 1, wodurch eine Zwirnung, d. h. eine ganze Umdrehung der Ketten um die Bobbinsfäden stattgefunden hat.

Die Spulenleiter I rückt um drei Schiffchen nach links, wodurch sämmtliche dieser Spulenleiter angehörige Spulenfäden von —3 nach 0 gebracht werden.

Die Spulenleiter II rückt ebenfalls um drei Schiffchen nach links und stellt ihre Spulenfäden ebenfalls nach 0 Fig. 271.

Hierauf stechen die Selectoren ein. Da zwischen den Bobbinsfäden a und b einfache Leinwand, daher jetzt ein Kreuz gebildet werden, zwischen den Bobbinsfäden bc und cd ein Grundloch, zwischen de, ef und fg wieder aufgelegte Leinwand entstehen soll, müssen die Selectoren S_c und S_g einstechen.

Die Kettenleiter bleibt in Ruhe, die Kettenfäden daher in 1.

Die Spulenleiter I rückt um ein Schiffchen nach rechts.

Die Spulenleiter II rückt um ein Schiffchen nach links.

Die Spulenfäden I welche durch Selectoren in ihrer Bewegung nicht gehindert wurden, sind daher wie z. B. s_a s_c s_d s_e von 0 nach —1 gekommen, während die Spulenfäden s_b s_f durch die einstechenden Selectoren in 0 zurükgehalten werden.

Die Spulenfäden II und zwar s_a s_b s_d s_e s_f, die der Bewegung der Leitern frei zu folgen vermochten, sind demzufolge von 0 nach 1 gelangt, s_a hat sich über den Zwischenraum zwischen a und b gelegt und hat daher die Kreuzbildung der einfachen Leinwand begonnen, s_b zwirnt sich mit b, weil rechts von diesem Bobbinsfaden ein Grundloch entstehen soll; s_d s_e s_f nehmen an der Bindung der aufgelegten Leinwand theil. Die derselben Leiter angehörigen Spulenfäden s_c und s_g werden durch die Selectoren zurückgehalten, müssen daher in 0 bleiben und können an der Kreuzbildung nicht theilnehmen. Fig. 272.

5. Bewegung gleich der 1. Die Schiffchen treten aus dem hinteren in den vorderen Kamm.

Die Selectoren treten zurück und deren Stange rückt um ein Schiffchen nach rechts.

Die Kettenleiter bleibt in Ruhe.

Die Spulenleiter I bleibt in Ruhe.

Die Spulenleiter II rückt um zwei Schiffchen nach rechts, bringt ihre Spulenfäden daher von 1 nach —1. Fig. 273.

Nun stechen dieselben Selectoren ein, die in der 4. Bewegung eingestochen haben, daher S_c und S_g aber um ein Schiffchen weiter rechts, worauf die Spulenleiter I um ein Schiffchen nach rechts, die Spulenleiter II um ein Schiffchen nach links rückt.

Die nicht gehinderten Spulenfäden I rücken von —1 nach —2, die gehinderten bleiben in —1.

Die nicht gehinderten Spulenfäden II rücken von −1 nach 0, die gehinderten bleiben in −1. Fig. 274.

Dadurch hat sich nun der Spulenfaden s_x über den Zwischenraum zwischen den Bobbinsfäden a und b gelegt und da sich der Spulenfaden s_a schon in der 4. Bewegung über denselben Zwischenraum in entgegengesetzter Richtung gelegt hat, kreuzen sich jetzt die beiden Fäden und bilden einfache Leinwand zwischen a und b, während daneben nur gezwirnt wird, weshalb Grundlöcher entstehen, Fig. 274.

6. **Bewegung gleich der 2.** Die Schiffchen treten aus dem vorderen in den hinteren Kamm.

Die Selectoren treten zurück und rücken nach links in ihre Normalstellung.

Die Kettenleiter bleibt in Ruhe.

Die Spulenleiter I rückt um ein Schiffchen nach links und führt die Spulenfäden I von −2 nach −1.

Die Spulenleiter II bleibt in Ruhe, die Fäden in 0, Fig. 275.

Nun stechen die Selectoren ein, und da zwischen den ersten vier Bobbinsfaden keine Deckung stattfinden soll, zwischen den letzten vier Bobbinfäden aber ununterbrochen aufgelegte Leinwand entstehen soll, so stechen die Selectoren S_x, S_a, S_b, S_c ein.

Dann rückt die Spulenleiter I um zwei Schiffchen, die Spulenleiter II um ein Schiffchen nach links.

Dort, wo die Selectoren eingestochen haben, werden alle Spulenfäden in ihrer Bewegung gehindert, daher zur Zwirnung an ihrem Platz erhalten; dort aber, wo die Selectoren nicht eingestochen haben, legen sich die Spulenfäden I behufs Leinwandbildung über die drei Bobbinsfäden und begeben sich gewissermassen in diejenige Stellung, von der aus sie in der nächsten Bewegung gemeinschaftlich mit den Spulenfäden II durch Schwenkung nach rechts die aufgelegte Leinwand bilden sollen, Fig. 576.

7. **Bewegung gleich der 3.** Die Schiffchen treten aus dem hinteren in den vorderen Kamm.

Die Selectoren treten zurück und stellen sich um ein Schiffchen nach rechts.

Die Kettenleiter rückt um ein Schiffchen nach rechts, stellt daher ihre Fäden wieder nach 0.

Die Spulenleiter I rückt um zwei, die Spulenleiter II um ein Schiffchen nach rechts, Fig. 277.

Darauf stechen dieselben Selectoren ein, wie in Bewegung 6, und nun rückt die Spulenleiter I um zwei, die Spulenleiter II um drei Schiffchen nach rechts, zwischen den ersten vier Bobbinsfäden wird dadurch der Raum freigelassen, zwischen den vier letzten Bobbinsfäden wird er gedeckt, Fig. 278.

8. **Bewegung gleich der 4.** Die Schiffchen treten aus dem vorderen in den hinteren Kamm.

Die Selectoren treten zurück und rücken um ein Schiffchen nach links, daher in ihre Normalstellung.

Die Kettenleiter bringt ihre Fäden durch eine Bewegung um ein Schiffchen nach links wieder in die Stellung 1.

Die Spulenleiter I rückt um drei Schiffchen nach links, die Spulenleiter II rückt ebenfalls um drei Schiffchen nach links, die Spulenfäden stehen daher alle wieder in 0, Fig. 279.

Nun soll zwischen den Bobbinsfäden a und b wieder eine Kreuzung (einfache Leinwand), links von a und zwischen b und c soll ebenfalls eine Kreuzung entstehen, als Schluss der Grundlöcher, zwischen c und d soll der Zwischenraum noch immer frei bleiben, während zwischen den übrigen Bobbinsfäden fortdauernd aufgelegte Leinwand gebildet werden soll.

Es stechen demnach die Selectoren S_x, S_a, S_b, S_c, S_d, ein.

Hierauf rückt die Spulenleiter I um ein Schiffchen nach rechts, die Spulenleiter II ebenfalls um ein Schiffchen nach links.

Aus Fig. 280 ist ersichtlich, wie dadurch der erste Teil der Kreuzung links von a, zwischen ab und bc entsteht.

9. Bewegung gleich der 1. Die Schiffchen treten aus dem hinteren in den vorderen Kamm.

Die Selectoren treten zurück und stellen sich ein Schiffchen nach rechts.

Die Kettenleiter bleibt in Ruhe.

Die Spulenleiter I bleibt in Ruhe, ihre Fäden in —1.

Die Spulenleiter II rückt um zwei Schiffchen nach rechts, stellt ihre Fäden daher nach —1.

Die Spulenfäden II sind nun, wie aus Fig. 281 zu ersehen, so gestellt, dass sie den zweiten Teil der Kreuzung bilden resp. die Kreuzungen vollenden können, die in der vorhergegangenen Bewegung begonnen wurden. Zu diesem Behufe müssen sie in dieser Stellung erhalten werden und das geschieht durch das Einstechen derjenigen Selectoren, die in der Bewegung 8 eingestochen haben, also S_x, S_a, S_b, S_c, S_d.

Die Spulenleiter I rückt sodann wieder um ein Schiffchen nach rechts, die Spulenleiter II um ein Schiffchen nach links.

Links von a, zwischen ab und bc ist die Kreuzung vollendet, zwischen cd ist keine Deckung entstanden und zwischen den übrigen vier Bobbinsfäden ist an der aufgelegten Leinwand weiter gearbeitet worden, Fig. 282 Taf. XVIII u. s. w.

In der auf Seite 94 folgenden Tabelle XIII sind die Bewegungen übersichtlich dargestellt:

Durch die dargestellten Bewegungen ist bei der aufgelegten, dreifache Leinwand und da zwei Spulenfadensysteme in Anwendung kommen, eigentlich sechsfache Leinwand erzeugt worden; im Ganzen können hierbei jedoch zwischen je zwei Zwirnungsstellen der Kettenfäden zwölf Fäden eingebunden werden, woraus klar ist, dass diese in Folge der Wirkung der Nadel zusammengedrängt und über die Gewebefläche herausgehoben werden.

Ueberblickt man die im Vorhergehenden beschriebenen und in den entsprechenden Figuren dargestellten Bewegungen, so ergiebt sich:

1. Dass zur Bildung des Kreuzes zwischen zwei Bobbinsfäden der Spulenfaden I der links benachbarten Fadengruppe und der Spulenfaden II der eigenen Gruppe zur Verwendung kommen, so dass — wie aus den Figuren 279—282 ersichtlich — das Kreuz zwischen den Bobbinsfäden a und b durch s_x und s_a, das zwischen b und c durch s_a und s_b gebildet wurde.

    Man könnte daher auch die Fadengruppeneinteilung so treffen, dass rechts vom Bobbinsfaden der zugehörige Spulenfaden I zu stehen kommt.

2. Die Verschiebungsgrösse der Kettenleiter ist blos gleich einem Bobbinsfaden-Zwischenraum.

    Die Verschiebungsgrösse der beiden Spulenleitern ist gleich vier solchen Zwischenräumen, wenn die aufgelegte Leinwand aus dreifacher Leinwand bestehen soll; gleich fünf solchen Zwischenräumen, wenn sie aus vierfacher

Tabelle XIII.

Bewegungs-Periode	Bewegungs-Momente	Schiffchen-Bewegung: Die Schiffchen treten aus dem	in den	Leitern-Bewegung: die Kettenleiter rückt um ein Schiffchen nach	die Spulenleiter I rückt um ein	zwei	drei Schiffchen nach	die Spulenleiter II rückt um ein	zwei	drei Schiffchen nach	Selectoren-Bewegung: Beliebige durch das Bindungsgesetz bestimmte Selectoren	Selectorstangen-Bewegung: Die Selectorstange rückt um ein Schiffchen nach	Nadel-Bewegung: Die Nadelreihe vordere	hintere	Fadenstellung: die von den Selectoren nicht beeinflussten stehen in Kettenfäden	Spulenfäden I	Spulenfäden II
1. Bewegung	1. Moment	hinteren Kamm	vorderen Kamm														
	2. Moment										treten zurück	rechts			1	−1	−1
	3. Moment					rechts											
	4. Moment							links									
	5. Moment				rechts						stechen ein		sticht ein		1	−2	0
2. Bewegung	1. Moment	vorderen Kamm	hinteren Kamm														
	2. Moment										treten zurück	links			1	−1	0
	3. Moment				links												
	4. Moment					links			links								
	5. Moment							rechts			stechen ein		sticht ein		1	1	1
3. Bewegung	1. Moment	hinteren Kamm	vorderen Kamm														
	2. Moment										treten zurück	rechts			0	−1	0
	3. Moment			rechts		rechts			rechts								
	4. Moment						links										
	5. Moment									rechts	stechen ein		sticht ein		0	−3	−3
4. Bewegung	1. Moment	vorderen Kamm	hinteren Kamm														
	2. Moment			links							treten zurück	links			1	0	0
	3. Moment						links										
	4. Moment				rechts												
	5. Moment								links		stechen ein		sticht ein		1	−1	1

und gleich sechs solcher Zwischenräume, wenn sie aus fünffacher Leinwand bestehen soll u. s. w.

3. Jede Bewegungs-Periode ist, wie bei der Bildung der Square-net-Bindung, aus zwei Bewegungsgruppen gebildet, der vor und der nach dem Einstechen der Selectoren. Durch die erste Gruppe dieser Bewegungen — vor dem Einstich der Selectoren — werden die Fäden in eine vorbereitende Stellung gebracht, welche nach dem Einstechen des modificierenden Selectors durch die zweite Bewegungsgruppe in eine definitive verwandelt wird.

Die Herstellung der Kreuze bei der Bildung des Grundes und der einfachen Leinwand beginnt — wenn der Spulenfaden System II vorausgeht im 5. Moment der 4. Bewegung und wird im 5. Moment der 1. Bewegung beendet. Beginnt der Spulenfaden I die Kreuzbildung, so wird diese letztere im 3. Moment der 1. Bewegung vollendet.

Die Herstellung der mehrfachen Leinwand wird im 3. Bewegungs-Moment der 3. Bewegungs-Periode begonnen und im 5. Moment der 4. Bewegung geschlossen.

Auch die Verschiebung der Selectoren um ein Schiffchen nach rechts hat diese Bindung mit der erstbeschriebenen Art der Square-Bindung gemein.

Das in Fig. 329, Taf. XX dargestellte Gewebe ist mit diesem Grund und mit aufgelegter Leinwand hergestellt und zeigt, wie plastisch sich die Muster mit dieser Musterbindung erzeugen lassen. Die Füllungsbindung dieser Muster ist Matitsch-Grund, durch welchen auch die Schattirung gut zum Ausdruck gebracht werden kann.

B. Die Bindungen der schmalen Spitzen-Gewebe.

Die charakterisirenden Unterschiede, namentlich die formellen, zwischen diesen Spitzen im engeren Sinne und den vorher behandelten Geweben sind schon im Eingange zu Kapitel 2 hervorgehoben worden. Die technologischen Verschiedenheiten, welche sich namentlich auf die Art der Erzeugung und Construction beziehen, bestehen hauptsächlich darin, dass in der Maschine gleichzeitig eine grössere Anzahl von Spitzenstreifen nebeneinander und durch Fäden mit einander verbunden, hergestellt werden, so dass zu dem Rapport in vertikaler Richtung, welcher die Wiederholung des Musters in einem Spitzenstreifen markirt, auch noch ein Rapport in horizontaler Richtung hinzutritt, welcher die Grenze eines anderen Spitzenstreifens fixirt.

Es wird daher in der Maschine nur ein verhältnissmässig schmales Spitzengewebe erzeugt, welches nur behufs ökonomischer Ausnützung der hierzu nöthigen Bewegungsapparate in mehrfacher Wiederholung gleichzeitig hergestellt wird.

Ein weiterer, constructiver Unterschied zwischen den breiten und schmalen Spitzengeweben liegt darin, dass die ersteren entsprechend ihrer gewöhnlichen Bestimmung frei aufgehangen zu werden, d. h. sich selbst auf eine grössere Länge tragen zu müssen, eine grössere Festigkeit erhalten müssen, während gleichzeitig die Breite des Gewebes eine weniger filigrane Ausbildung der Formen, d. h. der Anwendung festerer stärkerer Fäden gestattet; während die zum Annähen an andere Gewebe bestimmten Spitzen im engeren Sinne dieser Festigkeit nicht bedürfen, da ja in Folge ihrer geringen Breite, d. h. ihres geringen Gewichtes die durch das Eigengewicht bedingte Beanspruchung der Fäden auf Zug nicht berücksichtigt zu werden braucht.

Es können daher feinere schwächere Fäden in Anwendung kommen, was gleichzeitig mit der hier häufig geforderten Feinheit der Spitzen übereinstimmt.

Hier wie bei den breiten Spitzengeweben können wir
  a) Grundbindungen,
  b) Musterbindungen
unterscheiden.

a. Die Grundbindungen.

Es werden hier grösstentheils dieselben Grundbindungen in Anwendung gebracht wie bei den breiten Spitzengeweben, nur ist die Construction hier und da etwas geändert. Wir haben daher folgende Grundbindungen zu nennen:
  1. Der China-Loup oder englische Grund,
  2. Der französische Grund,
  3. Der Square-Grund,
  4. Der Fillet-Grund,
  5. Der Mocktravers-Grund,
  6. Der Ensors-net-Grund.

Dieselben sollen in Folgendem genauer beschrieben werden.

1. Der China-Loup oder englische Grund.

Die charakteristischen Eigenschaften dieser Bindung sind schon bei den breiten Spitzengeweben eingehend behandelt worden: ich beschränke mich daher hier darauf die wenigen unterscheidenden Merkmale zwischen dieser Bindung bei den breiten und schmalen Spitzengeweben hervorzuheben und die Erzeugung dieser Bindung bei den letzterwähnten Geweben zu beschreiben.

Da die schmalen Spitzengewebe eine feinere Textur verlangen, so werden zur Herstellung des China-Grundes gewöhnlich nur zwei Fadensysteme verwendet, während bei der Erzeugung derselben Grundbindung bei den breiten Spitzengeweben drei solcher Fadensysteme in Anwendung kommen.

Die Fig. 283 Taf. XVII zeigt eine solche Bindung, die nur aus Ketten- und Bobbinsfäden besteht, in ihren sonstigen Bindungsgesetzen aber genau mit dem China-Grunde der breiten Spitzengewebe übereinstimmt

Was nun den technologischen Prozess der Erzeugung dieser Bindung betrifft, so kann der bei den breiten Geweben dieser Bindungsart beschriebene Apparat, das sind die Selectoren, in Anwendung kommen, wenn ausser dem Grundgewebe nur mehrfache Leinwand gebildet wird; wenn aber die mit dem Grunde verbundenen Muster durch dickere, über eine sehr grosse Anzahl von Bobbinsfäden-Zwischenräumen hinwegreichende Fäden eingefasst und gefüllt werden sollen, dann tritt an die Stelle der Selectoren, die auf Seite 41 beschriebene und in den Figuren 115—118 Taf. VII dargestellte **Hackenstange**, da die Selectoren mit ihren vorstehenden Spitzen die Bewegungen der starken Fäden zu hindern vermöchten.

Genau dieselbe Bindung, nur ein Fadensystem weniger, die bei der Erzeugung der breiten Spitzengewebe mit den Selectoren hergestellt wurde, muss jetzt mit der Hackenstange und den sogenannten *bottom-bars*, Grundstangen, Grundleitern erzeugt werden — der Prozess ist aus den Figuren 284—290 Taf. XVIII zu ersehen.

Die bildliche Darstellung ist analog den vorhergehenden Darstellungen; die Kettenfäden sind weiss belassen, die Bobbinsfäden gezwirnt dargestellt, die länglichen Vierecke am Ende der Bobbinsfäden deuten wie bisher die Schiffchen — die Bobbins — an. Die unter diesen Bobbins sichtbaren schwarzen Kreisflächen sollen den Schnitt durch die Querbolzen der Hackenstange repräsentiren. Unter dieser Hackenstange liegen dann die *bottom-bars*, Leitern mit Oesen, wie die bisher beschriebenen Leitern.

Die Hackenstange erhält eine hin- und hergehende Bewegung, deren Grösse gleich einem Bobbinsfaden-Zwischenraum ist. Die *bottom-bars* werden durch die Slides, unter Einwirkung des Jaquard-Apparates, wenn es die Bindung erheischt immer um dieselbe Grösse nach rechts gezogen. Diese Grösse muss so berechnet sein, dass sich die dadurch bewegten Kettenfäden mit Sicherheit an den rechtsseitig benachbarten Hacken anlegen auch dann, wenn gleichzeitig die Hackenstange nach rechts bewegt wurde. Wenn nur China-Grund gebildet werden soll, dann genügen zwei Grundstangen in deren jede abwechselnd jeder zweite Faden eingezogen wird. Soll nur einfache Leinwand gebildet werden, so würde eine Grundstange genügen. Gewöhnlich ist jedoch weder das eine noch das andere ausschliesslich der Fall und beides Grund und Leinwand werden in einer Spitze combinirt.

Die Bildung der horizontalen Verbindungen zwischen zwei Bobbinsfäden kann auf zweierlei Weise geschehen: entweder durch die Kettenfäden, die dann allerdings nicht von Kettenbäumen, sondern von Spulen abgewickelt und dann wol als Spulenfäden bezeichnet werden müssten, oder durch die Bobbinsfäden, wie dies in der folgenden Darstellung der Bindung auch angenommen ist.

Die Fig. 284 Taf. XVIII zeigt das begonnene Gewebe in einer derjenigen Stellungen, bei welcher sich die Schiffchen im hinteren Kamm befinden. Von den Kettenfäden 1, 2, 3 etc. ist je einer zwischen zwei Hacken der Hackenstange eingezogen, so dass

der Kettenfaden 1 zwischen den Hacken I und II
„   „   2   „   „   „   II und III
„   „   3   „   „   „   III und IV

u. s. w. steht.

Die Kettenfäden 1, 3, d. h. die mit ungeradem Stellenzeiger, sind in die vordere Grundstange, die Kettenfäden 2, 4, d. h. die mit geradem Stellenzeiger, sind in die hintere Grundstange eingezogen.

Die Figuren geben sowie bisher den Moment wieder, in dem die Schiffchen ihre Bewegung beginnen, daher die vor der Schiffchenbewegung nothwendige, durch die Bindung bedingte Stellung der Kettenfäden schon vollendet ist.

Anfangsstellung, Fig. 284.

Die Schiffchen stehen im hinteren Kamm.

Die Hackenstange steht in ihrer Linksstellung.

Die Grundstangen stehen ebenfalls in ihrer Links- d. h. Normalstellung, wodurch alle Kettenfäden gezwungen sind, sich an den links benachbarten Hacken anzulegen und in die Stellung 1 zu kommen, wenn wir als solche — wie bisher — diejenige Stellung bezeichnen, bei welcher die Fäden um einen Bobbinsfaden-Zwischenraum nach links aus der geraden Normalstellung verschoben sind.

1. Bewegung. Die Schiffchen treten aus dem hinteren in den vorderen Kamm.

Die Hackenstange rückt um ein Schiffchen nach rechts.

Die vordere Grundstange wird durch den Jaquard-Apparat nach rechts gezogen, so dass sich die mit denselben verbundenen Kettenfäden 1, 3 an den rechtsseitig benachbarten Hacken II, IV anlegen und dadurch aus der Stellung 1 in die Stellung —1 kommen.

Die hintere Grundstange bleibt in Ruhe, so dass die mit dieser verbundenen Kettenfäden 2, 4 an den linksseitig benachbarten Hacken II, IV der Hackenstange anliegen bleiben. Dieselben folgen daher nur der Bewegung der Hackenstange um einen Bobbinsfaden-Zwischenraum, kommen daher von 1 nach 0 und bleiben hier stehen. Fig. 285.

Durch diese Bewegung sind die Bobbinsfäden *a*, *c* und *e* zu ihren Kettenfäden 1, 3 und 5 zurückgekehrt und haben die horizontale Schlinge, die Verbindung zwischen den Kettenfäden 0 und 1, 2 und 3, 4 und 5 vollendet.

2. Bewegung. Die Schiffchen treten aus dem vorderen in den hinteren Kamm. Die Hackenstange rückt um ein Schiffchen nach links.

Die vordere Grundstange, sowie die hintere werden vom Jaquard-Apparat nicht berührt, die erstere kehrt daher in ihre Linksstellung zurück, die letztere bleibt in ihrer Linksstellung, so dass nun alle Fäden wieder an den linksseitig benachbarten Hacken anliegen.

Die Kettenfäden 1 und 3 sind daher von der Stellung —1 nach +1, die Kettenfäden 2 und 4 von 0 nach 1 zurückgekehrt.

Durch diese Bewegung wurde der Bobbinsfaden *b* zum Kettenfaden 1, der Bobbinsfaden *d* zum Kettenfaden 3 herübergezogen und um diese herumgeschlungen, Fig. 286.

3. Bewegung. Die Schiffchen treten aus dem hinteren in den vorderen Kamm. Die Hackenstange rückt um ein Schiffchen nach rechts.

Die hintere Grundstange oder Kettenleiter wird vom Jaquard-Apparat nach rechts bewegt, dadurch werden die damit verbundenen Kettenfäden 2, 4 an den rechtsseitig benachbarten Hacken III und V angelegt und daher aus der Stellung 1 nach —1 gebracht.

Die vordere Grundstange ist in Ruhe verblieben und die mit dieser verbundenen Kettenfäden daher nur durch die Hackenstange um ein Schiffchen bewegt, daher aus der Stellung 1 nach 0 gebracht.

Durch diese Bewegungen sind die Schlingen zwischen den Kettenfäden 1 und 2, 3 und 4 vollendet worden. Fig. 287.

Die Kettenfäden 5, 6, 7, 8 bilden schon einfache Leinwand.

4. Bewegung. Die Schiffchen treten aus dem vorderen in den hinteren Kamm. Die Hackenstange rückt um ein Schiffchen nach links.

Die vordere Grundstange bleibt in Ruhe, die damit verbundenen Kettenfäden 1 und 3 bleiben an ihren linksseitig benachbarten Hacken I und III auch weiter anliegen und rücken daher mit der Hackenstange um ein Schiffchen nach links d. h. aus der Stellung 0 nach 1.

Die hintere Grundstange ist vom Jaquard-Apparat ausgelöst, wieder in ihre äusserste Linksstellung zurückgekehrt, hat dadurch die damit verbundenen Kettenfäden 2 und 4 zur Anlage an ihre linksseitig benachbarten Hacken II und IV und daher aus der Stellung —1 nach 1 gebracht. Fig. 288.

Durch diese Bewegungen wurden die Bobbinsfäden *c* und *e* durch die Kettenfäden 2 und 4 erfasst und nach links zur Schlingenbildung gezogen.

Mit dieser Bewegung ist der Rapport dieser Grundbindung erreicht. Alle Organe in Fig. 288 haben dieselbe Stellung wie in Fig. 284.

Diese Bewegungen sind übersichtlich in der folgenden Tabelle XIV dargestellt.

Zweites Kapitel: Die Bindungen der spitzenartigen Gewebe. 99

Tabelle XIV.

Bewegungs-Periode	Bewegungs-Momente	Schiffchen-Bewegung		Hackenstangen-Bewegung	Grundstangen-Bewegung		Nadel-Bewegung		Fadenstellung am Schlusse der Bewegung	
		Die Schiffchen bewegen sich		Die Hackenstange rückt um ein Schiffchen nach	Der Jaquard-Apparat rückt die		Die		Die Kettenfäden mit	
		aus dem	in den		vordere	hintere	vordere	hintere	ge-radem	unge-radem
					Grundstange nach		Nadelstange		Stellenzeiger stehen in	
1. Bewegung	1. Moment	hinteren Kamm	vorderen Kamm					sticht ein		
	2. Moment			rechts	rechts				0	−1
2. Bewegung	1. Moment	vorderen Kamm	hinteren Kamm				sticht ein			
	2. Moment			links	links				1	1
3. Bewegung	1. Moment	hinteren Kamm	vorderen Kamm					sticht ein		
	2. Moment			rechts	rechts				−1	0
4. Bewegung	1. Moment	vorderen Kamm	hinteren Kamm				sticht ein			
	2. Moment			links	links				1	1

Aus der Tabelle ist zu ersehen, dass die Hackenstange regelmässig im 2. Moment einer jeden Bewegungs-Periode eine Bewegung nach links oder rechts macht, während die Grundstangen abwechselnd nach je vier Bewegungen durch die Hilfs-Platinen des Jaquard-Apparates nach rechts gezogen werden.

Ein solcher Grund ist in den Figuren 331 und 332 Taf. XXI zur Anwendung gebracht.

2. Der französische Grund.

Dieser Grund wird bei den schmalen Spitzen nicht selten zur Anwendung gebracht, aber beinahe niemals in Gemeinschaft mit stärkeren Einfassungsfäden für die Muster. Diese letzteren werden dann gewöhnlich ebenfalls durch französische resp. Doppelleinwand gebildet, wobei sich die Erzeugung gar nicht von der der breiten Spitzengewebe unterscheidet und daher hier weiter nicht besprochen zu werden braucht.

3. Der Square-Grund.

Dieser Grund wird ebenfalls sehr häufig bei der mechanischen Spitzenerzeugung in Anwendung gebracht und zwar so wie der englische Grund in etwas feinerer Construction, wie dies aus Fig. 300 Taf. XVII ersichtlich, so dass auch hier statt drei — wie bei den breiten Spitzengeweben — nur zwei Fadensysteme zur Verwendung kommen.

Die charakteristischen Merkmale der Construction dieses Grundes sind bei den breiten Geweben genügend erörtert worden. Die Erzeugung dieses Grundes mit der Hacken- und den Grundstangen ist in den Fig. 291—299 Taf. XVIII dargestellt.

Die Anordnung ist auch hier so wie bei der Erzeugung des englischen Grundes so getroffen, dass zwischen je zwei Bobbinsfäden ein Spulenfaden zu stehen kommt. Die Spulenfäden sind durch die Oeffnungen der Hackenstange in der Weise durchgezogen, dass der Spulenfaden 1 zwischen den Hacken I und II, der Spulenfaden 2 zwischen den Hacken II und III, der Spulenfaden 3 zwischen den Hacken III und IV u. s. w. steht. Ausserdem sind diese Spulenfäden noch durch *bottom-bars* hindurchgezogen, von welchen, so lange blos der Square-Grund erzeugt werden soll, zwei notwendig sind, in welche abwechselnd jeder zweite Spulenfaden eingezogen wird.

Da die Construction der Bindung es erheischt, dass jeder Spulenfaden bei der Bildung der einen Knotenreihe mit dem vom eigenen links stehenden Bobbinsfaden und bei der Bildung der darauf folgenden Knotenreihe mit dem rechts stehenden Bobbinsfaden sich verbinde, so muss jeder Spulenfaden das Gebiet von drei Bobbinsfäden beherrschen, das des eigenen und das des links und rechts benachbarten. Dadurch ist aber auch nothwendig, dass die Hackenstange eine grössere Bewegung ausführt als bei der Herstellung des englischen Grundes, da in diesem letzteren Falle der Kettenfaden nur das Gebiet zweier benachbarter Bobbinsfäden zu berühren hatte.

Während daher bei der Herstellung des englischen Grundes die Grösse der Bewegung der Hackenstange gleich einem Bobbinsfaden-Zwischenraum war, wird dieselbe bei der Herstellung des Square-Grundes gleich zwei solchen Zwischenräumen sein; die Hackenstange hat daher eine hin- und hergehende Bewegung über zwei Schiffchen auszuführen.

Die Grösse der Bewegung der Grundstangen bleibt dieselbe wie bei der Bildung des Loup-Grundes, d. h. so gross, dass die Spulenfäden selbst bei der Rechtsstellung der Hackenstange an ihren rechtsseitig benachbarten Hacken mit Sicherheit anliegen.

Die Fig. 291 Taf. XVIII zeigt das schon begonnene Gewebe in dem Moment, in welchem die erste Knotenreihe gebildet werden soll und zwar soll diese durch Spulenfäden 1 und 2 mittelst der Bobbinsfaden a und b zur Herstellung gelangen.

Anfangsstellung Fig. 291.

Die Schiffchen stehen im hinteren Kamm.

Die Hackenstange steht in ihrer Linksstellung, in welcher der Hacken II wie aus der Fig. zu ersehen links vom Bobbinsfaden a, der Hacken III zwischen a und b, der Hacken IV zwischen b und c u. s. w. steht.

Die vordere Grundstange mit welcher hier die Spulenfaden mit geradem Stellenzeiger, also 2, 4 u. s. w. verbunden gedacht werden sollen ist in Ruhe, d. h. in der Linksstellung verblieben, die mit ihr verbundenen Spulenfaden liegen daher an ihren linksseitig benachbarten Hacken und zwar Spulenfaden 2 an Hacken II, Spulenfaden 4 an Hacken IV u. s. w. an, wodurch in Folge der Linksstellung der Hackenstange diese Spulenfaden in die Stellung 1 gekommen sind. Die Normalstellung der Spulenfäden ist hier links vom eigenen Bobbinsfaden (mit dem sie sich zwirnen) gedacht; so dass der Spulenfaden 1 links vom Bobbinsfaden a, Spulenfaden 2 links vom Bobbinsfaden b, d. h. zwischen a und b; Spulenfaden 3 zwischen b und c u. s. w. ihre Normalstellung haben. Diejenige Stellung bei welcher die Spulenfäden um einen Bobbinsfaden nach links verschoben sind wird — wie bisher — als Stellung 1, die bei welcher dieselben um einen Bobbinsfaden nach rechts verschoben sind mit —1 und bei welcher sie um zwei Bobbinsfäden nach rechts verschoben sind mit —2 bezeichnet.

Die hintere Grundstange ist durch die Hilfsplatinen — Slider — durch Einwirkung des Jaquards nach rechts verschoben, steht in ihrer Rechtsstellung, die mit ihr verbundenen Spulenfäden mit ungeradem Stellenzeiger 1, 3, 5 u. s. w. sind daher an ihren rechtsseitig benachbarten Hacken angelegt, d. h. Spulenfaden 1 an den Hacken II, Spulenfaden 3 an den Hacken IV u. s. w., dieselben stehen daher — wie aus der Figur ersichtlich — und zwar 1 links von a, 3 zwischen b und c d. h. in ihrer Normal-Null-Stellung.

1. Bewegung. Die Schiffchen treten aus dem hinteren in den vorderen Kamm.

Die Hackenstange rückt um zwei Schiffchen nach rechts; dadurch kommt der Hacken II zwischen b und c, der Hacken III zwischen c und d u. s. w. zu stehen.

Die Grundstangen bleiben in Ruhe oder besser gesagt, wenn der Jaquard während der Schiffchenbewegung seine Rückbewegung gemacht hat, so muss derselbe jetzt wieder die hintere Grundstange nach rechts ziehen, damit an der Gruppierung der Spulenfäden in der Anfangsstellung nichts geändert werde; es muss daher die vordere Grundstange in ihrer Linksstellung, die hintere Grundstange in ihrer Rechtsstellung verharren.

Die Spulenfäden mit ungeradem Stellenzeiger 1, 3 u. s. w. sind dadurch aus der Stellung 0 in die Stellung —2 gekommen; die Spulenfäden mit geradem Stellenzeiger 2, 4 u. s. w. aus der Stellung 1 in die Stellung —1.

Die zu zweien gruppierten Spulenfäden 1 und 2 stehen daher zwischen den Bobbinsfäden b und c; Spulenfäden 3 und 4 zwischen den Bobbinsfäden d und e u. s. w., sie umfassen daher auf der Rückseite diejenigen Bobbinsfäden, mit welchen sie gerade jetzt zur Knotenbildung verbunden werden sollen. Fig. 292.

Hiermit ist die Bildung der ersten Knotenreihe vollendet und es beginnt wieder das Zwirnen der Spulenfäden mit den zugehörigen Bobbinsfäden, zu welchem Behufe die Gruppierung der Spulenfäden zu zweien aufgehoben werden muss.

2. Bewegung. Die Schiffchen treten aus dem vorderen in den hinteren Kamm, wodurch — streng genommen — die Knotenbildung erst vollendet wird.

Die Hackenstange rückt um zwei Schiffchen nach links, der Hacken II kommt daher wieder links vom Bobbinsfaden a zu stehen, wie dies in der Anfangsstellung der Fall war.

Die vordere Grundstange mit den Spulenfäden mit geradem Stellenzeiger wird durch die Hilfsplatinen nach rechts gerückt; der Spulenfaden 2, welcher bisher an seinem links benachbarten Hacken II anlag, legt sich dadurch an seinen rechts benachbarten Hacken III an; der Spulenfaden 4, welcher bisher an dem Hacken IV anlag, legt sich jetzt an den Hacken V an u. s. w.

Die hintere Grundstange mit den Spulenfäden mit ungeradem Stellenzeiger wird wieder, wie bisher nach rechts gezogen, der Spulenfaden 1 liegt daher, wie bisher an dem Hacken II, der Spulenfaden 3 an dem Hacken IV an u. s. w.

Sämmtliche Spulenfäden stehen daher, wie aus der Fig. ersichtlich, in der Stellung 0, d. h. links von den eigenen Bobbinsfäden. Fig. 293.

3. Bewegung. Die Schiffchen treten aus dem hinteren in den vorderen Kamm.

Die Hackenstange rückt um zwei Schiffchen nach rechts.

Beide Grundstangen werden in Ruhe belassen, bleiben daher in ihrer Linksstellung. Sämtliche Spulenfäden legen sich daher an ihre linksseitig benachbarten Hacken an, Spulenfaden 1 an den Hacken I, Spulenfaden 2 an den Hacken II, 3 an III u. s. w., sie werden daher nur durch die Bewegung der Hackenstange beeinflusst, deren Hacken I wieder, wie in Fig. 292, zwischen den Bobbinsfäden a und b, II zwischen b und c, III zwischen c und d stehen.

Sämtliche Spulenfäden sind daher aus der Stellung 0 in die Stellung —1 gebracht, um sich mit den Bobbinsfäden zu zwirnen. Fig. 294.

4. Bewegung. Die Schiffchen treten aus dem vorderen in den hinteren Kamm.

Die Hackenstange rückt um zwei Schiffchen nach links, steht daher so, wie in den Figuren 291 und 293.

Beide Grundstangen, d. h. sämtliche Spulenfäden, werden durch die Hilfsplatinen — Slides — nach rechts gezogen, so dass sich sämtliche Spulenfäden an ihre rechtsseitig benachbarten Hacken, also Spulenfaden 1 an Hacken II, 2 an III, 3 an IV u. s. w. anlegen, wodurch sämtliche Spulenfäden aus der Stellung —1 in die Stellung 0 gebracht werden, wodurch das Zwirnen weiter fortgesetzt werden kann. Fig. 295.

Die Spulenfäden 5, 6, 7, 8 haben in dieser Figur eine andere Stellung, die jedoch mit der Erzeugung der Grundbindung nichts zu thun hat, sondern schon der Leinwand- resp. Musterbindung angehört.

5. Bewegung. Die Schiffchen treten aus dem hinteren in den vorderen Kamm.

Die Hackenstange rückt um zwei Schiffchen nach rechts, der Hacken I steht, wie in den Fig. 292 und 294, zwischen den Bobbinsfäden a und b, II zwischen b und c u. s. w.

Beide Grundstangen bleiben in Ruhe, d. h. in ihrer Linksstellung, die Spulenfäden legen sich daher sämtlich an ihre linksseitig benachbarten Hacken und zwar Spulenfaden 1 an Hacken I, 2 an II, 3 an III u. s. w., sie sind daher ausschliesslich durch die Bewegung der Hackenstange aus ihrer Stellung 0 in die Stellung —1 gekommen, behufs Fortsetzung des Zwirnens. Fig. 296. Die Spulenfäden 5, 6 u. s. w. sind in der Bildung der einfachen Leinwand begriffen.

Nun beginnt wieder die Herstellung einer Knotenreihe und zwar der zweiten, gegen die erste versetzte Knotenreihe.

Während die erste Knotenreihe durch die Verschlingung der Spulenfaden 1 und 2 mit den Bobbinsfäden a und b, der Spulenfäden 3 und 4 mit den Bobbinsfaden c und d, von 5 und 6 mit e und f u. s. w. gebildet wurde, muss diese zweite Knotenreihe durch die Verschlingung der Spulenfäden 2 und 3 mit den Bobbinsfäden b und c gebildet werden; während die Knoten der 1. Reihe zwischen die Bobbinsfäden a und b, c und d u. s. w. fielen, fallen die der 2. Reihe zwischen die Bobbinsfäden b und c. Die Spulenfäden 1 und der links davon stehende, sowie die Spulenfäden 2 und 3 müssen daher wieder zu Gruppen verbunden werden.

6. Bewegung. Die Schiffchen treten aus dem vorderen in den hinteren Kamm.

Die Hackenstange rückt um zwei Schiffchen nach links, so dass der Hacken II wieder — wie in den Figuren 291, 293 und 295 — links von dem Bobbinsfaden a zu stehen kommt.

Die vordere Grundstange mit den Spulenfäden mit geradem Stellenzeiger, also 2 und 4 wird durch die Hilfsplatine nach rechts, also in die Rechtsstellung gezogen; die Spulenfäden 2 und 4 legen sich daher an ihre rechtsseitig benachbarten Hacken, daher der Spulenfaden 2 an den Hacken III, 4 an V an, wodurch dieselben in ihre 0-Stellung kommen.

Die hintere Grundstange mit den ungeraden Spulenfäden bleibt in Ruhe, d. h. in ihrer Linksstellung; die mit denselben verbundenen Spulenfäden in ihrer Anlage an die linksseitigen Hacken, 1 an I, 3 an III. Fig. 297.

7. Bewegung. Die Schiffchen treten aus dem hinteren in den vorderen Kamm.

Die Hackenstange rückt um zwei Schiffchen nach rechts, so dass der Hacken II wieder zwischen die Bobbinsfäden b und c zu stehen kommt, wie in den Figuren 292, 294, 296.

Zweites Kapitel: Die Bindungen der spitzenartigen Gewebe.

Die vordere Grundstange mit den Spulenfäden mit geradem Stellenzeiger rückt in ihre Rechtsstellung und bringt diese Faden zur Anlage an ihre rechtsseitig benachbarten Hacken, daher den links von 1 stehenden Spulenfaden zur Anlage an den Hacken I, den Spulenfaden 2 an den Hacken III, wodurch diese Fäden aus der Stellung 0 in die Stellung −2 gebracht wurden.

Die hintere Grundstange mit den Spulenfäden 1, 3 ist in Ruhe verblieben, daher die letzteren nur durch die Hackenstange und zwar von der Stellung 1 nach −1 gebracht wurden. Fig. 298.

8. Bewegung. Die Schiffchen treten aus dem vorderen in den hinteren Kamm wodurch die Bildung der zweiten Knotenreihe vollendet wird und das Zwirnen der Spulen- und Bobbinsfäden beginnt, zu welchem Behufe die für die Knotenbildung hergestellten Spulenfadengruppen wieder aufgelöst werden müssen.

Die Hackenstange rückt um zwei Schiffchen nach links. Beide Grundstangen werden wie in der 2. Bewegung durch die Hilfsplatinen nach rechts gezogen, so dass sich sämmtliche Spulenfäden an die rechtsseitig benachbarten Hacken anlegen, also Spulenfaen 1 an den Hacken II, 2 an III, 3 an IV, wodurch alle Spulenfäden, die an der Bindung theilnehmen in die Stellung 0 gebracht werden. Fig. 299.

Es folgen nun vier Bewegungen, die ausschliesslich zum Zwirnen der Spulen- und Bobbinsfäden dienen und die in ihren Fadenstellungen, den Stellungen in Fig. 294, 295 und 296 gleichen.

Nach der vierten Bewegung — Schiffchen aus dem vorderen in den hinteren Kamm — tritt genau diejenige Fadenstellung ein, die in Fig. 291 dargestellt ist und durch welche der Rapport erreicht ist.

Der Rapport umfasst daher bei dieser Grundbindung zwölf Schiffchenbewegungen; er würde nur 6 solcher Bewegungen beanspruchen, wenn die Knoten immer zwischen denselben Bobbinsfäden gebildet würden, da die 9. Bewegung der 3., die 10. der 4. u. s. w. vollkommen gleicht. Die Verlängerung des Rapportes um ganze 6 Bewegungen also um das Doppelte ist nur durch die Versetzung der Knoten herbeigeführt.

Die auf Seite 104 folgende Tabelle XV wird einen guten Ueberblick über diese Bewegungen geben.

Aus dieser Tabelle ist wieder ganz deutlich zu ersehen, dass die Hackenstange ohne Unterbrechung eine regelmässige hin- und hergehende Bewegung macht.

Von den Grundstangen wird während der Knotenbildung immer nur eine vom Jaquard bewegt; ist bei der Bildung der ersten Knotenreihe die vordere Grundstange in Bewegung gesetzt worden, so wird bei der Bildung der darauf folgenden zweiten Knotenreihe nur die hintere Grundstange bewegt.

Während des Zwirnens werden beide Grundstangen nach jeder zweiten Bewegung nach rechts gezogen.

Die Linksbewegung der Grundstangen ist in der Tabelle nicht angegeben, da sie bei dem verwendeten Bewegungs-Apparate, dem Jaquard, selbstverständlich ist. Die Hilfsplatinen ziehen die durch den Jaquard-Apparat bestimmten Grundstangen nach rechts und erhalten sie in dieser Stellung so lange, bis die darauf folgende Schiffchenbewegung erfolgt ist, worauf die Grundstange während des Zurückgehens des Messers der Hilfsplatinen durch eine Feder zurückgezogen wird, um gleich darauf — wenn durch die Bindung geboten — wieder nach rechts zu gehen.

Diese Grundbindung ist in den Figuren 334, 335 und 336 Taf. XXI in Anwendung gebracht.

Erster Abschnitt: Die Bindungen.

Tabelle XV.

Bindung	Bewegungs-Periode	Bewegungs-Momente	Schiffchen-Bewegung		Hackenstangen-Bewegung	Grundstangen-Bewegung		Nadel-Bewegung		Fadenstellung am Schlusse der Bewegung	
			Die Schiffchen treten		Die Hackenstange rückt um zwei Schiffchen nach	Der Jaquard-Apparat rückt die		Die		Die Spulenfäden mit	
						vordere	hintere	vordere	hintere	geradem	ungeradem
			aus dem	in den		Grundstange nach		Nadelstange		Stellenzeiger stehen in	
Knotenbildung	1. Bewegung	1. Moment	hinteren Kamm	vorderen Kamm				sticht ein			
		2. Moment				rechts	rechts			−1	−2
Zwirnen	2. Bewegung	1. Moment	vorderen Kamm	hinteren Kamm				sticht ein			
		2. Moment			links	rechts	rechts			0	0
	3. Bewegung	1. Moment	hinteren Kamm	vorderen Kamm				sticht ein			
		2. Moment			rechts					−1	−1
	4. Bewegung	1. Moment	vorderen Kamm	hinteren Kamm				sticht ein			
		2. Moment			links	rechts	rechts			0	0
	5. Bewegung	1. Moment	hinteren Kamm	vorderen Kamm				sticht ein			
		2. Moment			rechts					−1	−1
Knotenbildung	6. Bewegung	1. Moment	vorderen Kamm	hinteren Kamm				sticht ein			
		2. Moment			links	rechts				0	1
	7. Bewegung	1. Moment	hinteren Kamm	vorderen Kamm				sticht ein			
		2. Moment			rechts	rechts				−2	−1
Zwirnen	8. Bewegung	1. Moment	vorderen Kamm	hinteren Kamm				sticht ein			
		2. Moment			links	rechts	rechts			0	0
	9. Bewegung	1. Moment	hinteren Kamm	vorderen Kamm				sticht ein			
		2. Moment			rechts					−1	−1
	10. Bewegung	1. Moment	vorderen Kamm	hinteren Kamm				sticht ein			
		2. Moment			links	rechts	rechts			0	0
	11. Bewegung	1. Moment	hinteren Kamm	vorderen Kamm				sticht ein			
		2. Moment			rechts					−1	−1
Knotenbildung	12. Bewegung	1. Moment	vorderen Kamm	hinteren Kamm				sticht ein			
		2. Moment			links		rechts			1	0

Zweites Kapitel: Die Bindungen der spitzenartigen Gewebe. 105

4. Der Fillet-Grund.

Dieser auf Taf. X Fig. 171 dargestellte und auf Seite 58 beschriebene Grund wird, so wie der Square-net, nur durch Zwirnen und Knotenbildung hergestellt und kann daher ebenfalls mit der Hackenstange und Grundstangen zur Ausführung gebracht werden, nur müssten eine bedeutend grössere Anzahl von Grundstangen zur Anwendung kommen, da die Knoten nicht in einer Reihe stehen, sondern ganz unregelmässig auf der Gewebefläche verteilt sind, daher gleichzeitig und nicht nacheinander, wie beim Square-net-Grund, die Knotenbildung und das Zwirnen vor sich gehen muss. Wird jeder Spulenfaden eines Spitzenstreifens in eine besondere Grundstange eingezogen, so ist die Herstellung des Grundes nur Sache des Jaquard-Apparates. Im Wesen ist zwischen dieser und der Square-net-Bindung kein Unterschied.

5. Der Mocktravers-Grund.

Da dieser Grund die Bobbinet-Bindung imitirt, so wird derselbe ziemlich häufig bei der Erzeugung der schmalen Spitzengewebe in Anwendung gebracht.

Die Herstellung dieses Grundes mit der Hacken- und den Grundstangen ist in den Figuren 301—305 Taf. XIX dargestellt. Durch die Anwendung der Hacken- und Grundstangen ist allerdings keine Ersparung an Leitern erreicht, denn es müssen wie dort sechs Leitern, hier sechs Grundstangen trotz der Hackenstange in Anwendung kommen. Während aber die Leitern durch unrunde Scheiben bewegt werden, die — wenn ihre Form einmal fixirt ist — eine Aenderung der Bewegung der durch dieselben gezogenen Fäden nicht gestatten; werden die Grundstangen durch den Jaquard-Apparat in Thätigkeit gesetzt und kann daher das Bindungsgesetz geändert werden.

Es sind hier drei Fadensysteme in Verwendung, die sämmtlich gleichmässig an der Bindung teilnehmen und daher als Spulenfäden zu betrachten sind.

Diese Spulenfäden sind, wie aus den Figuren ersichtlich, zu zweien gruppirt in die Hackenstange eingezogen, d. h. in jeder Oeffnung der Hackenstange befinden sich zwei Spulenfäden. Die Spulenfaden 1 und 2 zwischen den Hacken I und II, die Spulenfaden 3 und 4 zwischen den Hacken II und III, 5 und 6 zwischen III und IV u. s. w.

Die Spulenfäden 1, 7, 13 etc. die in Fig. 301 schwarz ausgezogen sind, sind in die vorderste Grundstange G_1 — Fig. 302 —; die Spulenfäden 2, 8, 14 etc. in die Grundstange G_2; die Spulenfäden 3, 9 etc. in die Grundstange G_3; die Spulenfäden 4, 10 etc. in die Grundstange G_4; die Spulenfäden 5, 11 etc. in die Grundstange G_5; die Spulenfäden 6, 12 etc. in die Grundstange G_6 eingezogen.

Die Figur 301 ist gewissermassen die Fortsetzung der Figur 183 Taf, XI, insofern sie die Erzeugung an den Stellen beginnt, wo sie in der Figur 183 geendet hatte.

Da die Kreuze dieses Grundes zwischen zwei Bobbinsfäden immer nur von den zwischen diesen Bobbinsfäden befindlichen Spulenfäden gebildet werden, diese sich daher nur mit den unmittelbar rechts und links stehenden Bobbinsfäden zu binden haben, genügt es, wenn die Hackenstange nur um ein Schiffchen nach links und rechts rückt, so dass die Bewegungsgrösse dieser Stange gleich einem Bobbinsfaden-Zwischenraum ist.

Die Grösse der Grundstangen-Bewegung nach rechts ist wie bei den früher erwähnten Bindungen so gross zu machen, dass die in dieselben eingezogenen Spulenfäden bei der Rechtsstellung der Grundstange auch dann an ihren rechtsseitig benachbarten Hacken anliegen, wenn die Hackenstange in ihrer Rechtsstellung steht.

Anfangsstellung Fig. 301.

Die Schiffchen stehen im hinteren Kamm.

Die Hackenstange steht in ihrer Linksstellung, der Hacken I steht daher links vom Bobbinsfaden a, der Hacken II zwischen den Bobbinsfäden a und b, III zwischen b und c, IV zwischen c und d u. s. w.

Die Grundstangen G_1, G_4 und G_6 sind durch die Hilfsplatinen — Slides — in Folge der Jaquard-Einwirkung nach rechts gezogen und legen sich daher sämmtlich an ihre rechtsseitig benachbarten Hacken an; die Spulenfäden 1, 7 etc. an die Hacken II, V etc. die Spulenfäden 4, 10 etc. an die Hacken III, VI etc. 6, 12 etc. an die Hacken IV, VII etc.

Die drei anderen Grundstangen bleiben in Ruhe, in ihrer Linksstellung, die damit verbundenen Spulenfäden liegen an ihren linksseitig benachbarten Hacken.

Wie aus der Figur zu ersehen, sind eben die Kreuze zwischen den Bobbinsfäden bc und ef in der Bildung begriffen.

1. Bewegung. Die Schiffchen treten aus dem hinteren in den vorderen Kamm.

Die Hackenstange rückt um ein Schiffchen nach rechts, so dass der Hacken I zwischen den Bobbinsfäden a und b, II zwischen b und c, III zwischen c und d u. s. w. steht.

Dieselben Grundstangen G_1, G_4 G_6 die früher nach rechts gerückt waren, werden wieder nach rechts gerückt; die übrigen Grundstangen bleiben in Ruhe. Alle mit den ersteren verbundenen Spulenfäden stehen in −1, die mit den letzteren verbundenen in 0.

Die Kreuze zwischen den Bobbinsfäden b und c, e und f sind in der Vollendung begriffen. Fig. 302.

2. Bewegung. Die Schiffchen treten aus dem vorderen in den hinteren Kamm.

Die Hackenstange rückt um ein Schiffchen nach links, der Hacken I steht daher wieder links vom Bobbinsfaden a.

Die Grundstangen G_2, G_4, G_6 werden durch die Hilfsplatinen nach rechts gezogen; es liegen daher die Spulenfäden 2, 8 etc., 4, 10 etc., 6, 12 etc. an ihren rechtsseitig benachbarten Hacken II, V etc., III, VI etc., IV, VII etc. an und stehen daher alle in 0, die übrigen Grundstangen sind in ihrer Linksstellung verblieben, die damit verbundenen Spulenfäden sind daher durch die Bewegung der Hackenstange nach links sämtlich in die Stellung 1 gebracht worden. Fig. 303.

Durch diese Bewegungen beginnt die Kreuzbildung zwischen den Bobbinsfäden a und b, d und e, g und h u. s. w.

3. Bewegung. Die Schiffchen treten aus dem hinteren in den vorderen Kamm.

Die Hackenstange rückt um ein Schiffchen nach rechts, Hacken I steht daher wieder zwischen den Bobbinsfäden a und b.

Die Grundstangen G_2, G_4, C_6, dieselben wie in der 2. Bewegung, werden nach rechts gezogen, die damit verbundenen Spulenfäden legen sich wieder an ihre rechtsseitig benachbarten Hacken und kommen daher gewissermassen blos durch die Bewegung der Hackenstange aus der Stellung 0 in die Stellung −1.

Die anderen Grundstangen G_1, G_3, G_5 sind in Ruhe geblieben, die damit verbundenen Spulenfäden daher nur durch die Bewegung der Hackenstange aus der Stellung 1 in die Stellung 0 gebracht.

Zweites Kapitel: Die Bindungen der spitzenartigen Gewebe. 107

Die Kreuze zwischen den Bobbinsfäden a und b, d und e, g und h sind dadurch gebildet und werden durch die folgende Schiffchen-Bewegung vollendet. Fig. 304.

4. Bewegung. Die Schiffchen treten aus dem vorderen in den hinteren Kamm. Die Hackenstange rückt um ein Schiffchen nach links.

Die Grundstangen G_2, G_4 und G_5 werden durch die Hilfsplatine nach rechts gezogen, die damit verbundenen Spulenfäden an die rechtsseitig benachbarten Hacken angelegt und durch den Rückgang der Hackenstange nach links die Spulenfäden 2, 8 u. s. w., 4, 10 u. s. w. aus der Stellung −1 nach 0 gebracht, die Spulenfäden 5, 11 u. s. w. in 0 belassen.

Die anderen Grundstangen G_1, G_3 und G_6 bleiben in Ruhe und die Spulenfäden 1, 7, 13 u. s. w. kommen daher durch die Linksbewegung der Hackenstange aus 0 in die Stellung 1, ebenso die Spulenfäden 3, 9 u. s. w., während die Spulenfäden 6, 12 u. s. w. von −1 nach 1 gebracht werden. Dadurch ist die Kreuzbildung zwischen den Bobbinsfäden c und d, f und g begonnen.

Die Spulenfäden befinden sich nun genau in derselben Stellung, wie in Fig. 175, Taf. X.

5. Bewegung. Die Schiffchen treten aus dem hinteren in den vorderen Kamm. Die Hackenstange rückt um ein Schiffchen nach rechts.

Die Grundstangen G_2, G_4, G_5 werden durch die Hilfsplatinen nach rechts gezogen; die damit verbundenen Spulenfäden 2, 8 u. s. w., 4, 10 u. s. w., 5, 11 u. s. w. kommen aus der Stellung 0 in die Stellung −1.

Die Grundstangen G_1, G_3, G_6 werden in Ruhe belassen und die damit verbundenen Spulenfäden, ausschliesslich durch die Bewegung der Hackenstange, nach rechts aus der Stellung 1 nach 0 gebracht.

Durch diese Bewegungen ist die Kreuzbildung zwischen den Bobbinsfäden c und d, f und g geschlossen und wird durch die folgende Schiffchen-Bewegung vollendet.

6. Bewegung. Die Schiffchen treten aus dem vorderen in den hinteren Kamm. Die Hackenstange rückt um ein Schiffchen nach links.

Die Grundstangen G_2, G_3, G_5 werden durch die Hilfsplatinen nach rechts gezogen und dadurch die Spulenfäden 2, 8 u. s. w., 5, 11 u. s. w. von −1 nach 0 gebracht, die Spulenfäden 3, 9 u. s. w. in 0 belassen.

Die Grundstangen G_1, G_4 und G_6 bleiben in Ruhe, die Spulenfäden 1, 7 u. s. w., 6, 12 u. s. w. werden daher, ausschliesslich durch die Bewegung der Hackenstange, von 0 nach 1, die Spulenfäden 4, 10 u. s. w. von −1 nach 1 gebracht.

Durch diese Bewegungen sind die Kreuze zwischen den Bobbinsfäden b und c, e und f begonnen.

7. Bewegung. Die Schiffchen treten aus dem hinteren in den vorderen Kamm. Die Hackenstange rückt um ein Schiffchen nach rechts.

Die Grundstangen G_2, G_3, G_5 werden wieder durch die Hilfsplatinen nach rechts gezogen und dadurch die Spulenfäden 2, 8 u. s. w., 3, 9 u. s. w., 5, 11 u. s. w. aus der Stellung 0 nach −1 gebracht.

Die anderen Grundstangen G_1, G_4, G_6 bleiben in Ruhe und die damit verbundenen Spulenfäden 1, 7 u. s. w., 4, 10 u. s. w., 6, 12 u. s. w. kommen ausschliesslich durch die Wirkung der Hackenstange aus der Stellung 1 nach 0, wodurch die Kreuzbildung zwischen den Bobbinsfäden b und c, e und f beendet ist und durch die darauf folgende Schiffchen-Bewegung fixiert wird.

8. Bewegung. Die Schiffchen treten aus dem vorderen in den hinteren Kamm. Die Hackenstange rückt um ein Schiffchen nach links.

Die Grundstangen G_1, G_3, G_5 werden durch die Hilfsplatinen nach rechts gezogen, wodurch in Combination mit der Hackenstangenbewegung die Spulenfäden 3, 9 u. s. w., 5, 11 u. s. w. von —1 nach 0 gebracht; die Spulenfäden 1, 7 u. s. w. dagegen in 0 belassen werden.

Die anderen Grundstangen G_2, G_4, G_6 bleiben in Ruhe und die damit verbundenen Spulenfäden kommen ausschliesslich in Folge der Bewegung der Hackenstange und zwar 4, 10 u. s. w., 6, 12 u. s. w. von —1 nach 0; die Fäden 2, 8 u. s. w. von —1 nach 1, wodurch die Kreuzbildung zwischen den Bobbinsfäden a und b, d und e begonnen ist.

9. Bewegung. Die Schiffchen treten aus dem hinteren in den vorderen Kamm. Die Hackenstange rückt um ein Schiffchen nach rechts.

Die Grundstangen G_1, G_3, G_5 werden nochmals durch die Hilfsplatinen nach rechts gezogen und bringen dadurch und durch die Hackenstangenbewegung die Spulenfäden 1, 7 u. s. w., 3, 9 u. s. w., 5, 11 u. s. w. aus der Stellung 0 nach —1.

Die anderen Grundstangen G_2, G_4, G_6 bleiben in Ruhe und die Spulenfäden 2, 8 u. s. w., 4, 10 u. s. w., 6, 12 u. s. w. werden durch die Bewegung der Hackenstange von 1 nach 0 gebracht. Dadurch ist die Kreuzbildung zwischen den Bobbinsfäden a und b, d und e beendet und muss nur noch durch die folgende Schiffchenbewegung vollendet werden.

10. Bewegung. Die Schiffchen treten aus dem vorderen in den hinteren Kamm. Die Hackenstange rückt um ein Schiffchen nach links.

Die Grundstangen G_1, G_3, G_6 werden durch die Hilfsplatinen nach rechts gezogen und stellen demzufolge und durch die gleichzeitige Hackenstangenbewegung die Spulenfäden 1, 7 u. s. w., 3, 9 u. s. w. von —1 nach 0: während die Spulenfäden 6, 12 u. s. w. in 0 belassen werden.

Die anderen Grundstangen G_2, G_4, G_5 bleiben in Ruhe, die damit verbundenen Spulenfäden 2, 8 u. s. w., 4, 10 u. s. w. gelangen daher nach 1; die Spulenfäden 5, 11 u. s. w. von —1 nach 1.

Dadurch ist die Kreuzbildung zwischen den Bobbinsfäden c und d, f und g begonnen.

11. Bewegung. Die Schiffchen treten aus dem hinteren in den vorderen Kamm. Die Hackenstange rückt um ein Schiffchen nach rechts.

Die Grundstangen G_1, G_3, G_6 werden nochmals von den Hilfsplatinen nach rechts gezogen und dadurch, sowie durch die Bewegung der Hackenstange die Spulenfäden 1, 7 u. s. w., 3, 9 u. s. w., 6, 12 u. s. w. aus der Stellung 0 nach —1 gebracht.

Die Grundstangen G_2, G_4, G_5 bleiben in Ruhe und die damit verbundenen Spulenfäden 2, 8 u. s. w., 4, 10 u. s. w., 5, 11 u. s. w. werden daher nur durch die Einwirkung der Hackenstange von 1 nach 0 gebracht.

Dadurch sind die Kreuze zwischen den Bobbinsfäden c und d, f und g beendet und werden durch die folgende Schiffchenbewegung fixiert.

12. Bewegung. Die Schiffchen treten aus dem vorderen in den hinteren Kamm. Die Hackenstange rückt um ein Schiffchen nach links.

Die Grundstangen G_1, G_4, G_6 werden durch die Hilfsplatinen nach rechts gezogen und dadurch in Combination mit der Hackenstangenbewegung die Spulenfäden 1, 7 u. s. w., 6, 12 u. s. w. von —1 nach 0 gebracht; die Spulenfäden 4, 10 u. s. w. in 0 belassen.

Die anderen Grundstangen G_2, G_3, G_5 sind in Ruhe verblieben und daher die Spulenfäden 2, 8 u. s. w., 5, 11 u. s. w. von 0 nach 1, die Spulenfäden 3, 9 u. s. w. von —1 nach 1 ausschliesslich durch die Wirkung der Hackenstange gebracht.

Durch diese Bewegungen wurde die Kreuzbildung zwischen den Bobbinsfäden b und c, e und f begonnen.

Mit dieser Bewegung ist der Rapport dieser Grundbindung erreicht. Zu demselben sind daher zwölf Bewegungen nötig, von welchen jede Kreuzreihe zwei aufeinander folgende Bewegungen erheischt.

Eine Uebersicht dieser Bewegungen ist in der auf Seite 110 folgenden Tabelle XVI gegeben.

Aus dieser Tabelle ist die Gesetzmässigkeit der Grundstangen-Bewegung deutlich zu erkennen; dieselben werden in folgender Reihenfolge von den Hilfsplatinen nach rechts gezogen:

$$
\begin{array}{ccc}
G_1 & G_4 & G_6 \\
G_2 & G_4 & G_6 \\
G_2 & G_4 & G_6 \\
G_2 & G_4 & G_5 \\
G_2 & G_4 & G_5 \\
G_2 & G_3 & G_5 \\
G_2 & G_3 & G_5 \\
G_1 & G_3 & G_5 \\
G_1 & G_3 & G_5 \\
G_1 & G_3 & G_6 \\
G_1 & G_3 & G_6 \\
G_1 & G_4 & G_6 \\
\end{array}
$$

Man ersieht daraus, dass jede dieser Grundstangen-Gruppen zweimal nacheinander vom Jaquard gezogen werden, so dass für je zwei derselben nur eine Jaquard-Karte, daher im Ganzen für alle 12 Bewegungen nur 6 Karten nötig werden.

Ferner ist ersichtlich, dass jede Grundstange sechsmal nacheinander gezogen wird.

Die Fadenstellungen am Schlusse der Bewegungen müssen selbstverständlich mit den in Tabelle VIII, Seite 61 angegebenen Fadenstellungen übereinstimmen, nur correspondiert die 1. Bewegung der Tabelle VIII mit der 3. Bewegung der Tabelle XVI, was nebensächlich ist, da ja jede beliebige Bewegung als erste Bewegung angenommen werden kann.

Die einförmige, unveränderte Hin- und Herbewegung der Hackenstange ist aus der Tabelle deutlich ersichtlich.

Die Nadelstangen-Bewegung ist hier, als schon bekannt, in die Tabelle nicht aufgenommen.

Der Mocktravers-Grund ist die Grundbindung der in Fig. 337 dargestellten Spitze.

6. Der Ensors-net-Grund.

Dieser bei der mechanischen Herstellung der feineren schmalen Spitzengewebe — Kanten — sehr häufig in Anwendung gebrachte Grund ist in Fig. 306, Taf. XVI dargestellt und ist so wie der Mocktravers- und Matitsch-Grund nichts anderes, als eine Imitation des echten Bobbinet.

Die Bindung besteht, wie aus der Figur ersichtlich, aus versetzten Kreuzreihen, durch welche die benachbarten Parallelfäden des Gewebes miteinander verbunden sind.

Der charakteristische Unterschied zwischen dieser und der echten Bobbinet-Bindung ist derselbe, wie er beim Mocktravers-Grund hervorgehoben wurde. Er

Erster Abschnitt: Die Bindungen.

Tabelle XVI.

Bewegungs-Periode	Bewegungs-Momente	Schiffchen-Bewegung: Die Schiffchen treten aus dem	in den	Grundstangen-Bewegung — Die Grundstange rückt nach						Hackenstangen-Bewegung: Die Hackenstange rückt um ein Schiffchen nach	Fadenstellung am Schluss der Bewegung — Die Spulenfäden stehen in					
				G_1	G_2	G_3	G_4	G_5	G_6		1, 7, 13 u.s.w.	2, 8, 14 u.s.w.	3, 9, 15 u.s.w.	4, 10, 16 u.s.w.	5, 11, 17 u.s.w.	6, 12, 18 u.s.w.
1. Bewegung	1. Moment	hinteren Kamm	vorderen Kamm	rechts						rechts	−1	0	0	0	0	−1
	2. Moment	vorderen Kamm	hinteren Kamm		rechts					links	1	0	1	0	1	0
2. Bewegung	1. Moment	hinteren Kamm	vorderen Kamm		rechts					rechts	0	−1	0	−1	0	−1
	2. Moment	vorderen Kamm	hinteren Kamm			rechts				links	1	0	1	0	1	0
3. Bewegung	1. Moment	hinteren Kamm	vorderen Kamm			rechts				rechts	0	0	1	0	−1	0
	2. Moment	vorderen Kamm	hinteren Kamm				rechts			links	0	−1	0	−1	0	1
4. Bewegung	1. Moment	hinteren Kamm	vorderen Kamm				rechts			rechts	1	0	0	0	1	0
	2. Moment	vorderen Kamm	hinteren Kamm				rechts	rechts		rechts	0	−1	−1	0	0	1
5. Bewegung	1. Moment	hinteren Kamm	vorderen Kamm					rechts		links	1	0	0	1	−1	0
	2. Moment	vorderen Kamm	hinteren Kamm					rechts		rechts	0	−1	0	0	1	1
6. Bewegung	1. Moment	hinteren Kamm	vorderen Kamm		rechts			rechts		rechts	1	0	0	1	−1	1
	2. Moment	vorderen Kamm	hinteren Kamm	rechts					rechts	links	0	−1	−1	0	1	0
7. Bewegung	1. Moment	hinteren Kamm	vorderen Kamm		rechts					rechts	0	0	0	1	−1	1
	2. Moment	vorderen Kamm	hinteren Kamm			rechts				rechts	0	−1	−1	0	0	0
8. Bewegung	1. Moment	hinteren Kamm	vorderen Kamm	rechts		rechts				links	0	0	0	1	0	1
	2. Moment	vorderen Kamm	hinteren Kamm				rechts			rechts	0	1	1	0	1	0
9. Bewegung	1. Moment	hinteren Kamm	vorderen Kamm	rechts			rechts			rechts	−1	0	−1	0	−1	0
	2. Moment	vorderen Kamm	hinteren Kamm					rechts		links	0	1	0	1	1	1
10. Bewegung	1. Moment	hinteren Kamm	vorderen Kamm	rechts				rechts		rechts	0	0	0	1	1	0
	2. Moment	vorderen Kamm	hinteren Kamm						rechts	links	1	1	1	0	1	0
11. Bewegung	1. Moment	hinteren Kamm	vorderen Kamm	rechts					rechts	rechts	−1	0	−1	0	0	−1
	2. Moment	vorderen Kamm	hinteren Kamm				rechts			rechts	0	1	0	1	0	0
12. Bewegung	1. Moment	hinteren Kamm	vorderen Kamm	rechts					rechts	links	0	1	1	0	1	0
	2. Moment	vorderen Kamm	hinteren Kamm				rechts									

besteht vor allen darin, dass er ein geteilter Grund ist, während die Bobbinetbindung zu den ungeteilten Grundbindungen gehört, und darin, dass während beim echten Bobbinet-Grund der im Kreuze oben liegende Faden stets von links oben nach rechts unten läuft, dies beim Ensors-net nur bei jedem zweiten Kreuze der Fall ist.

Die Bindung wird so wie die Mocktravers-Bindung aus drei Faden-Systemen hergestellt, aus dem Bobbinsfaden- und zwei Spulenfaden-Systemen; es sind daher auch hier zwischen je zwei Bobbinsfäden zwei Spulenfäden angeordnet, die sich bei der Bindung zwischen den Bobbinsfäden kreuzen, dann mit den Bobbinsfäden zwirnen, wieder kreuzen, wieder zwirnen u. s. w. und zwar in der Weise, dass die Kreuze des einen Bobbinsfaden-Zwischenraumes auf die Höhlungen der benachbarten Bobbinsfaden-Zwischenräume fallen.

Der Gang der einzelnen Spulenfäden ist in der Figur dadurch deutlich hervorgehoben, dass die Fäden des einen Spulenfadensystems schwarz ausgezogen sind.

Die Bindung ist so combinirt, dass eine Verschiebung der Fäden unthunlich erscheint.

Durch den Zug der Fadenkreuze werden die Bobbinsfäden gebogen und es bilden sich die für die Bobbinetbindung charakteristischen sechseckigen Löcher, während die beiden das Kreuz bildenden Fäden sich übereinander legen und daher wie ein Faden erscheinen.

Aus der Figur ist für den Fachmann sofort ersichtlich, dass die Kreuze entweder gleichzeitig, d. h. während einer Bewegung, oder in 3 Bewegungen gebildet werden müssen.

Betrachtet man z. B. die zwischen den Bobbinsfäden b und c gebildeten Kreuze, so wird man finden, dass dieselben sämmtlich hinter den Bobbinsfäden liegen, dass sie daher nur gebildet werden konnten, während die Schiffchen im vorderen Kamme standen, das ist nur in der 1. und 3., 5. u. s. w. Bewegung der Fall.

Ebenso ersieht man, dass die zwischen den Bobbinsfäden a und b gebildeten Kreuze sämmtlich über denselben liegen, daher nur während des Verweilens der Schiffchen im hinteren Kamm, also ebenfalls vor der 1., 3., 5. oder 2., 4., 6. Bewegung gebildet werden konnten.

Hieraus folgt, dass, wenn man diese Kreuze nicht gleichzeitig, d. h. in ein und demselben Bewegungs-Momente bilden wollte, immer eine Schiffchenbewegung, d. i. jede zweite dieser Bewegungen nutzlos gemacht würden, was einen ungeheuren Zeit- und Arbeitsverlust herbeiführen würde.

Werden diese Kreuze aber in ein und demselben Bewegungs-Momente, d. h. durch gleichzeitige Kreuzung der zusammengehörigen zwei Spulenfäden hergestellt, dann können dieselben nicht in demselben Bewegungsorgane und nicht in ein und dieselbe Hackenstange eingezogen werden.

Vielleicht könnte nun die Bindung mit Hilfe zweier Hackenstangen gebildet werden, in welche jeder zweite Spulenfaden eingezogen würde. Die beiden Stangen müssten dann entgegengesetzte Bewegung erhalten. In die eine, etwa die vordere Hackenstange wäre dann z. B. der linksstehende Faden jeder Spulenfadengruppe in die hintere Hackenstange der rechtsstehende Faden jeder Spulenfadengruppe einzuziehen, in welchem Falle dann die durch die vordere Hackenstange gezogenen Fäden in der Bindung durchwegs vor den Fäden der hinteren Hackenstange liegen müssten. Dies ist aber, wie aus der Figur ersichtlich, nicht der Fall, denn die zwischen den Bobbinsfäden b und c das Kreuz bildenden zwei Fäden werden über die, zwischen den Bobbinsfäden a und b, c und d hergestellten, versetzten Fadenkreuze gezogen, müssen daher in der Maschine beide vor den links und rechts benachbarten Spulenfadengruppen stehen.

Wollte man die Bindung mit Hackenstangen zur Ausführung bringen, so müssten vier derselben hintereinander zur Anwendung kommen, in die 1., vorderste derselben müsste z. B. der links zwischen den Bobbins b und c, in die 2., dahinter stehende, der rechts zwischen denselben Bobbins stehende Spulenfaden; in die 3. Hackenstange der links zwischen a und b und c und d, in die 4., der rechts zwischen diesen Bobbinsfäden stehende Spulenfaden eingezogen werden.

Die Anwendung von vier Hackenstangen aber dürfte des Raummangels in der Maschine wegen nicht leicht anwendbar sein; es wird diese Bindung daher am besten mit durch unrunde Scheiben bewegte Leitern, oder durch unabhängige Stangen herzustellen sein.

Die Zahl der Leitern ist kleiner, als die bei der Bildung des Mocktravers-Grundes nöthigen; sie ist mit vier Leitern ausführbar.

In die erste vorderste Leiter wird jeder vierte, d. h. der 1., 5., 9. u. s. w. Spulenfaden; in die darauf folgende zweite Leiter der 2., 6., 10 u. s. w.; in die dritte Leiter der 3., 7., 11. u. s. w.; in die vierte der 4., 8., 12. u. s. w. Spulenfaden eingezogen.

Da jeder Spulenfaden mit den zwei benachbarten Bobbinsfäden abwechselnd verbunden werden muss, so muss jeder Spulenfaden das Gebiet von zwei Schiffchen beherrschen, d. h. jede Leiter im Maximum um zwei Schiffchen verschoben werden können.

Die Herstellung dieser Grundbindung ist in den Figuren 307—318, Tafel XIX dargestellt.

Die Spulenfäden 1 und 2 stehen beim Einziehen in den Stuhl zwischen den Bobbinsfäden a und a_1; von welchen a_1 auf der Zeichnung nicht zu sehen, es ist der links vom Bobbins a gedachte Bobbinsfaden.

Die Spulenfäden 3 und 4 stehen zwischen den Bobbinsfäden a und b;
„ „ 5 „ 6 „ „ „ „ b „ c;
„ „ 7 „ 8 „ „ „ „ c „ d;
„ „ 9 „ 10 „ „ „ „ d „ e;
„ „ 11 „ 12 „ „ „ „ e „ f;
„ „ 13 „ 14 „ „ „ „ f „ g;
„ „ 15 „ 16 „ „ „ „ g „ h;

Die zwei Spulenfäden haben zwischen denjenigen Bobbinsfäden, zwischen welchen sie normalmässig stehen, die Kreuze zu bilden; zwischen diesen Bobbinsfäden ist auch die Nullstellung der Spulenfäden angenommen. Die Nullstellung der Fäden 7 und 8 befindet sich daher zwischen den Bobbinsfäden c und d; die Stellung 1 zwischen den Bobbinsfäden b und c; die Stellung -1 zwischen den Bobbinsfäden d und e.

Anfangsstellung, Fig. 307. Es ist hier das Gewebe schon begonnen gedacht, ebenso wie bei der Besprechung der anderen Bindungen.

Die Schiffchen stehen im vorderen Kamm.

Die in die vorderste Leiter L_1 eingezogenen Spulenfäden 1, 5, 9, 13 u. s. w. stehen in der Stellung 1; es sind dies die schwarz ausgezogenen Fäden.

Die in die folgende, zweite Leiter L_2 eingezogenen Fäden 2, 6, 10, 14 u. s. w. stehen in -1.

Die in die dritte Leiter L_3 eingezogenen Spulenfäden 3, 7, 11, 15 u. s. w. stehen in der Stellung -1.

Die in die vierte Leiter L_4 eingezogenen Spulenfäden 4, 8, 12, 16 u. s. w. stehen in der Stellung 1.

1. Bewegung. Die Schiffchen treten aus dem vorderen in den hinteren Kamm.

Die Leitern L_1 und L_2 bleiben in Ruhe, die in dieselben eingezogenen Spulenfäden in der Stellung 1 und —1.

Die Leiter L_3 rückt um zwei Schiffchen nach links, die dazu gehörigen Spulenfäden 3, 7, 11, 15 u. s. w. aus der Stellung —1 in die Stellung 1 führend.

Die Leiter L_4 rückt um zwei Schiffchen nach rechts, wodurch die Spulenfäden 4, 8, 12, 16 u. s. w. von 1 nach —1 gelangen. Fig. 308.

Durch diese Bewegungen sind die Kreuze zwischen den Bobbinsfäden a und b, c und d, e und f u. s. w. gebildet.

2. Bewegung. Die Schiffchen treten aus dem hinteren in den vorderen Kamm und vollenden die gebildeten Kreuze.

Die erste Leiter L_1 rückt um ein Schiffchen nach rechts und bringt ihre Spulenfäden aus der Stellung 1 in die Stellung 0.

Die zweite Leiter L_2 rückt um ein Schiffchen nach links, wodurch ihre Spulenfäden von —1 ebenfalls nach 0 gelangen.

Die dritte Leiter L_3 rückt um ein Schiffchen nach rechts und stellt die durch sie gezogenen Spulenfäden von 1 nach 0.

Die vierte Leiter L_4 rückt um ein Schiffchen nach links und fördert ihre Spulenfäden von —1 nach 0.

Es stehen daher alle Spulenfäden in der Stellung 0. Fig. 309.

3. Bewegung. Die Schiffchen treten aus dem vorderen in den hinteren Kamm.

Die Leitern L_1 und L_3 rücken um ein Schiffchen nach links, und stellen die durch sie gezogenen Spulenfäden von 0 nach 1.

Die Leitern L_2 und L_4 rücken um ein Schiffchen nach rechts und bringen ihre Spulenfäden dadurch von 0 nach —1.

In dieser Bewegung hat, sowie in der vorhergehenden keine Kreuzbildung stattgefunden. Fig. 310.

4. Bewegung. Die Schiffchen treten aus dem hinteren in den vorderen Kamm.

Die Leiter L_1 rückt um zwei Schiffchen nach rechts; die Spulenfäden 1, 5, 9, 13 u. s. w. gelangen daher aus der Stellung 1 in die Stellung —1.

Die Leiter L_2 rückt um zwei Schiffchen nach links und bringt die Spulenfäden 2, 6, 10, 14 u. s. w. von —1 nach 1.

Die Leitern L_3 und L_4 bleiben in Ruhe, die mit ersterer verbundenen Spulenfäden daher in 1, die mit letzterer verbundenen daher in —1.

Durch diese Bewegungen sind die Kreuze zwischen den Bobbinsfäden a_1 und a, b und c, d und e, f und g u. s. w. gebildet worden. Fig. 311.

5. Bewegung. Die Schiffchen treten aus dem vorderen in den hinteren Kamm und vollenden dadurch die in der vorhergehenden Bewegung gebildeten Kreuze.

Die Leitern L_1 und L_4 rücken um ein Schiffchen nach links und stellen daher die Fäden 1, 5, 9, 13 u. s. w., sowie die Fäden 4, 8, 12, 16 u. s. w. von —1 nach 0.

Die Leitern L_2 und L_3 rücken um ein Schiffchen nach rechts, wodurch die Spulenfäden 2, 6, 10, 14 u. s. w., sowie die Spulenfäden 3, 7, 11, 15 u. s. w. von 1 nach 0 gebracht werden.

Alle Spulenfäden stehen wieder in 0. Fig. 312.

6. Bewegung. Die Schiffchen treten aus dem hinteren in den vorderen Kamm.

Die Leitern L_1 und L_4 rücken um ein Schiffchen nach **rechts** und stellen ihre Spulenfäden 1, 5, 9, 13 u. s. w., sowie 4, 8, 12, 16 u. s. w. von 0 nach —1.

Die Leitern L_2 und L_3 rücken um ein Schiffchen nach **links**, wodurch die Spulenfäden 2, 6, 10, 14 u. s. w., sowie 3, 7, 11, 15 u. s. w. von 0 nach 1 gelangen. Fig. 313.

Durch die vorhergehenden 2 Bewegungen sind keine Kreuze gebildet worden.

7. Bewegung. Die Schiffchen treten aus dem vorderen in den hinteren Kamm.

Die Leitern L_1 und L_2 bleiben in **Ruhe**, die dazu gehörigen Spulenfäden 1, 5, 9, 13 u. s. w. in —1, 2, 6, 10, 14, u. s. w. in 1. Die Leiter L_3 rückt um **zwei** Schiffchen nach **rechts** und stellt die Spulenfäden 3, 7, 11, 15 u. s. w. von 1 nach —1.

Die Leiter L_4 rückt um zwei Schiffchen nach links und bringt die Fäden 4, 8, 12, 16 von —1 nach 1

In dieser Bewegung sind die Kreuze zwischen den Bobbinsfäden a und b, c und d, e und f u. s. w. gebildet worden. Fig. 314.

8. Bewegung. Die Schiffchen treten aus dem hinteren in den vorderen Kamm und vollenden die Kreuzbildung.

Die Leitern L_1 und L_3 rücken um ein Schiffchen nach **links**. Die Spulenfäden 1, 5, 9, 13 u. s. w. kommen daher aus der Stellung —1 nach 0; ebenso die Spulenfäden 3, 7, 11, 15 u. s. w.

Die Leitern L_2 und L_4 rücken um ein Schiffchen nach **rechts** und stellen ihre Spulenfäden 2, 6, 10, 14 u. s. w. 4, 8, 12, 16, u. s. w. von 1 nach 0

Alle Spulenfäden stehen wieder in 0. Fig. 315.

9. Bewegung. Die Schiffchen treten aus dem vorderen in den hinteren Kamm.

Die Leitern L_1 und L_3 rücken um ein Schiffchen nach **rechts**. Die Spulenfäden 1, 5, 9, 13 u. s. w. gelangen daher aus der Stellung 0 nach —1; die Spulenfäden 3, 7, 11, 15 u. s. w. aus der Stellung 0 ebenfalls nach —1.

Die Leitern L_2 und L_4 rücken um ein Schiffchen nach **links**, die durch dieselben gezogenen Spulenfäden werden daher von 0 nach 1 gebracht. Fig. 316.

10. Bewegung. Die Schiffchen treten aus dem hinteren in den vorderen Kamm.

Die Leiter L_1 rückt um zwei Schiffchen nach **links** und stellt ihre Spulenfäden 1, 5, 9, 13 u. s. w. von —1 nach 1.

Die Leiter L_2 rückt um zwei Schiffchen nach **rechts** und bringt die Spulenfäden 2, 6, 10, 14, u. s. w. von 1 nach —1.

Die Leiter L_3 bleibt in **Ruhe**, ihre Spulenfäden daher in —1.

Die Leiter L_4 bleibt in **Ruhe**, ihre Spulenfäden daher in 1. Fig. 317.

Durch diese Bewegung sind wieder Kreuze zwischen den Bobbinsfäden a_1 und a, b und c, d und e u. s. w. gebildet worden.

11. Bewegung. Die Schiffchen treten aus dem vorderen in den hinteren Kamm.

Die Leitern L_1 und L_4 rücken um ein Schiffchen nach **rechts**, ihre eingezogenen Spulenfäden 1, 5, 9, 13 u. s. w. und 4, 8, 12, 16 u. s. w. von 1 nach 0 stellend.

Die Leitern L_2 und L_3 rücken um ein Schiffchen nach **links** und ihre Fäden gelangen dadurch von —1 nach 0.

Alle Spulenfäden stehen wieder in 0. Fig. 318

12. **Bewegung.** Die Schiffchen treten aus dem hinteren in den vorderen Kamm.

Die Leitern L_1 und L_4 rücken um ein Schiffchen nach links und stellen dadurch die Spulenfäden 1, 5, 9, 13 u. s. w. und 4, 8, 12, 16 u. s. w. von 0 nach 1.

Die Leitern L_2 und L_3 rücken um ein Schiffchen nach rechts, wodurch die Spulenfäden 2, 6, 10, 14 u. s. w. und 3, 7, 11, 15 u. s. w. aus der Stellung 0 nach −1 gelangen. Fig. 307.

Während der letzten zwei Bewegungen sind keine Kreuze gebildet worden.

Damit ist auch der Rapport erreicht, welcher also 12 Bewegungen umfasst.

Während dieser 12 Bewegungen sind vier Kreuzreihen gebildet worden.

Diese Bewegungen sind übersichtlich in der auf Seite 116 folgenden Tabelle XVII zusammengestellt.

Aus dieser Tabelle ist deutlich die Regelmässigkeit der aufeinander folgenden Bewegungen und der Fadenstellungen am Schlusse der Bewegung zu ersehen.

Diese Grundbindung ist in der durch Fig. 338 und 339 dargestellten Spitze zur Anwendung gebracht.

b. Die Muster-Bindungen.

Die Muster an den schmalen Spitzengeweben — auch Kanten genannt — werden in sehr mannigfaltiger Weise hervorzubringen und darzustellen gesucht.

In sehr vielen Fällen werden sie in derselben Weise hergestellt, wie bei den breiten, schon besprochenen Spitzengeweben, nämlich durch Deckung der Fläche mittelst einfacher, mehrfacher und aufgelegter Leinwand.

In eben so vielen Fällen aber werden dicke Fäden mit in Combination gezogen und durch dieselben entweder gewisse im Muster dominirende Linien hervorgehoben, oder mit denselben grössere oder kleinere Flächen eingesäumt, welche Flächen ihrerseits wieder entweder durch die Grundbindung, oder durch eine aus den feinen Fäden des Grundes erzeugte Leinwandart, oder durch eine mit den groben Fäden erzeugte mehrfache Leinwand, endlich aber auch durch besondere Füllungsbindungen gefüllt erscheinen, wobei auch noch Unterbrechungen dieser gedeckten Flächen durch grössere oder kleinere Löcher angewendet sind, so dass ein solches schmales Spitzengewebe als eine Combination einer Grundbindung mit verschiedenen Füllungsbindungen, dicken Fäden, ungefüllten Flächen (Löchern) u. s. w. erscheint.

Die Füllungsbindungen bestehen meist aus einer Leinwandgattung, also einfacher oder mehrfacher Leinwand, die entweder aus den feinen Fäden des Grundes, oder aus dickeren Fäden besteht, um eine vollkommnere Deckung zu erreichen.

Zwei Füllungsbindungen, die häufig in Anwendung kommen, sind in den Fig. 319 und 320, Taf. XVII dargestellt, von welchen die erste eine Art einfacher Leinwand ist, die durch Bobbins- und Spulenfäden — nicht Kettenfäden — hergestellt werden kann, die zweite dem Ensors-net in ihrer Bindung sehr nahe steht und auch gewöhnlich mit diesem Grund in Anwendung gebracht wird.

In vielen Fällen, wie z. B. bei der Imitation der Cluny-Spitzen, werden die Muster ausschliesslich durch Verdoppelung, Verdrei- und vierfachung, durch verschiedene Gruppirung dicker Fäden, durch Bildung kleiner gedeckter Flächen aus mehrfacher Leinwand dieser dicken Fäden hergestellt. Zusammengehalten werden diese dicken Fäden durch dünne Fäden, die jedoch für die Musterbildung gar nicht

Tabelle XVII.

Bewegungs-Periode	Bewegungs-Momente	Schiffchen-Bewegung		Leitern-Bewegung								Nadel-Bewegung		Fadenstellung am Schlusse der Bewegung			
		Die Schiffchen treten		\multicolumn{8}{c}{Die Leitern rücken um — Schiffchen nach}		Die Nadelstange		Die Spulenfäden			
				L_1		L_2		L_3		L_4							
		aus dem	in den	ein	zwei	ein	zwei	ein	zwei	ein	zwei	vordere	hintere	1,5,9,13 u.s.w.	2,6,10,14 u.s.w.	3,7,11,15 u.s.w.	4,8,12,16 u.s.w.
													stehen in	1			
1. Bewegung	1. Moment	vorderen Kamm	hinteren Kamm									sticht ein					
	2. Moment	hinteren Kamm	vorderen Kamm	rechts							rechts		sticht ein	-1	1	1	-1
2. Bewegung	1. Moment	vorderen Kamm	hinteren Kamm	links		links						sticht ein		0	0	0	0
	2. Moment	hinteren Kamm	vorderen Kamm		rechts	rechts							sticht ein	0	0	0	0
3. Bewegung	1. Moment	vorderen Kamm	hinteren Kamm				links	links				sticht ein		1	-1	1	-1
	2. Moment	hinteren Kamm	vorderen Kamm		rechts	rechts			rechts		rechts		sticht ein	-1	1	1	-1
4. Bewegung	1. Moment	vorderen Kamm	hinteren Kamm	links		links		links				sticht ein		0	0	0	0
	2. Moment	hinteren Kamm	vorderen Kamm	rechts		rechts		rechts					sticht ein	-1	1	1	-1
5. Bewegung	1. Moment	vorderen Kamm	hinteren Kamm	links		links		links		links		sticht ein		0	0	0	0
	2. Moment	hinteren Kamm	vorderen Kamm	rechts		rechts		rechts		rechts			sticht ein	-1	1	1	-1
6. Bewegung	1. Moment	vorderen Kamm	hinteren Kamm	links		links		links		links		sticht ein		0	0	0	0
	2. Moment	hinteren Kamm	vorderen Kamm	rechts		rechts		rechts		rechts			sticht ein	-1	1	1	-1
7. Bewegung	1. Moment	vorderen Kamm	hinteren Kamm					rechts			links	sticht ein		-1	1	1	1
	2. Moment	hinteren Kamm	vorderen Kamm	links		rechts				rechts			sticht ein	-1	1	1	1
8. Bewegung	1. Moment	vorderen Kamm	hinteren Kamm	rechts			links			rechts		sticht ein		0	0	0	0
	2. Moment	hinteren Kamm	vorderen Kamm	links			rechts			links			sticht ein	-1	1	1	1
9. Bewegung	1. Moment	vorderen Kamm	hinteren Kamm	rechts		rechts			links	rechts		sticht ein		0	0	0	0
	2. Moment	hinteren Kamm	vorderen Kamm	links		links			rechts	links			sticht ein	-1	-1	-1	1
10. Bewegung	1. Moment	vorderen Kamm	hinteren Kamm	rechts		rechts		rechts			links	sticht ein		0	0	0	0
	2. Moment	hinteren Kamm	vorderen Kamm	links		links		links			rechts		sticht ein	1	1	-1	-1
11. Bewegung	1. Moment	vorderen Kamm	hinteren Kamm	rechts		rechts			links		links	sticht ein		0	0	0	0
	2. Moment	hinteren Kamm	vorderen Kamm	links		links			rechts		rechts		sticht ein	1	-1	-1	1
12. Bewegung	1. Moment	vorderen Kamm	hinteren Kamm		rechts	rechts		rechts			links	sticht ein		0	0	0	0
	2. Moment	hinteren Kamm	vorderen Kamm	links		links		links			rechts		sticht ein	1	-1	1	1

zur Wirkung kommen und vollkommen verschwinden, wenn die Bindung in entsprechender Weise zur Ausführung gebracht ist. Fig. 340 und 341 Taf. XXI.

Die Herstellungsweise dieser complicirten Musterbindungen lässt sich zeichnerisch nicht leicht darstellen, da für jede Bewegungs-Periode ein sehr breites Bild nöthig wäre und zur auch nur annähernd wirksamen Darstellung eine grössere Anzahl von Bewegungs-Perioden unbedingt zur Darstellnng gebracht werden müssten, um die Bewegung der weit ausholenden, oft grosse Curven beschreibenden dicken Einfassungsfäden zeichnerisch zu versinnlichen.

Für denjenigen aber, der das Vorhergehende eingehend durchgesehen hat, ist die Herstellung dieser Musterbindungen keine Schwierigkeit mehr und genügt daher eine einfache Besprechung.

Die meisten der schmalen Spitzengewebe sind in der Weise hergestellt, dass an dem Befestigungsrand auf eine gewisse verhältnissmässige Breite nur eine einfache Grundbindung zur Anwendung kommt, hier und da durch dickere, parallel zur Längenrichtung laufende Fäden durchzogen, während der äussere, gewöhnlich wellenförmig verlaufende Repräsentationsrand, die äussere frei schwebende Kante auf eine ebenfalls verhältnissmässig bestimmte Breite mit den Musterverbindungen versehen ist.

Allerdings kommen auch von dieser Massregel Ausnahmen vor, bei welchen zwei Befestigungsränder angewendet sind und die Musterbindungen symmetrisch in der Mitte zwischen beiden liegen. Fig. 326, Taf. XX. Solche schmale Spitzengewebe werden dann aber gewöhnlich Einlagen genannt, weil sie dazu bestimmt sind, streifenförmig zwischen zwei andere Gewebe eingenäht zu werden.

Wird nun die Musterbindung eines schmalen Spitzengewebes ausschliesslich durch einfache, oder mehrfache Leinwand gebildet, so kann dieselbe ganz ebenso mittelst Selectoren dargestellt werden, wie bei den breiten Spitzengeweben, nur dass die schmalen Spitzengewebe stets in grösserer Anzahl in der Maschine nebeneinander stehend erzeugt werden, daher die Selectoren in Gruppen eingetheilt werden können, von welchen je eine auf einen Spitzenstreifen entfällt; es werden sich daher auch die Jaquard-Karten vereinfachen, da die gleichbewegten Selectoren einer jeden solchen Gruppe an dieselbe Platine befestigt werden können.

Die verschiedenen Schattirungen, dichteren und weniger dichten Stellen, die hier in Anwendung stehen, werden — wie dies schon bei den breiten Spitzengeweben erörtert wurde — dadurch erreicht, dass die zwischen den Kettenfäden, durch die Spulenfäden gebildeten Schlingen näher aneinander, oder weiter voneinander gelegt werden, d. h. dass zwischen zwei solchen aufeinander folgenden Schlingen entweder ein, zwei, drei u. s. w. Zwirnungen oder gar keine Zwirnung stattfindet.

Werden die Muster aber nicht nur durch einfache oder mehrfache Leinwand, sondern durch eben erwähnte Combination von dicken Fäden, Grund- und Füllungsbindungen, ungefüllten Flächen u. s. w. hergestellt, dann werden dieselben nicht mehr mittelst Selectoren, sondern mit der Hackenleiter und Grund- sowie den unabhängigen -Stangen (*independent-bars*), oder mittelst durch unrunde Scheiben bewegte Leitern und unabhängige Stangen oder endlich blos durch die letzteren allein dargestellt.

Diese unabhängigen Stangen sind Leitern, durch welche die durch sie gezogenen Fäden, wie durch die Grundstangen immer nach rechts ausgeschoben, ausgerückt werden aber in der Weise, dass die Grösse dieser Ausrückung nach jeder Schiffchenbewegung variirt, geändert werden kann, während dies bei der Grundstangenbewegung nicht der Fall ist.

Allerdings erhält auch hier dass die Slides, die Hilfsplatinen bewegende Messer, das stets gleich bleibende Maximum seiner Bewegung, durch welches auch das Maximum der Fadenausrückungsgrösse bestimmt ist. Innerhalb dieses Maximums, welches namentlich durch die Bewegung der dicken Fäden über 16 und mehr Schiffchen bestimmt wird, kann die Grösse der Fadenbewegung in jeder beliebigen Weise durch Einschiebung fester Körper verschiedener Dicke, der sogenannten Tropper, zwischen Messer und Slides abgeändert werden.

Ist — wie das hier und da vorzukommen pflegt — die Grundbindung in der Spitze scharf von der Musterbindung getrennt, dann kann die Grundbindung, welche sich auf eine bestimmte Anzahl von Schiffchen erstreckt, mittelst Leitern erzeugt werden, die von unrunden Scheiben ihre Bewegung ableiten; oder sie kann durch Hackenleiter und Grundstangen erzeugt werden; während die Füllungsbindungen der Muster durch andere Hacken- und Grundstangen zur Herstellung gelangen.

Durchdringt die Grundbindung aber auch die der Musterbindung gewidmeten Flächen, indem sie z. B. Zwischenräume zwischen den Mustern, oder Musterflächen selbst ausfüllt, dann lässt sich die Spitze, namentlich bei complicirter Zeichnung und Combination aller zur Musterbindung anwendbaren, erwähnten Mittel am besten nur mit unabhängigen Stangen herstellen. Dass sich die einfachen Leinwandbindungen mittelst Hackenstangen und *botton-bars* herstellen lassen, ist aus der Tafel XVIII, Fig. 288—290 u. 295—299 zu ersehen.

Die Fig. 288—290 zeigen die Bildung einfacher Leinwand in Combination mit englischem Grund mittelst der Hackenstange und den Grundstangen.

Sämmtliche Kettenfäden werden bei gleichzeitiger hin- und hergehender Bewegung der Hackenstange, und zwar mit jeder Rechtsbewegung der letzteren nach rechts gezogen und könnten daher sämmtlich, wenn sie nur diese einfache Leinwand zu bilden hätten, in einer Grundstange eingezogen sein.

In den Figuren 295—299 ist die Bildung einfacher Leinwand in Combination mit Square-Grund durch Hacken- und Grundstangen dargestellt. Hier kann diese Bindung ausschliesslich durch die Bewegung der Hackenstange allein hergestellt werden, welche letztere die Spulenfäden bei jeder Bewegung um zwei Schiffchen verschiebt. Die Grundstangen, in welche diese Spulenfäden eingezogen sind, müssten daher fortwährend in Ruhe bleiben.

Werden bei dem Muster dicke Fäden in Anwendung gebracht, so ist es für denjenigen, welcher die Maschinen zur Herstellung dieses Musters vorzurichten hat, sehr wichtig, ob die durch diese Fäden darzustellenden Musterlinien durch die ganze Spitze hindurch im continuirlichen Zusammenhange bleiben oder ob dieselben im Muster abbrechen und durch andere Bindungen getrennt erscheinen.

Der erstere Fall ist selbstverständlich leichter darstellbar als der zweite, da in diesem letzteren die dicken Fäden im Muster abbrechen sollen, während sie in Wirklichkeit aus der Maschine für diese kurze Unterbrechung nicht entfernt werden können, da sie ja nach einigen Bewegungen wieder an der Bindung theilnehmen sollen.

In diesem Falle können zwei Wege eingeschlagen werden: Der eine besteht darin, dass die dicken Fäden von dem Punkt an, an dem sie im Muster unterbrochen werden sollen, einzelnen feineren Fäden, welche die Grund- oder Füllungsbindung zu bilden haben, beigegeben werden, mit diesen nun an der Bildung dieser Bindungen theilnehmen und auf diese Weise gewissermassen in diesen Bindungen versteckt werden. Je geschickter dies Verbergen zur Durchführung kommt, desto reiner wird sich das Muster gestalten. Sind Mustercontouren durch die Vereinigung mehrer dicker Fäden energischer zum Ausdruck gebracht worden, so müssen dieselben an dem Unterbrechungspunkt getrennt und einzeln den feineren Fäden zugetheilt werden.

Der zweite Weg besteht darin, dass die dicken Fäden vom Unterbrechungspunkte an gar nicht mehr an der Bindung theilnehmen bis zu demjenigen Punkte, wo sie wieder zur Musterbildung herangezogen werden müssen, so dass sie zwischen diesen Punkten an der Gewebeoberfläche flott liegen, was dadurch erreicht wird, dass die *independent-bars*, in welche diese dicken Fäden eingezogen sind, während der zwischen den beiden Punkten liegenden Bindungs- resp. Bewegungs-Perioden in Ruhe bleiben. Die flott liegenden dicken Fäden müssen dann durch schneidende Werkzeuge entfernt, d. h. abgeschnitten werden.

Dieser letztere Weg kann nur bei der Herstellung feinerer Spitzen zur Anwendung kommen, da die Entfernung der flott liegenden Fäden eine bedeutende Vermehrung der Arbeit bedingt.

Die dicken Fäden werden immer durch unabhängige Stangen bewegt, welche entweder vor oder hinter der Hackenstange und den Grundstangen in der Maschine liegen; im ersten Falle werden die dicken Fäden gebunden, wenn die Schiffchen aus dem vorderen in den hinteren Kamm, im zweiten Falle wenn die Schiffchen aus dem hinteren in den vorderen Kamm treten.

Vor der Schiffchen-Bewegung müssen dieselben um so viel Schiffchen verrückt werden, als dies durch die Linienführung des Musters geboten ist.

Diese stark wechselnde Verschiebung der dicken Fäden wird, wie schon einmal erwähnt, dadurch erreicht, dass verschieden dicke Körper — sogenannte Tropper — zwischen Platine und Platinenmesser durch den Jaquard-Apparat eingeschoben werden. Die Stärke dieser Tropper ist entweder gleich einem Bobbinsfaden-Zwischenraum oder gleich einem Vielfachen eines solchen Zwischenraumes. Durch Zwischenschieben eines solchen Troppers oder mehrer derselben kann die Grösse der Ausrückung beliebig variirt werden.

Die normale Entfernung zwischen der Nase der Platine und dem Platinenmesser ist gleich der Bewegungsgrösse des letzteren, d. h. gleich dem Verschiebungs-Maximum der Fäden. Soll nun gar keine Verschiebung der Fäden stattfinden, so wird kein Tropper eingelegt, das Messer bewegt sich sodann bis zur Nase der Platine, ohne dieselbe in Bewegung zu setzen und zieht sich sodann wieder zurück; soll der Faden um ein Schiffchen verschoben werden, so wird ein entsprechend starker Tropper zwischen Nase und Messer eingeschoben, d. h. die Platine um die Dicke dieses Troppers verschoben; soll eine Verschiebung um drei Schiffchen erfolgen, so wird der einzuschiebende Körper aus einem einfachen und aus einem doppelten Tropper, dessen Dicke zwei Bobbinsfäden-Zwischenräume entspricht, combinirt u. s. w.

In derselben Weise können selbstverständlich nicht nur die dicken, sondern alle übrigen, an der Bindung theilnehmenden Fäden bewegt werden.

Was endlich die Herstellung von ungefüllten Flächen — Löchern anbelangt, welche bei Spitzen oft und in den verschiedensten Dimensionen angewendet werden, so können sie nur in der Weise gebildet werden, dass an der Stelle, wo die Oeffnung entstehen soll, zwei unmittelbar benachbarte Bobbins-, Spulen- oder Ketten-Fäden auf die ganze Länge der Oeffnung, also auf eine verhältnissmässig grosse Strecke unverbunden bleiben und durch die zu beiden Seiten ausgeführten Bindungsfäden scharf und energisch zur Seite gezogen werden, wodurch die Erweiterung der Oeffnung in beliebiger Weise erreicht werden kann, namentlich, wenn hierzu dicke Fäden in Anwendung gebracht werden.

Zum Schlusse will ich die in den zwei letzten Tafeln XX und XXI dargestellten Spitzenmuster, welche sämmtlich von der rühmlich bekannten Bobbinet- und Spitzenfabrik von Ludw. Damböck in Wien erzeugt und auch sämmtlich geschützt sind, kurz besprechen.

Das in Fig. 324, Taf. XX dargestellte schmale Spitzengewebe ist mit Lonp-Grund, die Muster mit einfacher Leinwand gebildet, die Spitze kann daher ausschliesslich mit Selectoren hergestellt werden. Die Grundöffnungen sind sehr gross genommen, um das Muster besser zur Wirkung zu bringen. Es sind nur Ketten und Bobbinsfäden angewendet.

Ein anderes schmales Spitzengewebe mit Loup-Grund ist in Fig. 331, Taf. XXI zur Anschauung gebracht.

In demselben erstreckt sich der Grund genau über sechs Bobbinsfäden und könnte daher mittelst durch unrunde Scheiben bewegte Leitern hergestellt werden.

Die Muster sind durch grobe Fäden gebildet, eingesäumt und zwischen denselben einfache Leinwand als Füllungsbindung zur Anwendung gebracht. Die grossen, in die Musterbindung verlegten Oeffnungen, Löcher, werden namentlich durch den Zug erreicht, den die links davon angeordneten dicken Fäden ausüben, die ihrerseits in die Grundbindung hineinreichen und durch *independent-bars* geführt sind.

Eine Spitze, ebenfalls mit Loup-Grund aus zwei Fadensystemen gebildet, ist in Fig. 332, Taf. XXI dargestellt.

Hier sind bei der Musterbindung dicke Fäden in Anwendung gebracht, um gewisse Linienzüge im Muster stärker hervorzuheben. Die Füllung zwischen diesen Fadenzügen ist durch einfache Leinwand erreicht, in welche Löcher verlegt sind.

Auch die in Fig. 330, Taf. XXI dargestellte Spitze ist mit Loup-Grund hergestellt, nur dass hier die, die Schlinge bildenden Fadentheile nicht, wie beim gewöhnlichen Loup-Grund ganz nahe aneinander, sondern weiter voneinander verlegt sind, wodurch nicht viereckige, sondern dreieckige Grundöffnungen entstehen und die Fläche gleichmässiger gedeckt erscheint; dass dies in ganz einfacher Weise zu erreichen ist, wird demjenigen, welcher die Darstellung der Bindung gründlich durchgenommen hat, nicht unklar sein. Diese Grundbindung erstreckt sich über die ganze Breite der Spitze, also auch über die Musterbindungsflächen.

Die Muster des Repräsentationsrandes sind hier mit doppelter Leinwand hergestellt, um die Muster jedoch sehr gut hervorzuheben, d. h. eine recht dichte Deckung der Musterflächen zu erreichen, sind dicke Spulenfäden in Anwendung gebracht, während die Ketten- und Bobbinsfäden dünn gehalten sind. Dieses Muster kann mit Selectoren nicht hergestellt werden.

Die in der Fig. 326, Taf. XX u. 333, Taf. XXI dargestellten Gewebe sind mit französischem Grund und der dazu gehörigen doppelten Leinwand gebildet. Beide können mit Selectoren hergestellt werden. Das erstere Gewebe ist eine Einlage, das letztere eine Spitze, Kante im engeren Sinne. Die Grundbindung, welche bei dem Gewebe, Fig. 333, zwischen den weit vorspringenden Zacken des Repräsentationsrandes in der Maschine hergestellt werden mussten, ist durch Ausschneiden mit der Hand entfernt.

Die in den Fig. 334, 335 u. 336, Taf. XXI vorgelegten schmalen Spitzengewebe zeigen sämmtlich Square-net-Grund. Derselbe erstreckt sich in dem Gewebe,

Fig. 334, über die ganze Breite des Gewebes, während sie bei den beiden anderen Mustern nur bis zu den Musterbindungen reicht.

In Fig. 334 sind die einfachen Muster durch etwas dickere Spulenfäden gebildet, die in *independent-bars* eingezogen werden. Die drei in jedem Randbogen liegenden Punkte sind ebenfalls aus dickeren Fäden durch Leinwand gebildet und werden diese dickeren Fäden von einem Punkt zum anderen ohne Unterbrechung geführt, zu welchem Behufe sie den Fäden, die den Square-net-Grund bilden, beigesellt, d. h. im zwischen liegenden Grund versteckt werden, was dem aufmerksamen Beobachter auch nicht entgehen wird.

In Fig. 335 sind die Musterflächen durch dicke Fäden eingesäumt, der Lauf dieser Fäden aber so angeordnet, dass dieselben an keiner Stelle unterbrochen zu werden brauchen.

Einzelne gedeckte Punkte sind durch Leinwandbindung mit Hilfe der dicken Fäden hergestellt. Die Füllung einzelner Musterflächen ist durch einfache Leinwand erreicht, die Füllung anderer Flächen durch symmetrisch vertheilte Oeffnungen erreicht; der Zwischenraum zwischen diesen Oeffnungen ist ebenfalls durch einfache Leinwand gebildet.

In ganz ähnlicher Weise sind die Musterbindungen in Fig. 336 zur Ausführung gebracht, nur sind hier die dicken Fäden, welche die Blättchen der in die Grundbindung hineinragenden Zweige theils durch Leinwandbindung, theils durch Umsäumung zu bilden haben, unterbrochen.

Dem Fachmanne ist diese Fadenunterbrechung sofort klar, auch wenn die, zwischen den Zweigen, vereinzelt mitten im Grunde sitzenden Ringelchen nicht vorhanden wären, die allerdings auf eine solche Unterbrechung leicht und sofort schliessen lassen.

Hier sind die zwischen den Mustern fortlaufenden dicken Fäden jedoch, so weit sie unterbrochen sind, nicht in der Grundbindung versteckt weiter geführt wie in Fig. 334, sondern flott liegen gelassen und dann mit der Scheere abgeschnitten. Das ist nicht nur der Fall zwischen den erwähnten vereinzelt angeordneten Ringelchen, von welchen jedes aus zwei dicken Fäden besteht, sondern auch zwischen den Blättchen der erwähnten Zweige, so weit sie in die Grundbindung hineinragen.

Die Führung und Anordnung der dicken Fäden ist hier für denjenigen, der die Maschine zur Herstellung dieser Spitze vorzubereiten, resp. die Herstellung der Jaquard-Karten anzuordnen hat, keine leichte Aufgabe.

Das Spitzengewebe, Fig. 337, Taf. XXI, besitzt Mocktravers-Grund. Die Musterbildung ist auch hier durch eine Combination von dicken Fäden, Füllungsbindungen und Oeffnungen erreicht.

Die dicken Fäden sind theils zur dichten Deckung einzelner Flächen, theils blos zur Umsäumung verwendet und so angeordnet, dass sie ihren Lauf nirgends unterbrechen müssen. Die Füllungsbindungen sind theils durch Loup-Grund, theils durch einfache Leinwand gebildet.

Das in den Fig. 338 u. 339, Taf. XXI dargestellte Spitzengewebe hat Ensorsnet-Grund.

Die Muster sind sämmtlich durch dicke Fäden eingesäumt und zum Theil durch eine Leinwandgattung, zum Theil durch die Füllungsbindung, Fig. 320, Taf. XVII, gefüllt.

In die Grundbindung sind bei dem links stehenden Gewebe zwei, bei dem rechts stehenden Gewebe drei Reihen vereinzelt stehender Ringelchen angeordnet, die sämmtlich durch dazwischen flott liegende Ausschneidefäden gebildet werden, wie dies in Fig. 339 deutlich ersichtlich ist, wo diese Ausschneidefäden noch nicht abgeschnitten sind. Solch flott liegende zum Wegschneiden bestimmte Fäden sind auch bei der Umsäumung der Musterfiguren in Fig. 349 zu bemerken.

Die Grundbindung durchdringt hier auch die Flächen der Musterbindung und ist nur dort unterbrochen, wo Oeffnungen gebildet werden und wo die Füllungsbindung, Fig. 320, Platz greift.

Die beiden Fig. 338 u. 339 sind auch deshalb erwähnenswerth, weil sie zeigen, wie zwei in der Maschine unmittelbar neben einander hergestellte schmale Spitzenstreifen durch Bindefäden mit einander verbunden werden können, und sie zeigen auch, dass die neben einander hergestellten schmalen Spitzengewebe nicht sämmtlich gleiche Breite haben müssen. Das links stehende Gewebe, Fig. 338, ist um ein Bedeutendes schmäler als das rechts stehende, Fig. 339.

Alle fünf zuletzt erwähnten Gewebe können durch eine Combination von Hacken- und Grundstangen mit unabhängigen Stangen oder ausschliesslich durch letztere hergestellt werden.

Auch die Herstellung des Grundes durch einfache, von unrunden Scheiben bewegte Leitern ist bis zu einer gewissen Breite des Gewebes ermöglicht.

Das in Fig. 340, Taf. XXI dargestellte Spitzengewebe, eine Cluny-Imitation, zeigt gar keinen Grund, sondern nur Muster, die durch entsprechende Führung dicker Fäden, durch Deckung kleiner Flächen mit Leinwand aus diesen Fäden hergestellt ist. Diese dicken Fäden sind durch dünne Fäden in entsprechender Weise und zwar so zusammengehalten, dass diese letzteren vollkommen verschwinden.

Aehnlich ist das Spitzengewebe, Fig. 341, Taf. XXI, welches jedoch eine Art Square-Grund zeigt.

Beide sind durch *independent-bars* hergestellt.

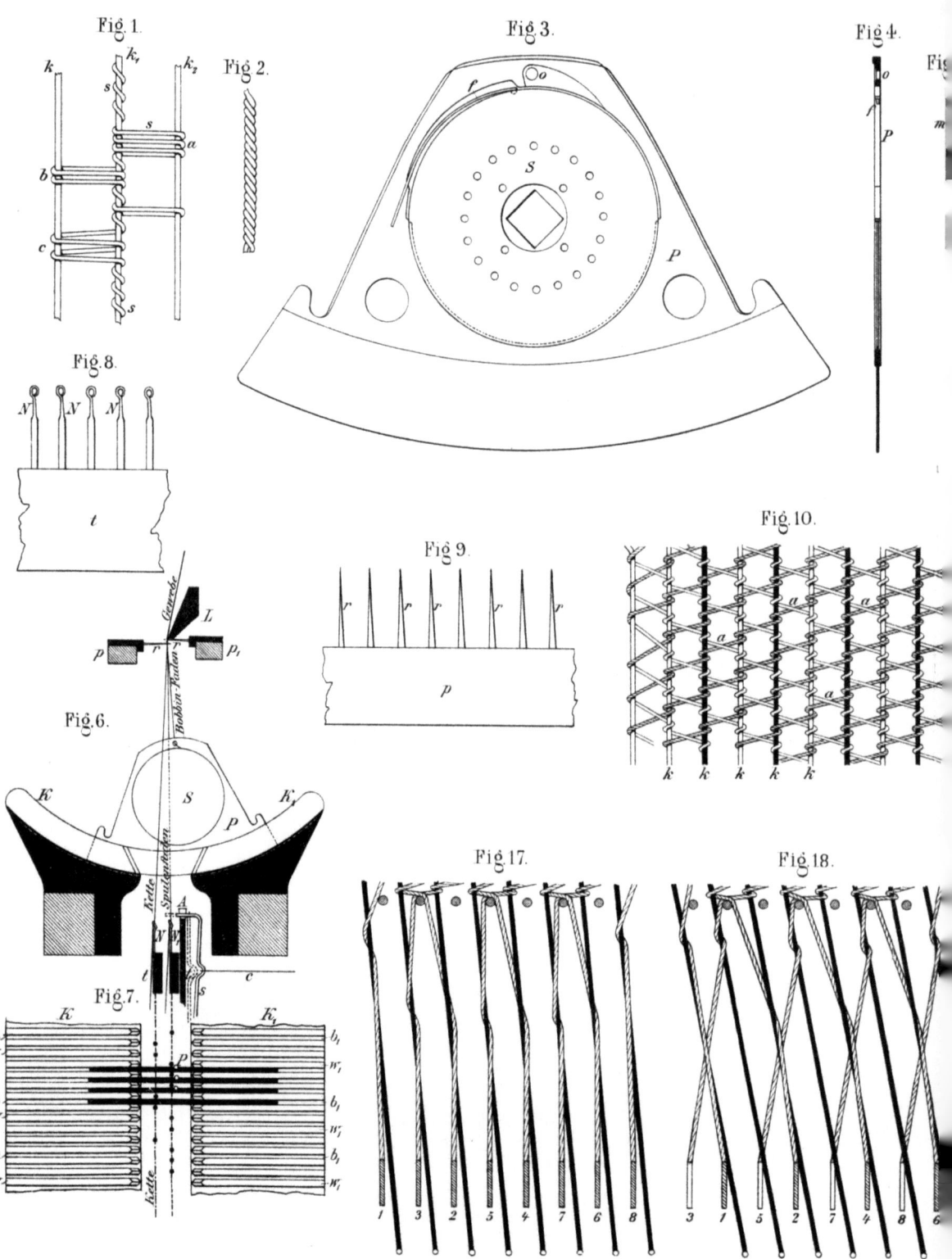

Tafel I.

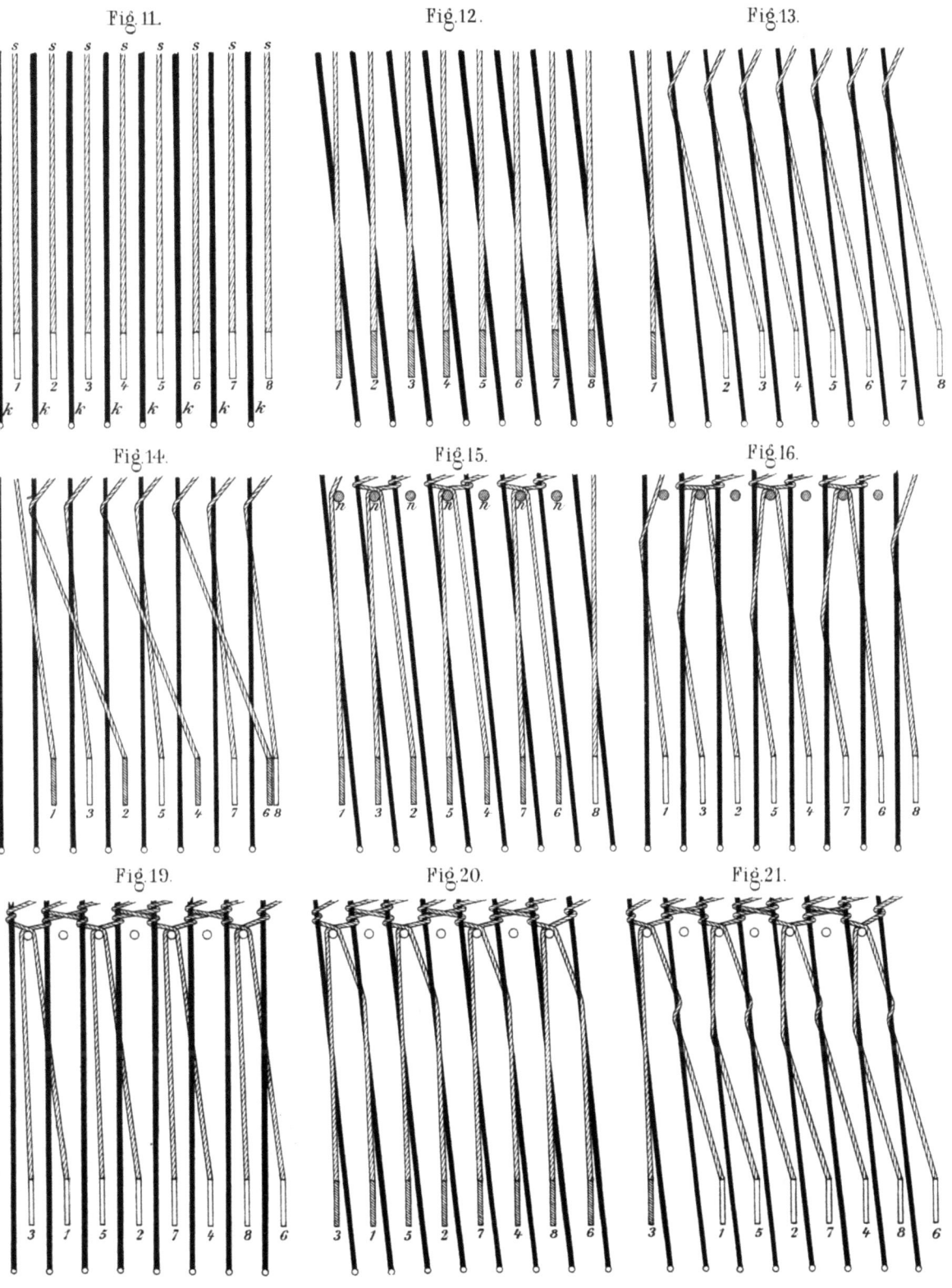

Autogr. Anst. von Alfr. Müller in Leipzig-R.

Kraft, Mech. Bobbinet-u. Spitzen-Herstellung.

Fig. 22.   Fig. 23. 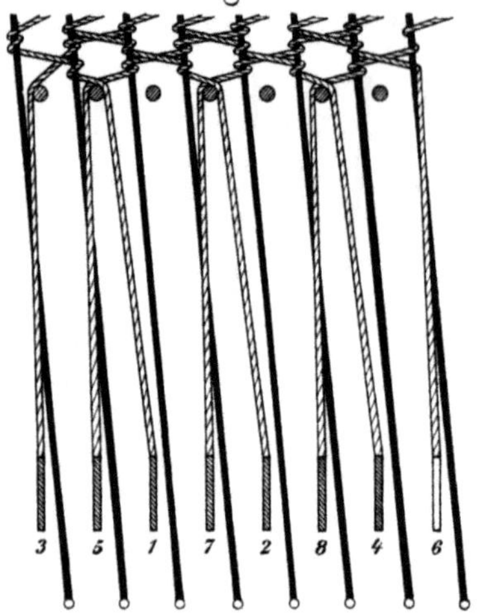   Fig. 24.

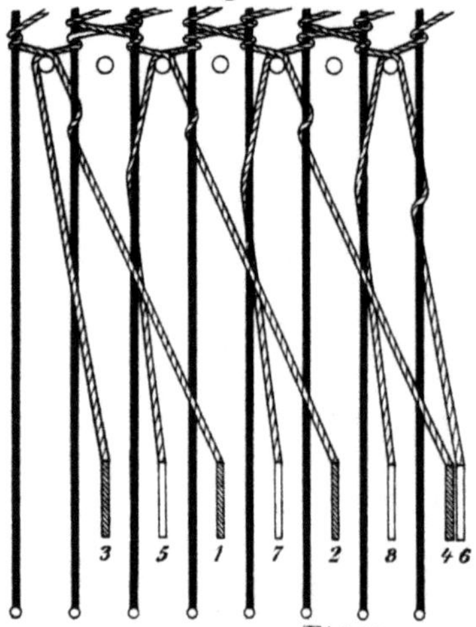

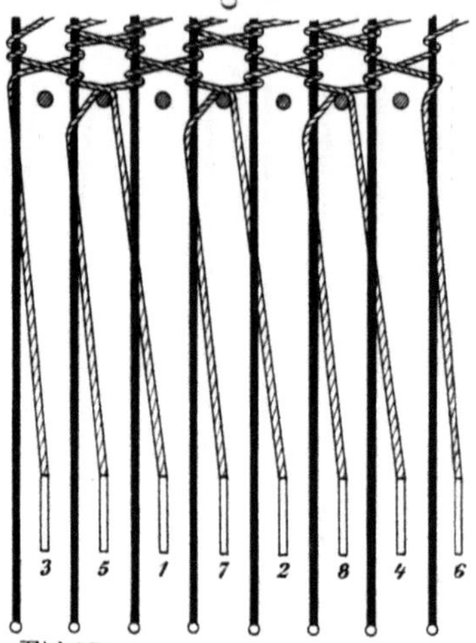

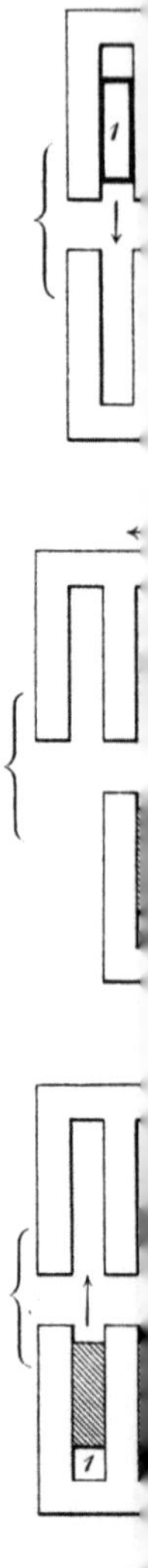

Fig. 34. 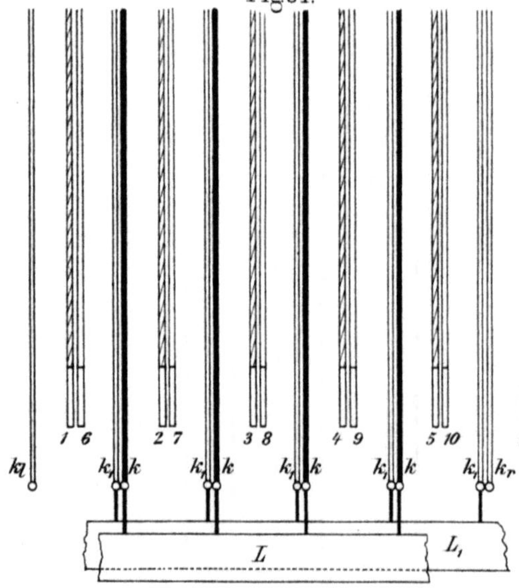   Fig. 35.

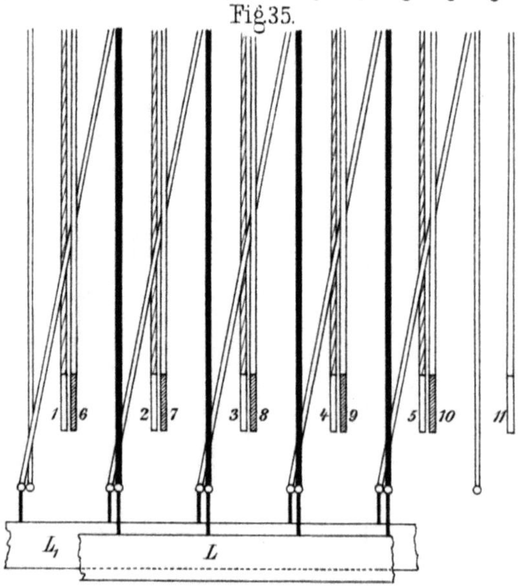

Fig. 36. 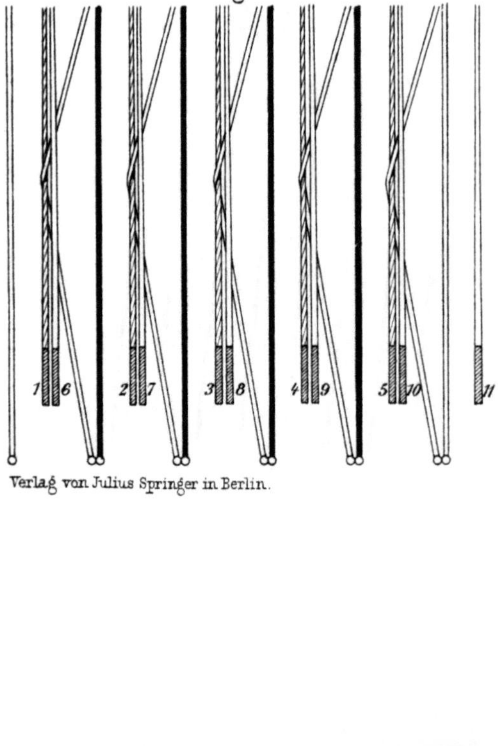   Fig. 37.

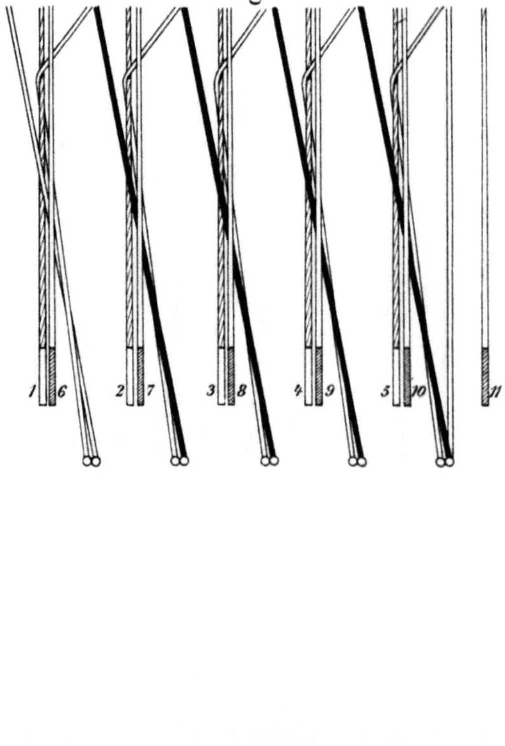

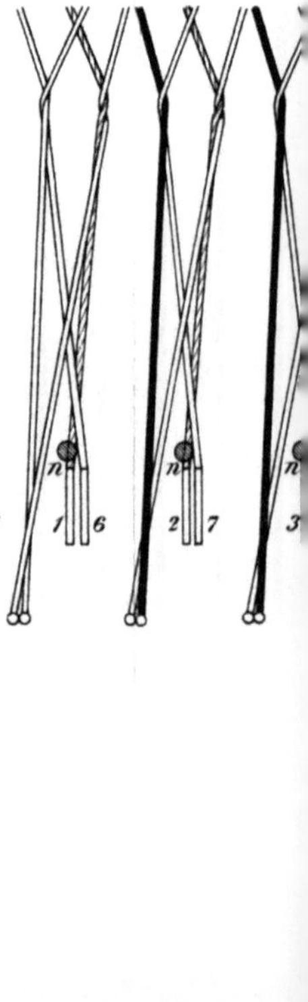

Verlag von Julius Springer in Berlin.

Tafel II.

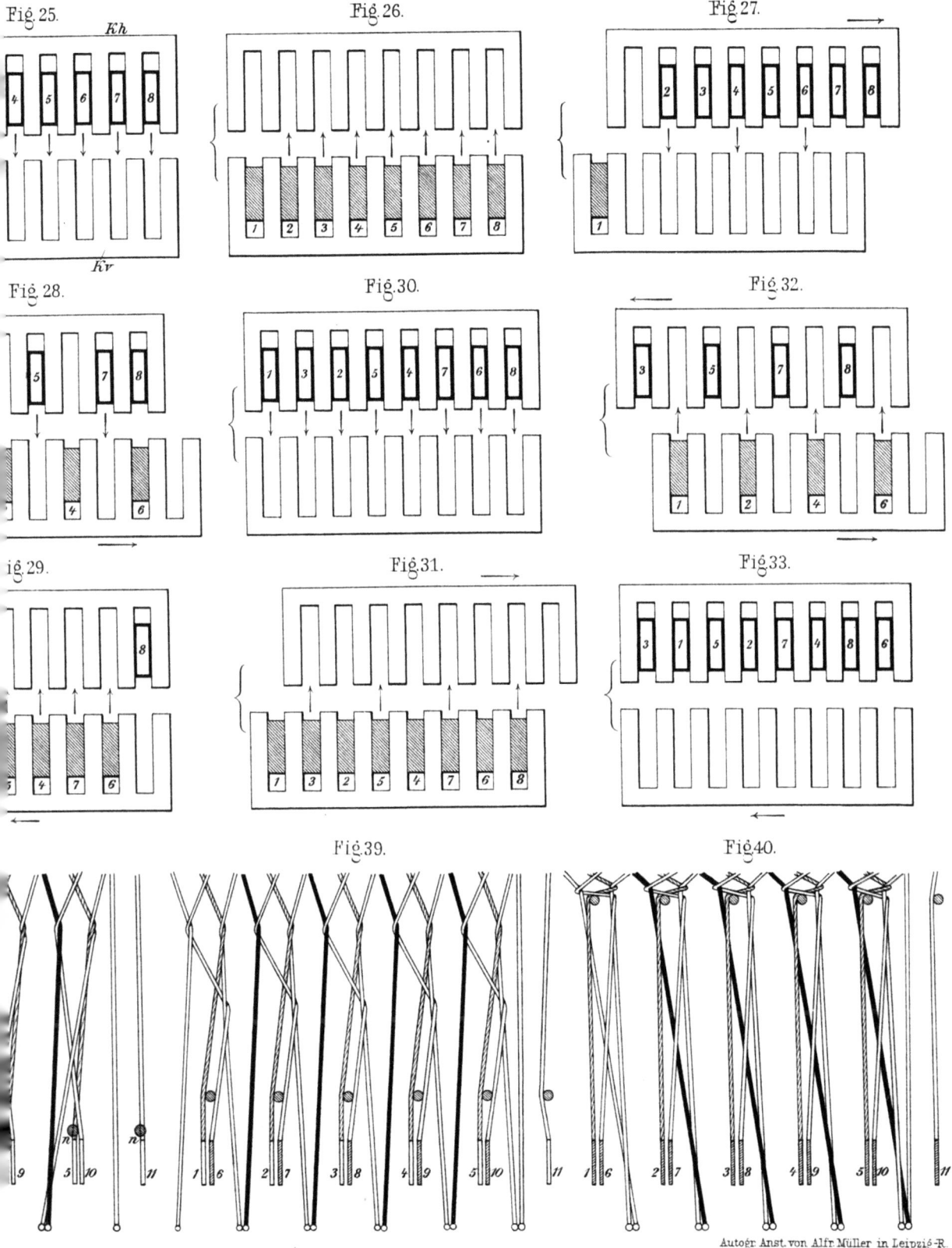

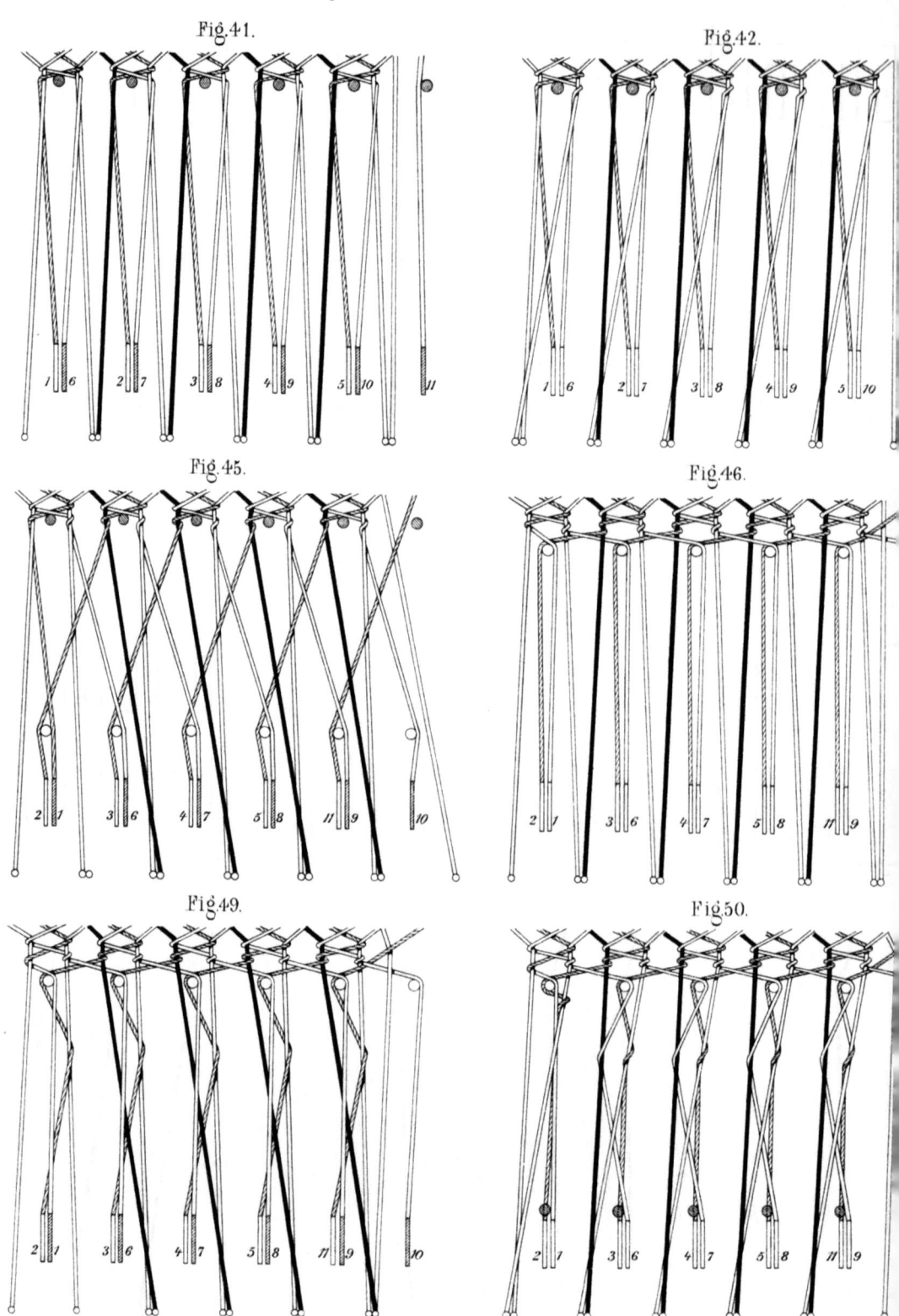

Tafel III.

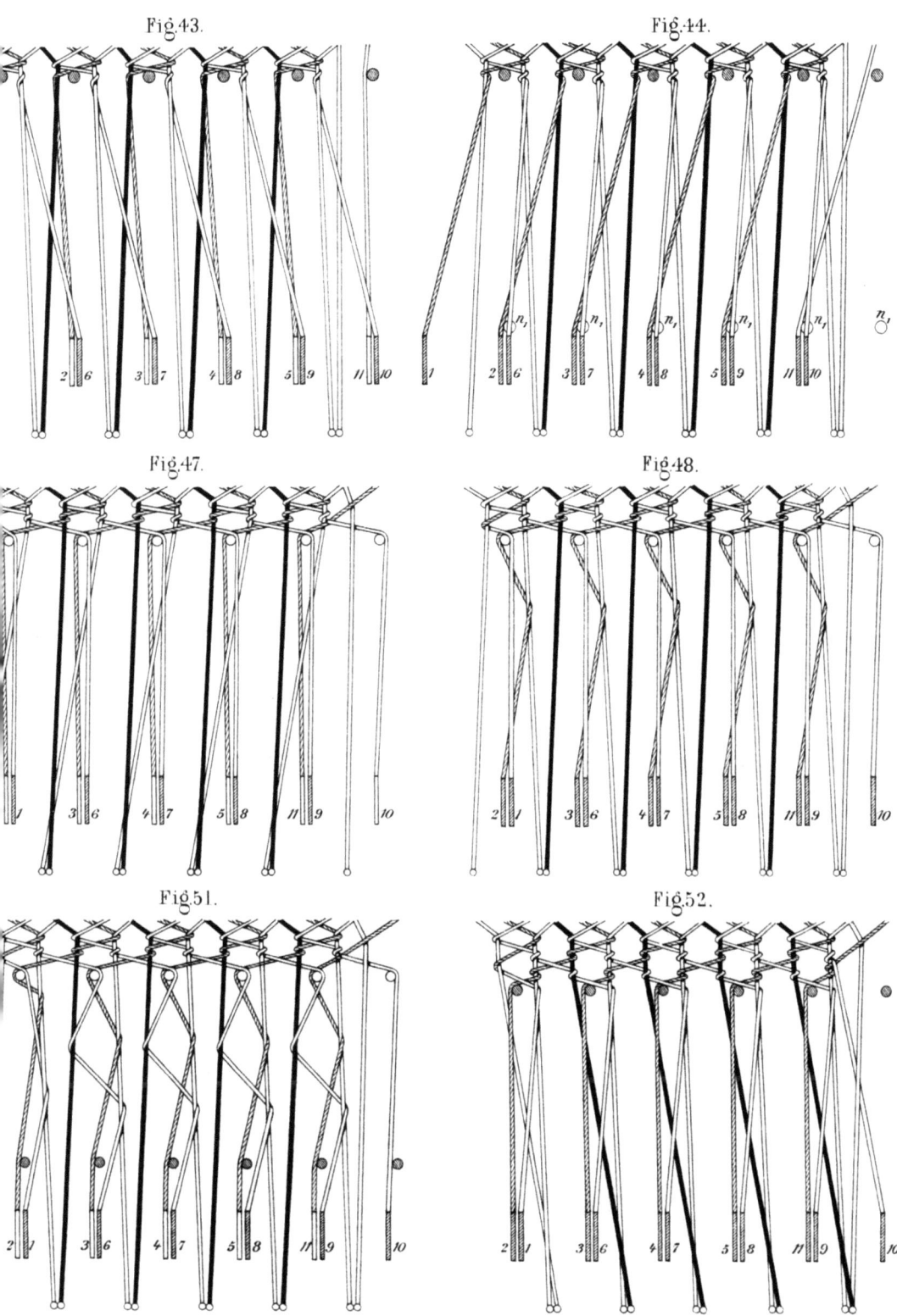

Kraft, Mech. Bobbinet-u. Spitzen-Herstellung

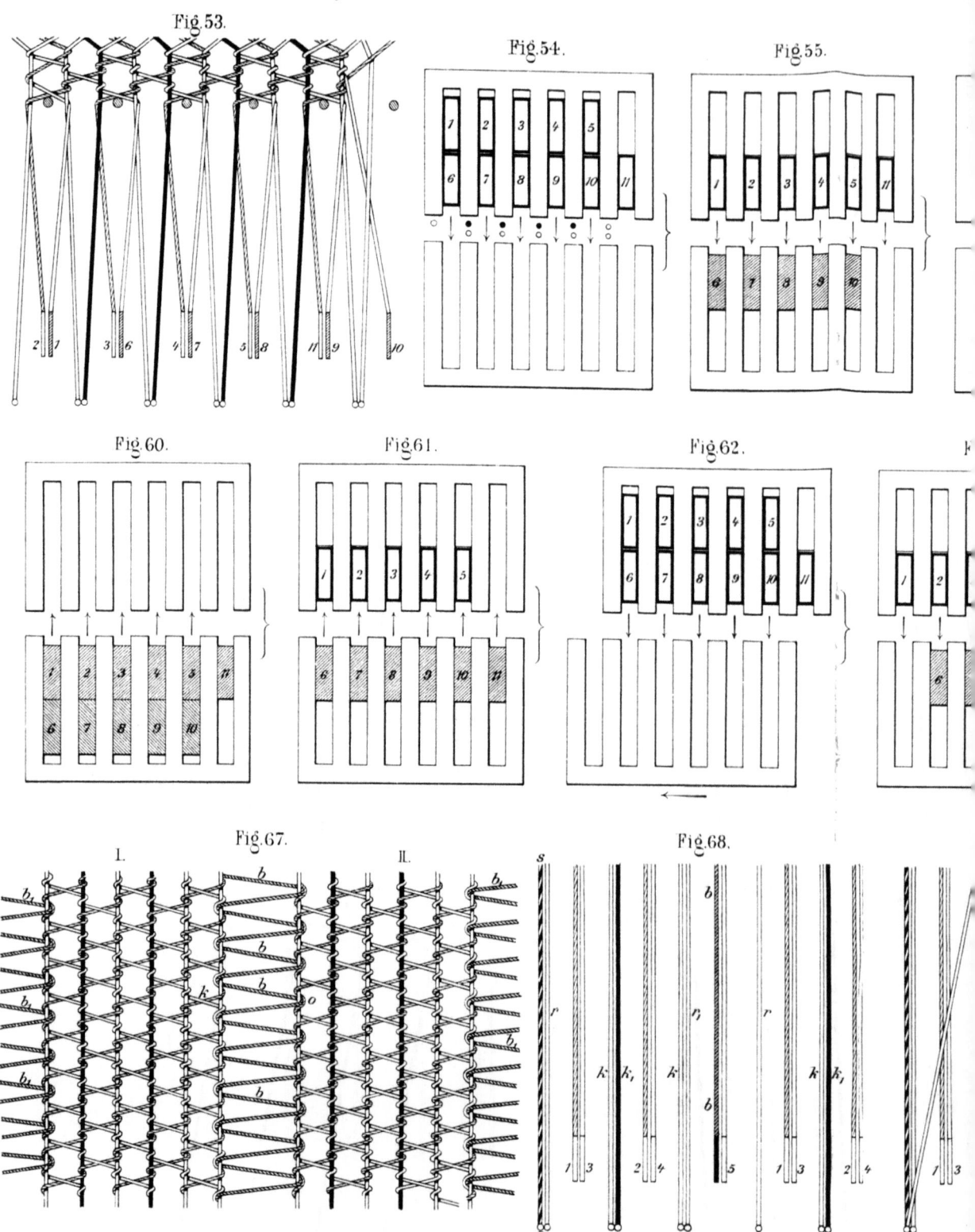

Verlag von Julius Springer in Berlin.

Tafel IV.

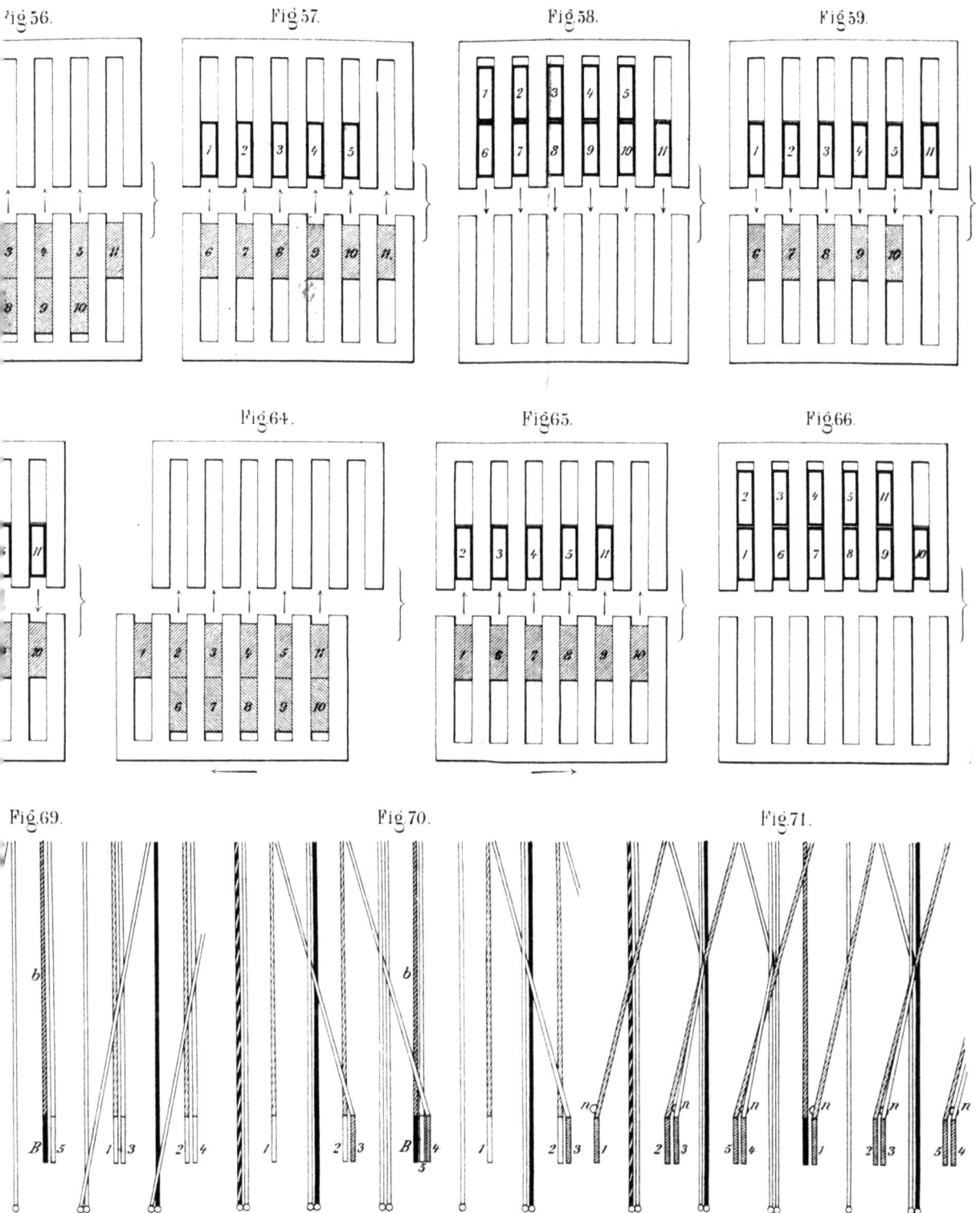

Kraft, Mech. Bobbinet-u. Spitzen-Herstellung.

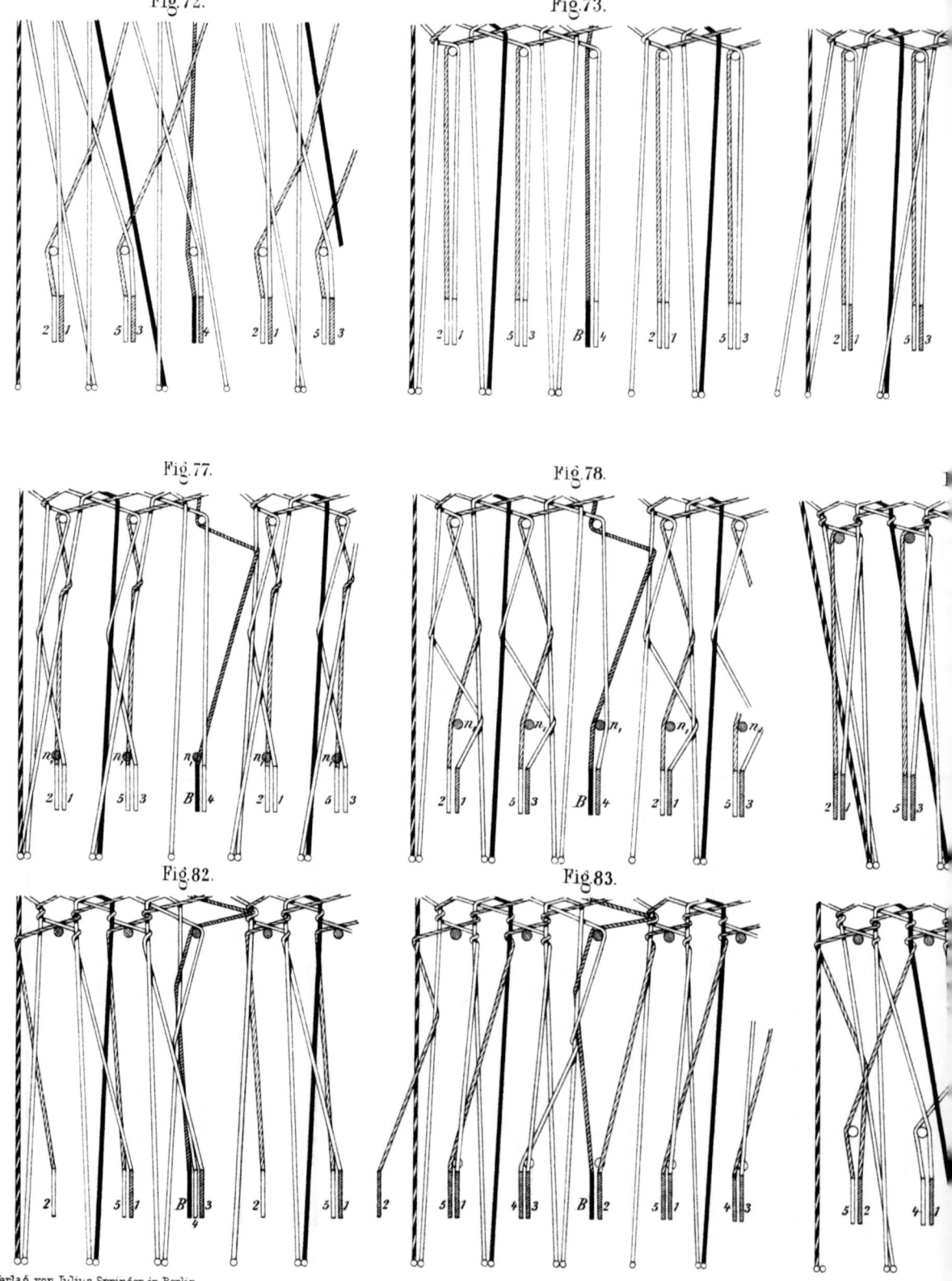

Verlag von Julius Springer in Berlin.

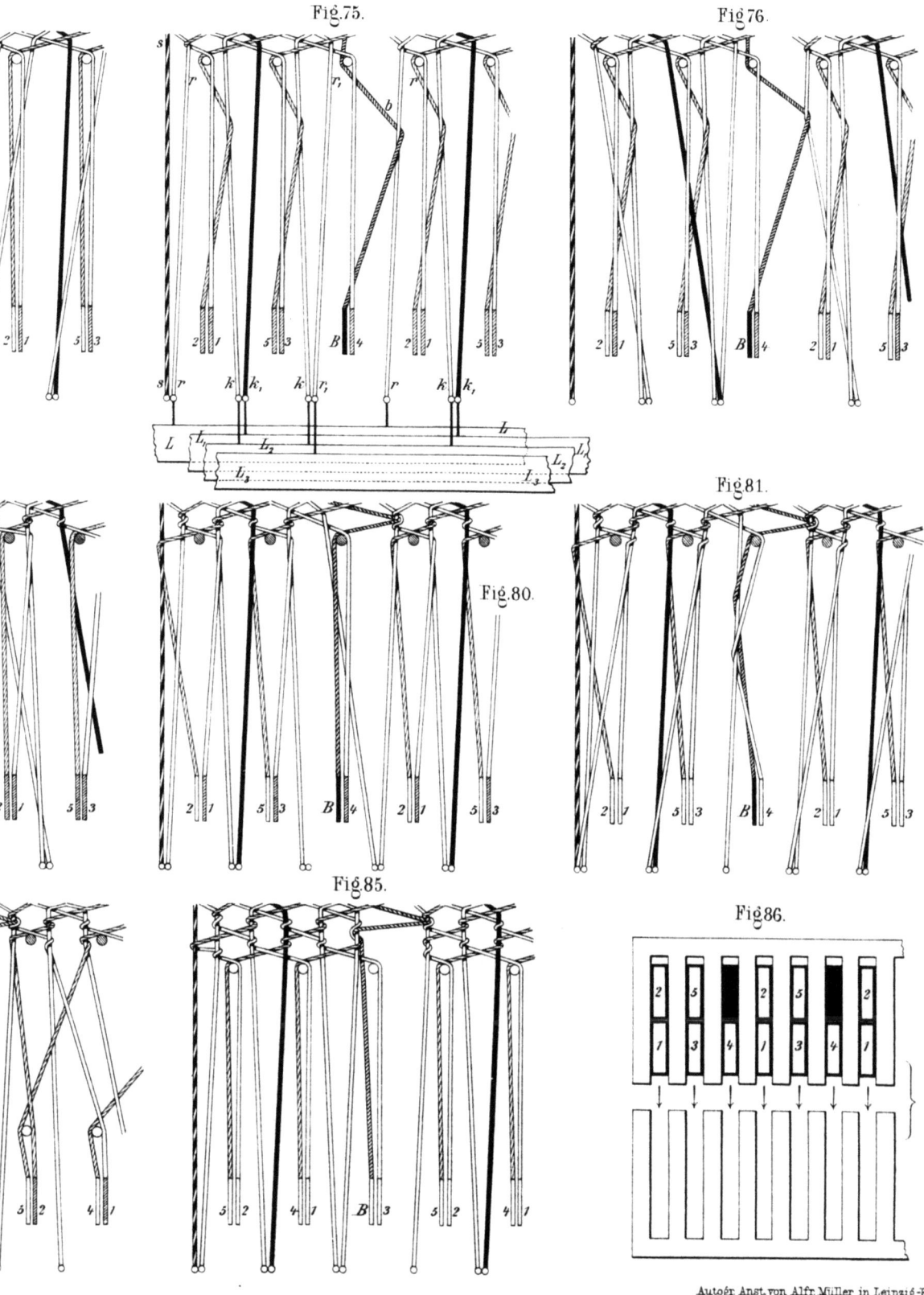

Tafel V.

Kraft, Mech. Bobbinet-u. Spitzen-Herstellung.

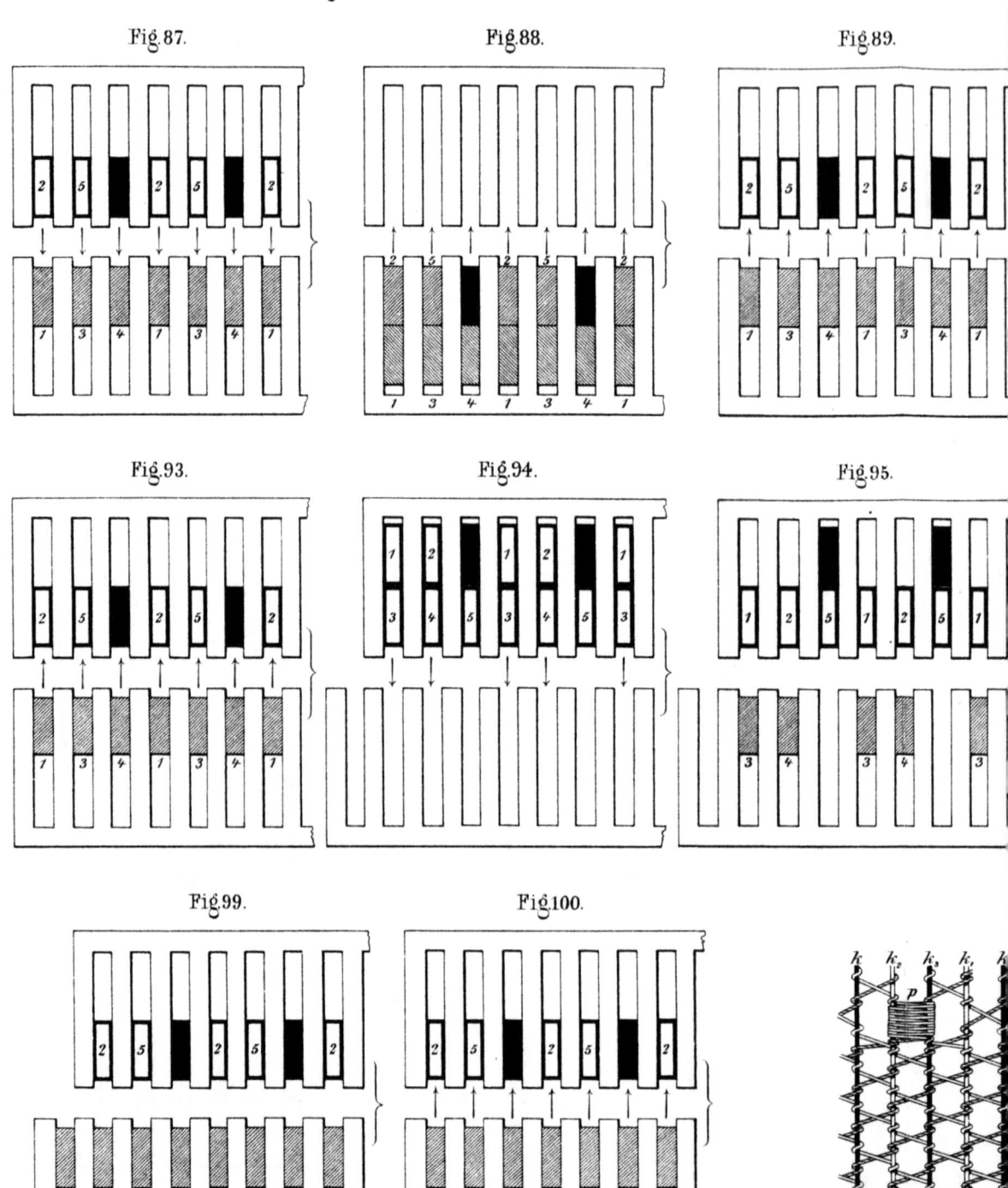

Fig. 87. Fig. 88. Fig. 89.

Fig. 93. Fig. 94. Fig. 95.

Fig. 99. Fig. 100.

Verlag von Julius Springer in Berlin.

Tafel VI.

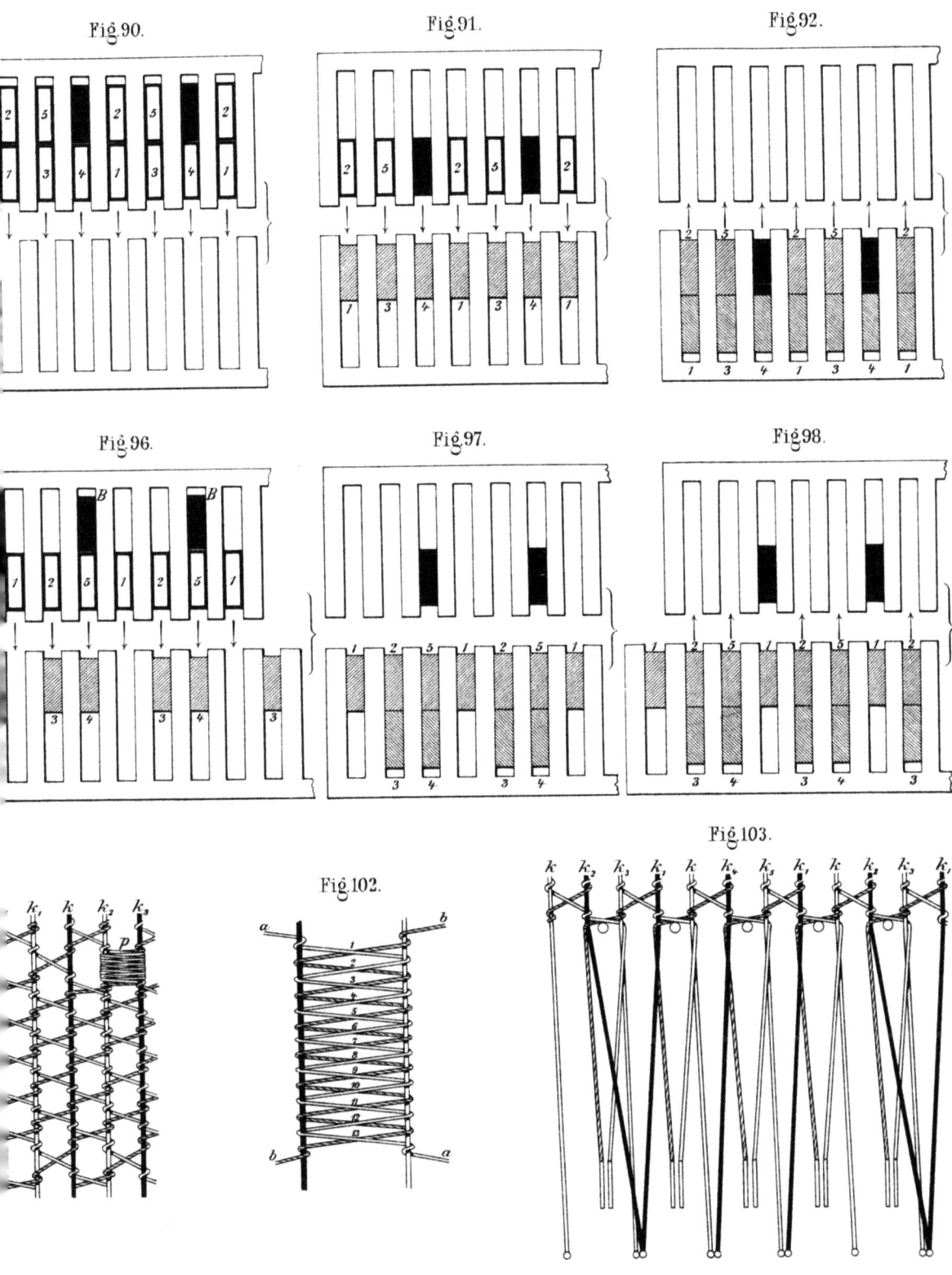

Kraft, Mech. Bobbinet-u. Spitzen-Herstellung.

Fig. 104. Fig. 105.

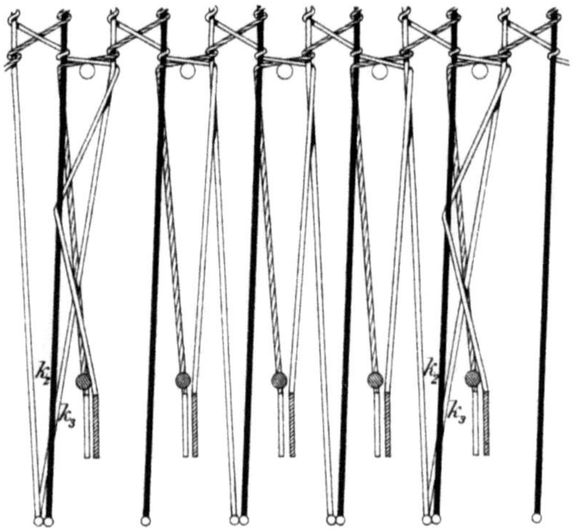

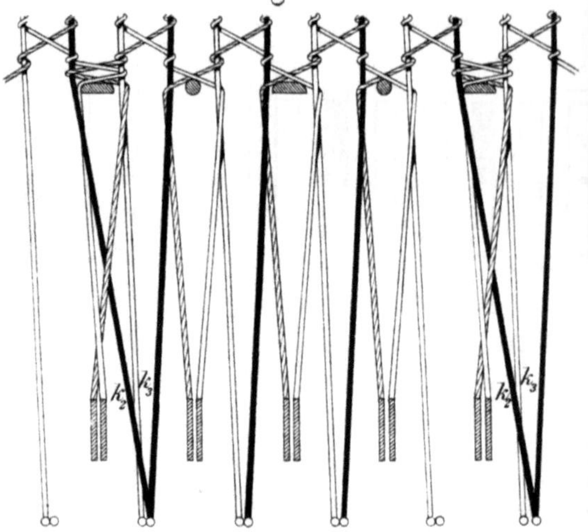

Fig. 108. 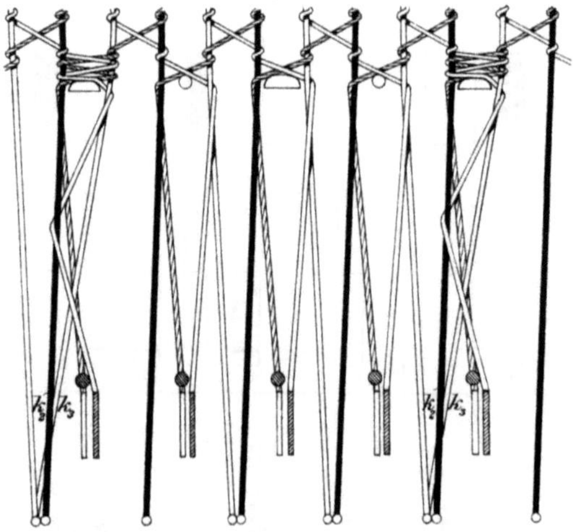 Fig. 109.

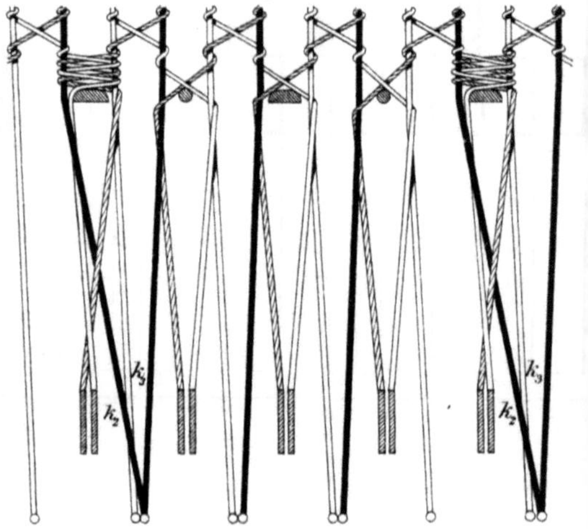

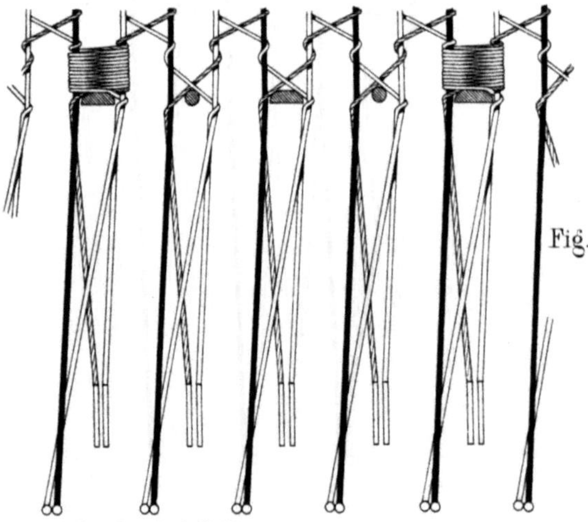

Fig. 112. Fig. 113. Fig. 114.

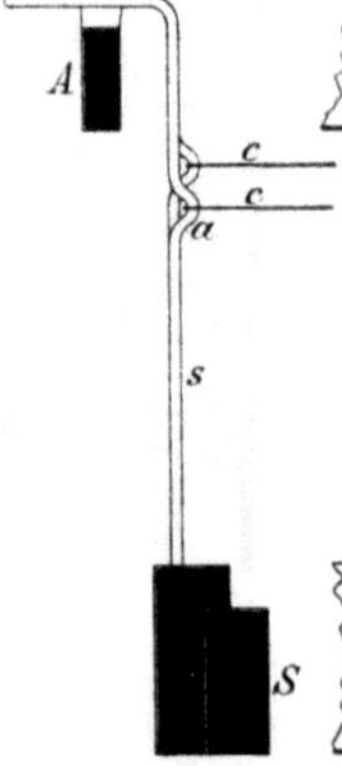

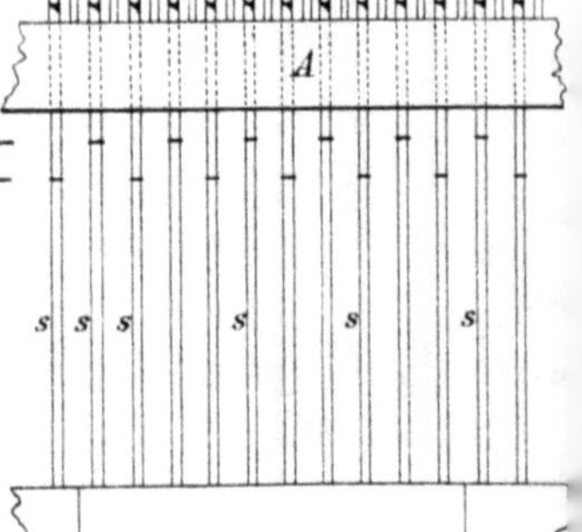

Verlag von Julius Springer in Berlin.

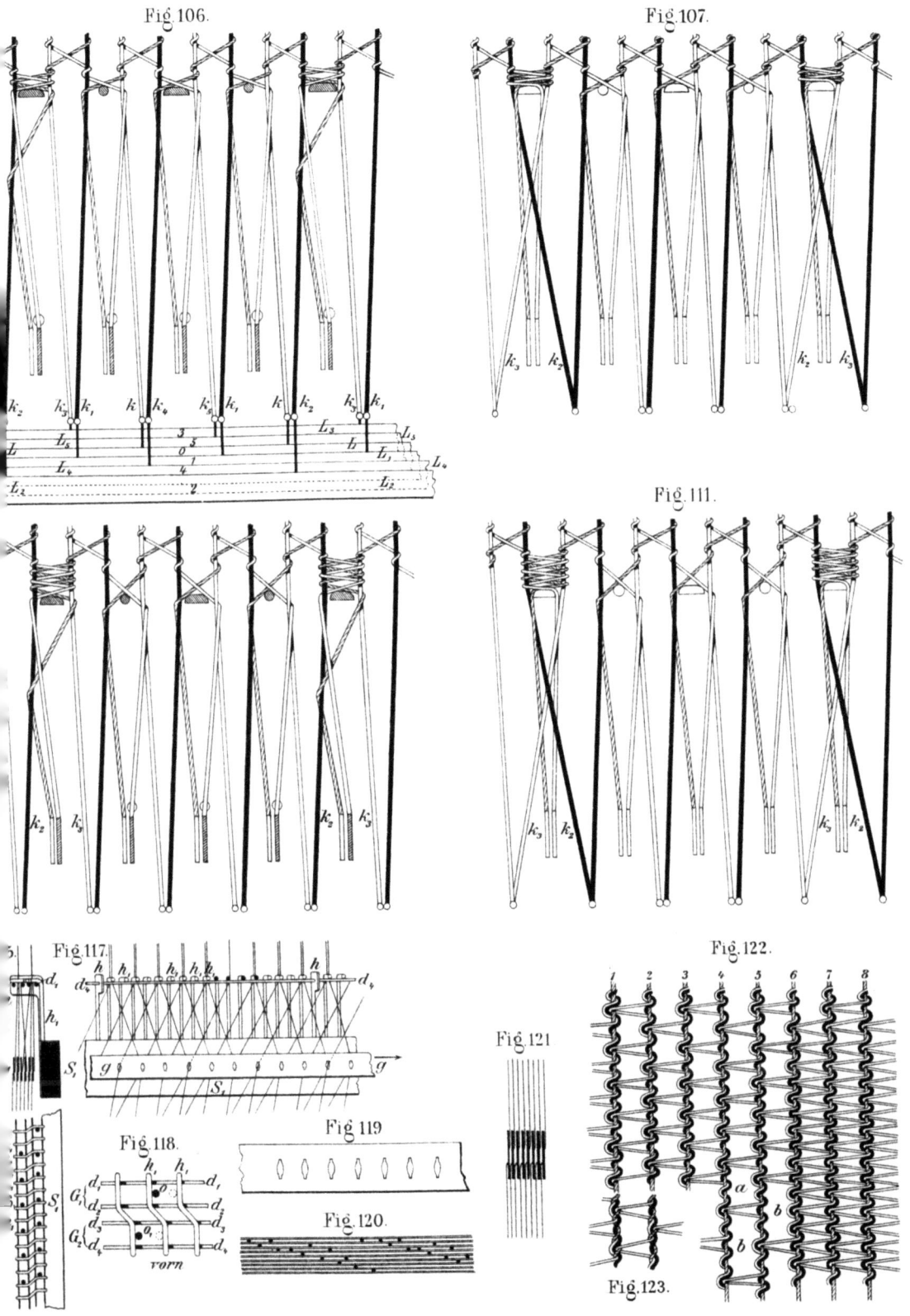

Tafel VII.

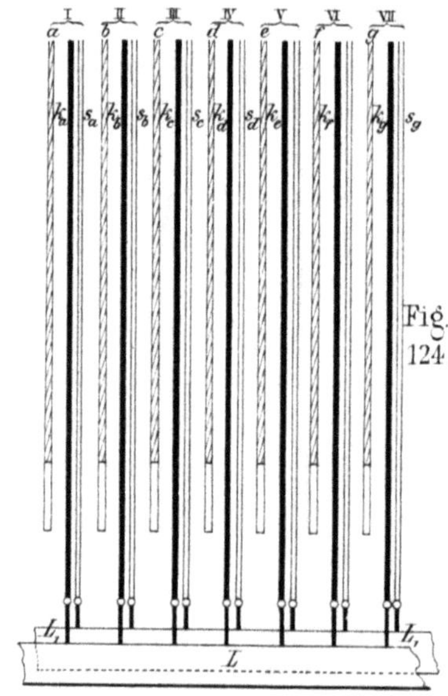

Kraft, Mech. Bobbinet- u. Spitzen-Herstellung

Fig. 124.

Fig. 125.

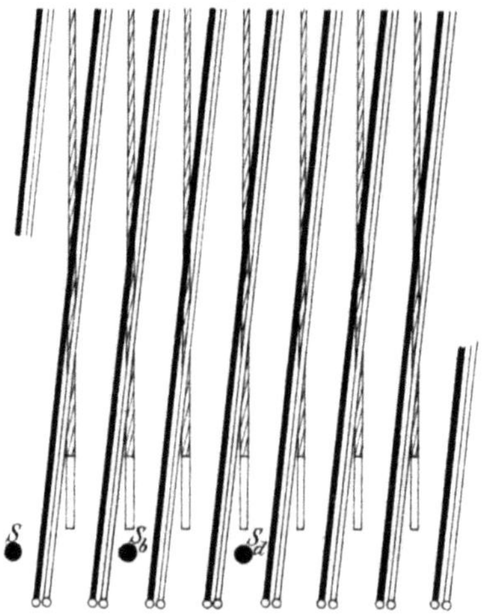

Fig. 126.

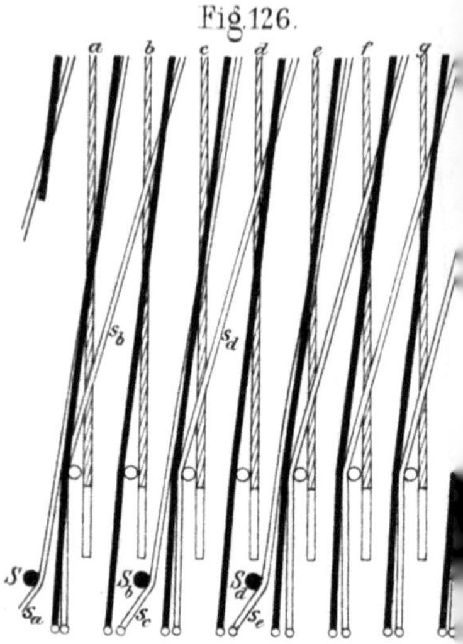

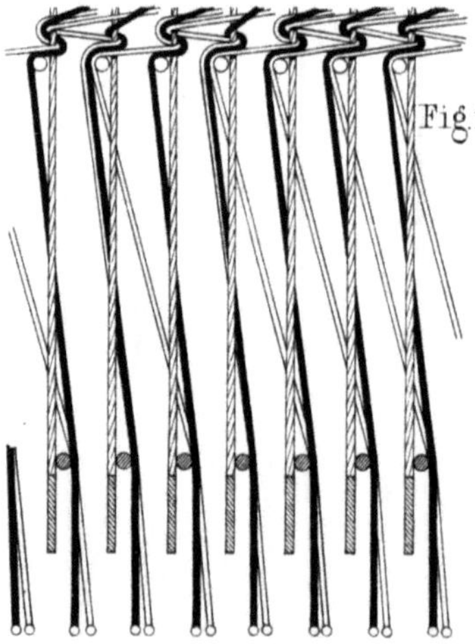

Fig. 130.

Fig. 131.

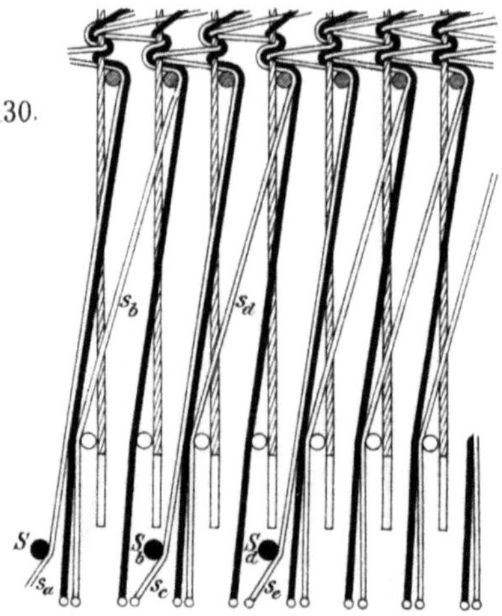

Fig. 132.

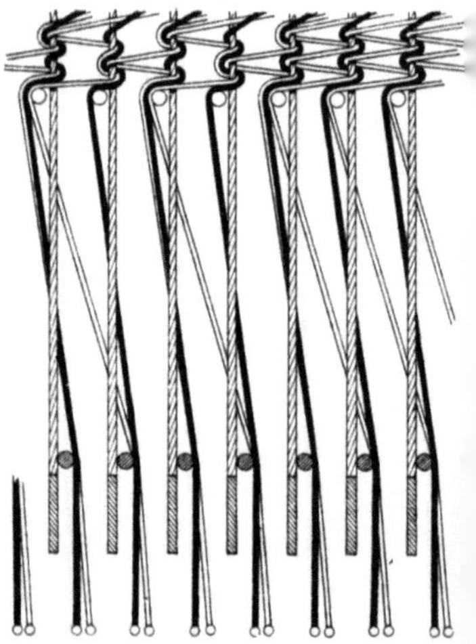

Fig. 138.

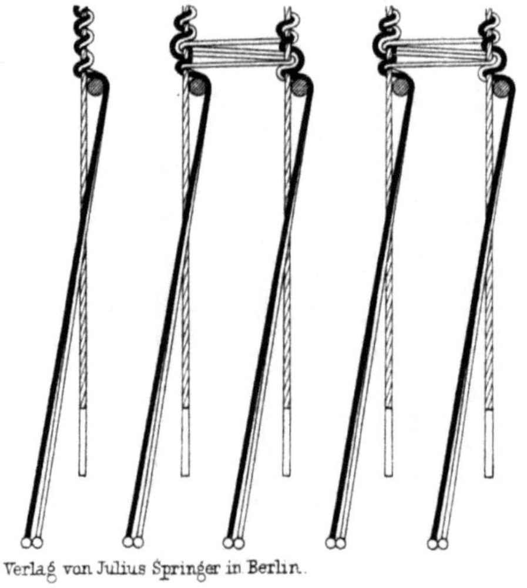

Fig. 139.

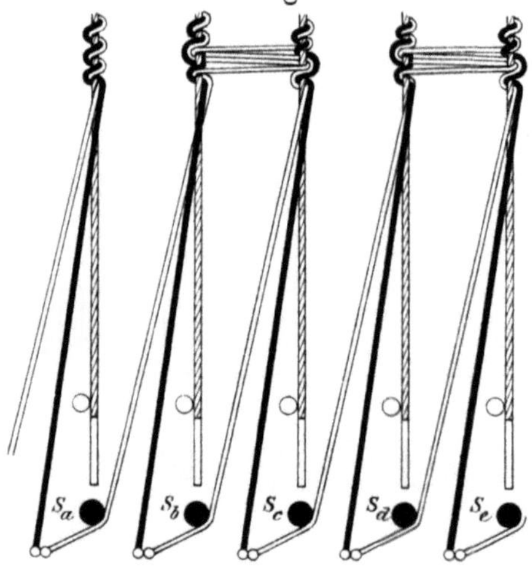

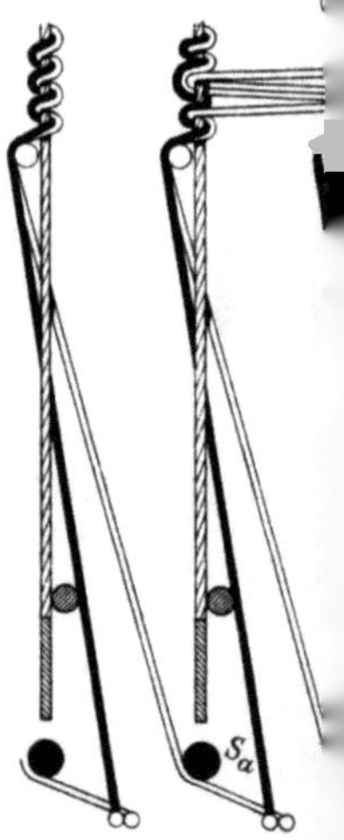

Verlag von Julius Springer in Berlin.

Tafel VIII.

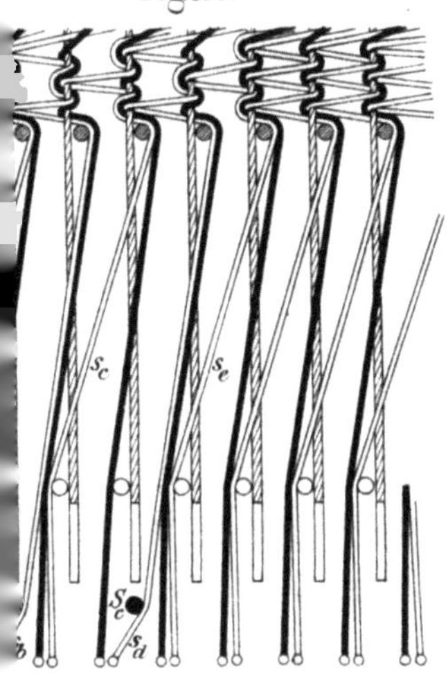

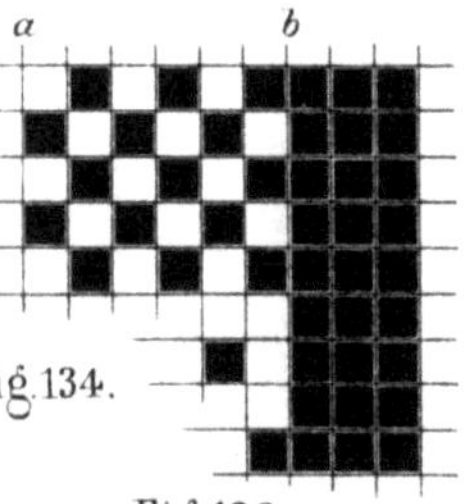

Fig. 127. Fig. 128. Fig. 129.

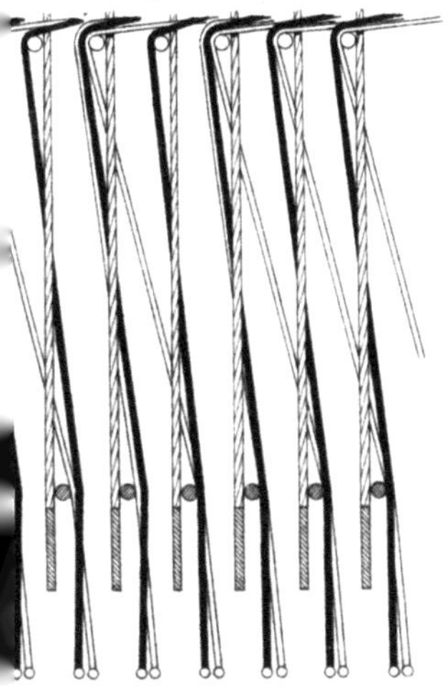

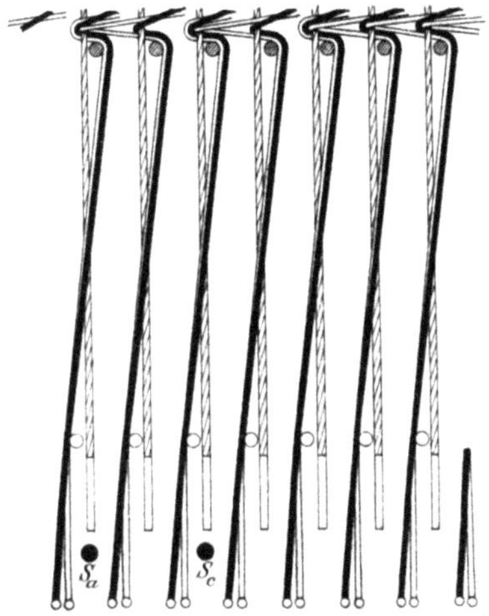

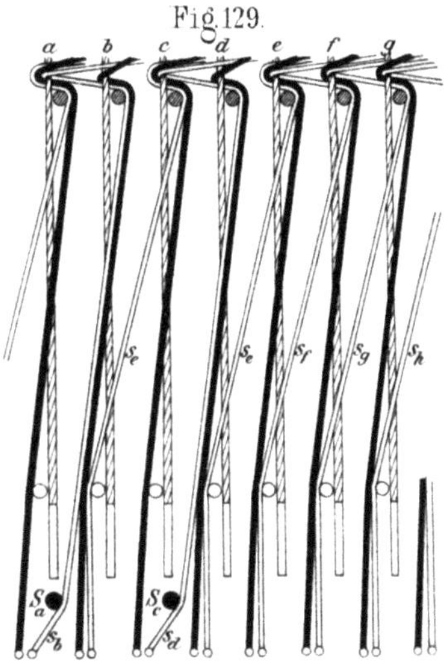

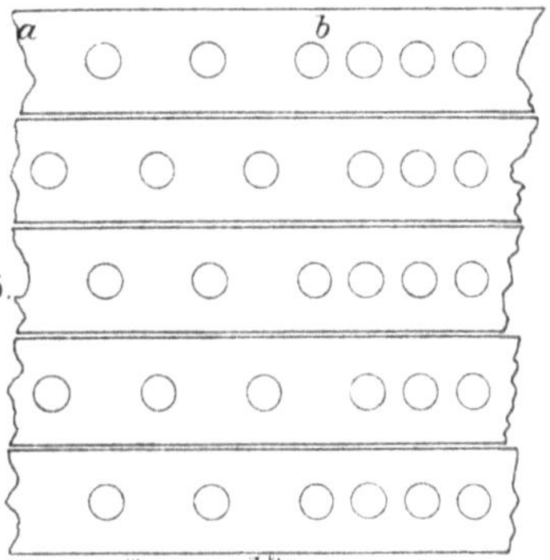

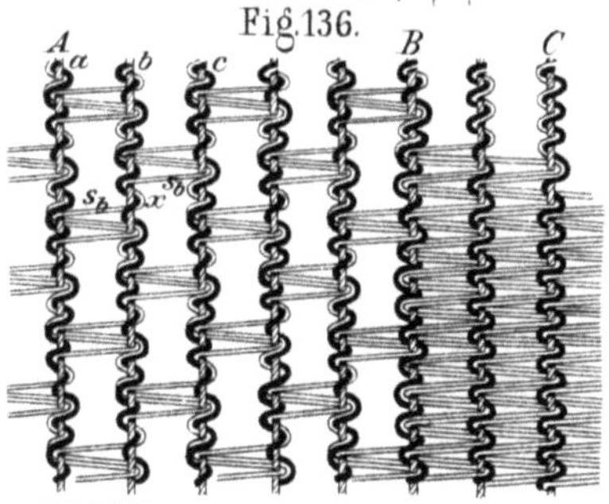

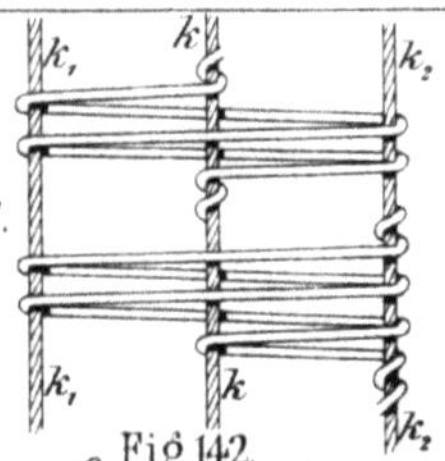

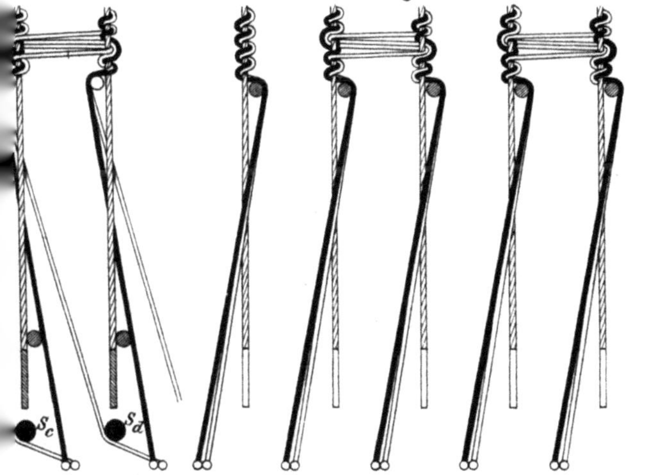

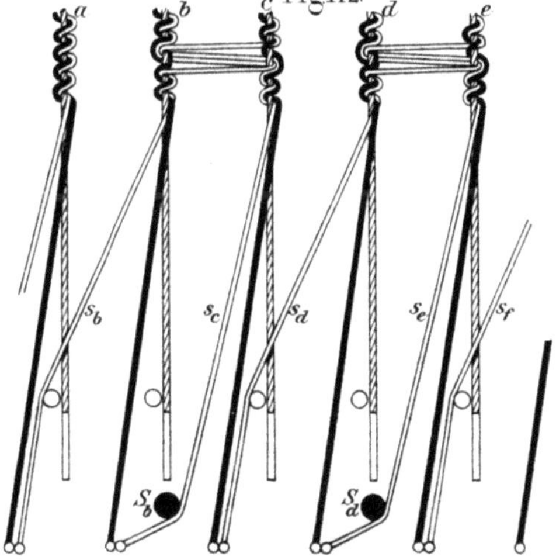

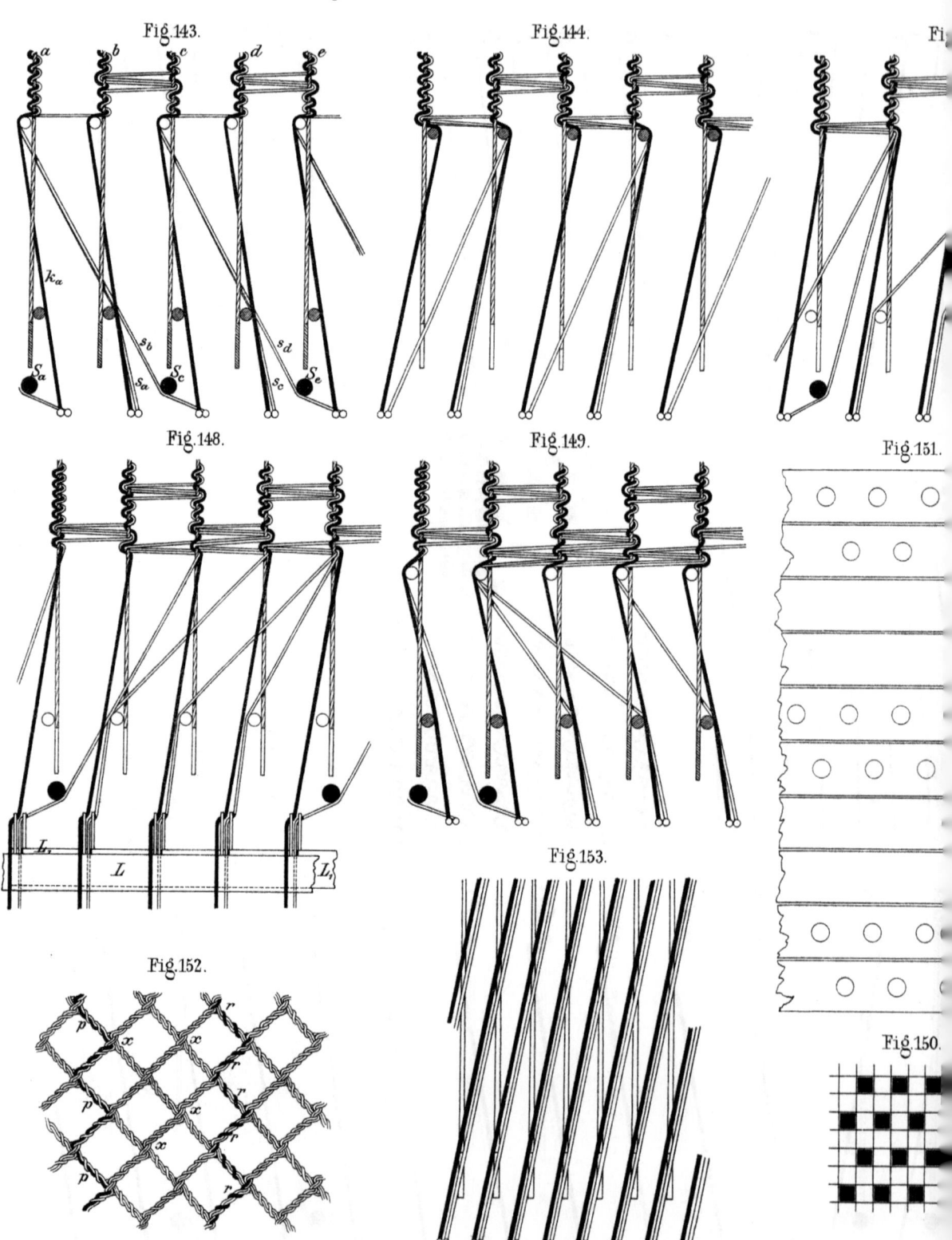

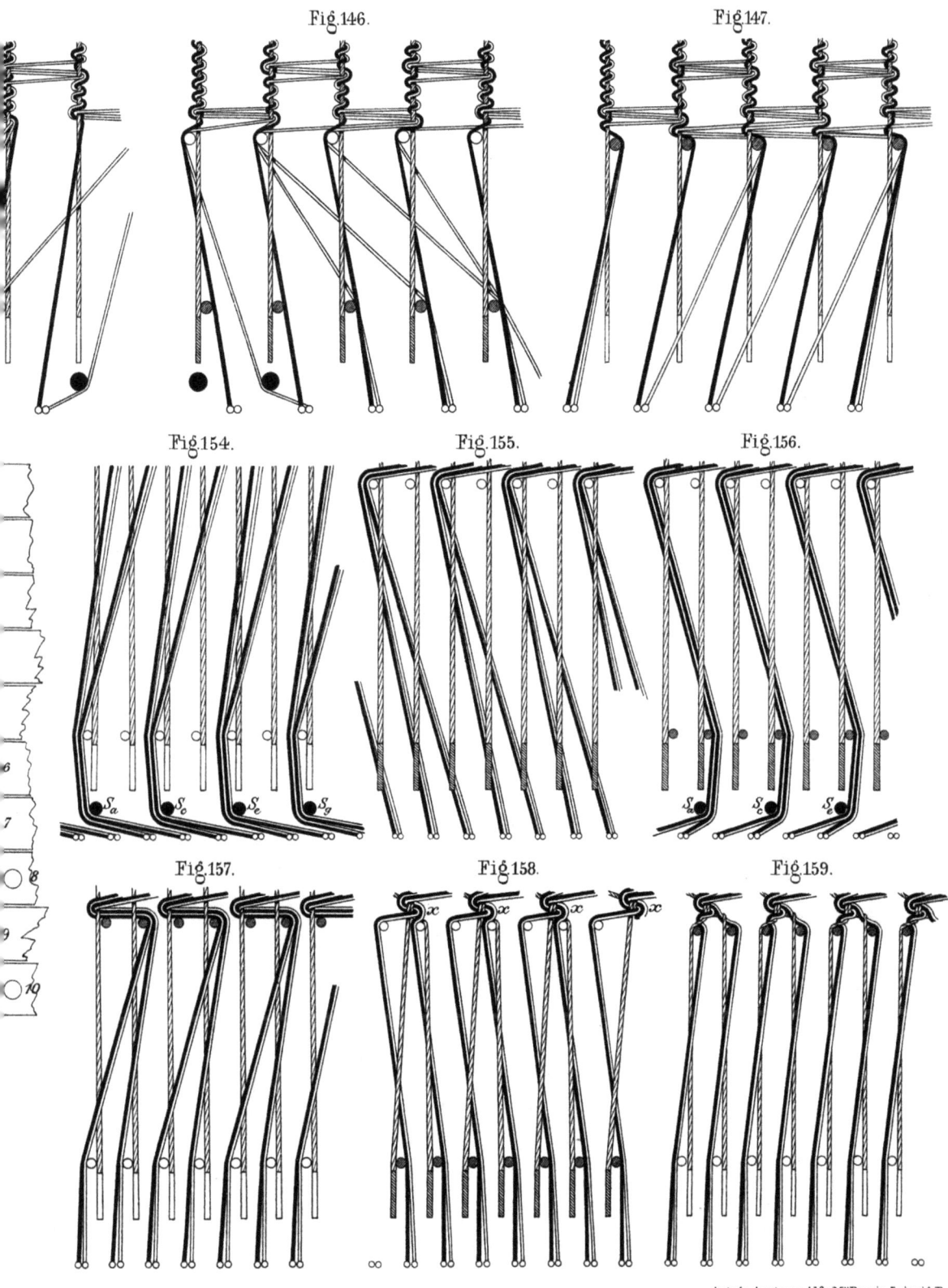

Tafel IX.

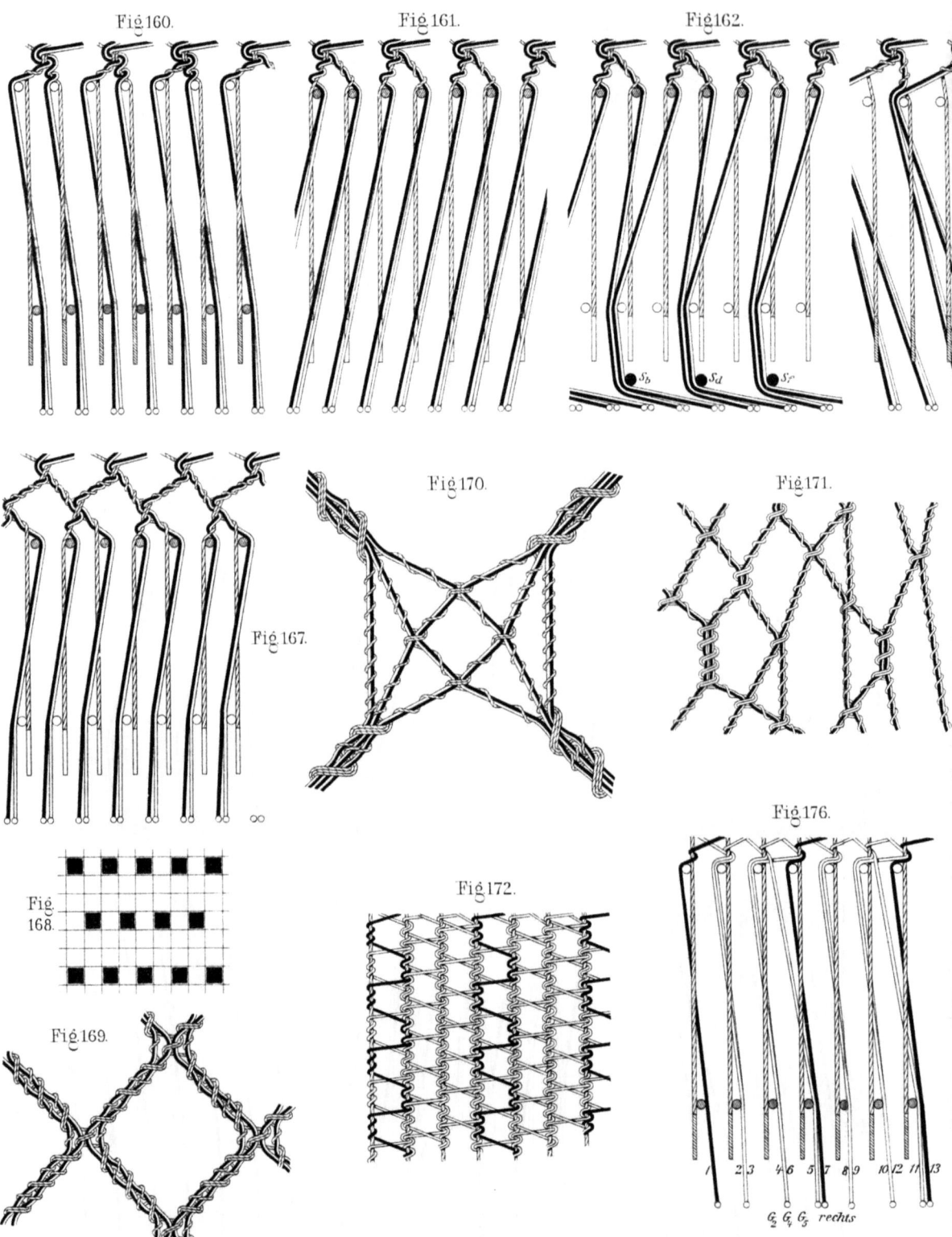

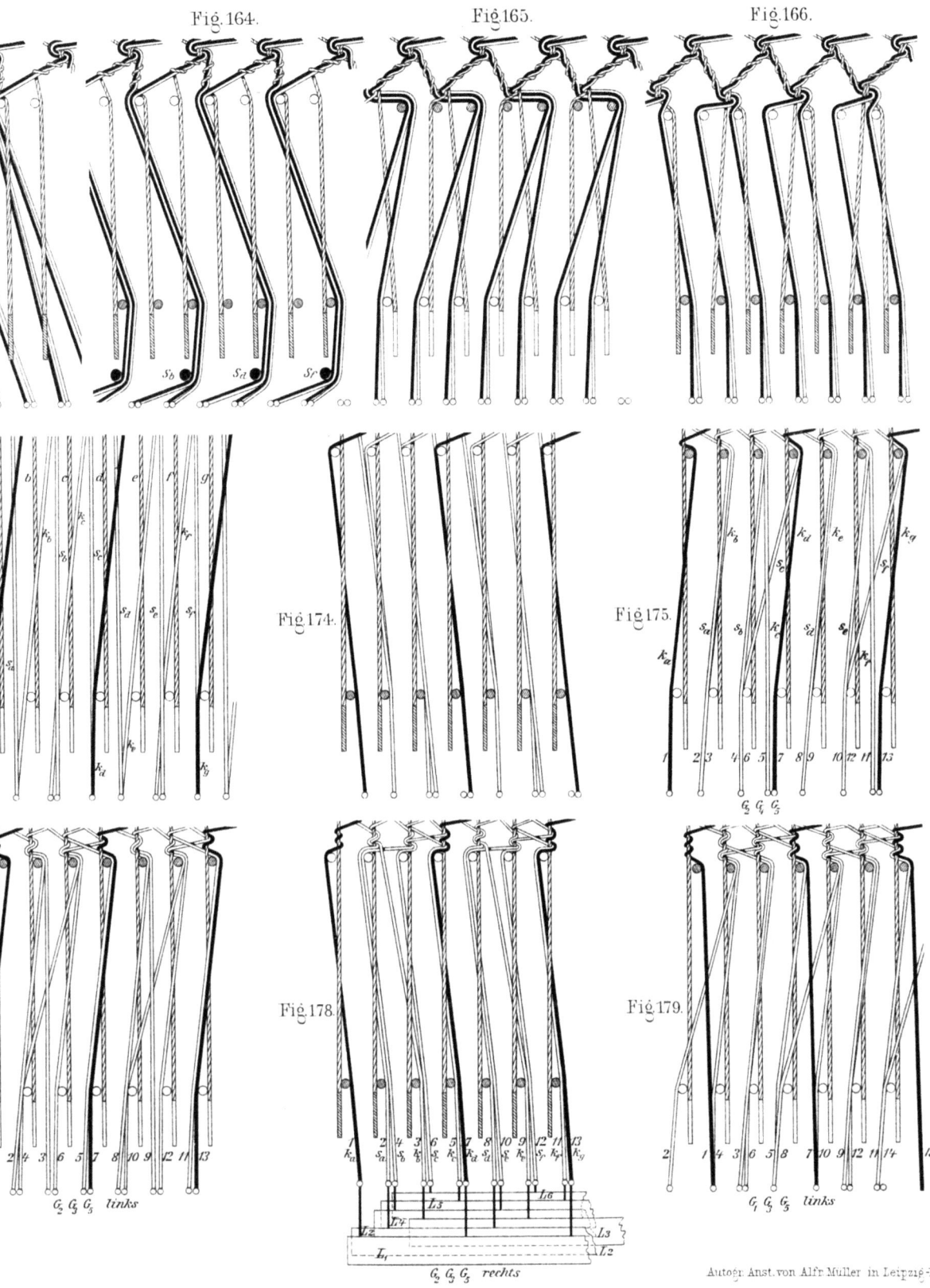

Tafel X.

Fig. 164. Fig. 165. Fig. 166.

Fig. 174. Fig. 175.

Fig. 178. Fig. 179.

Autogr. Anst. von Alfr. Müller in Leipzig-R.

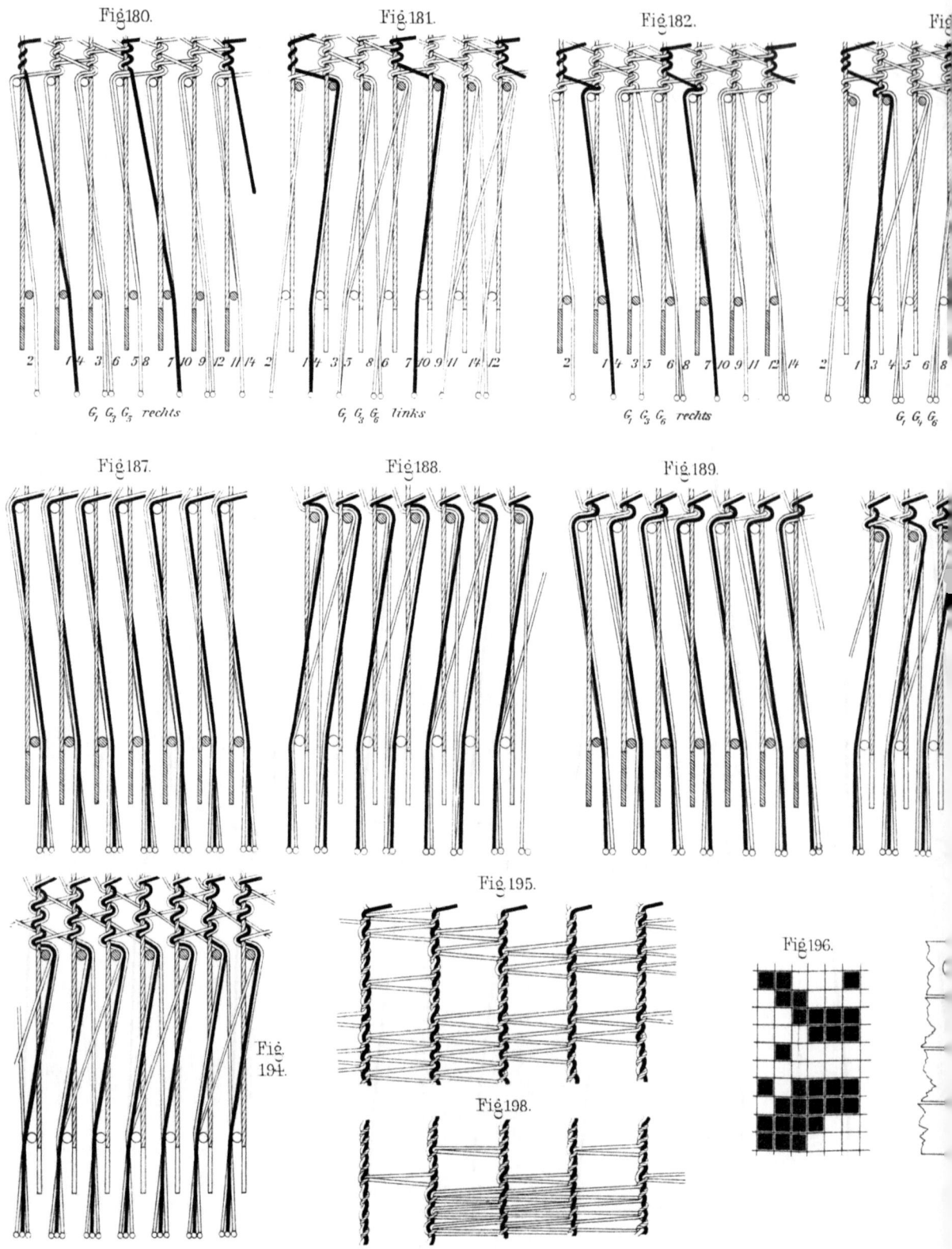

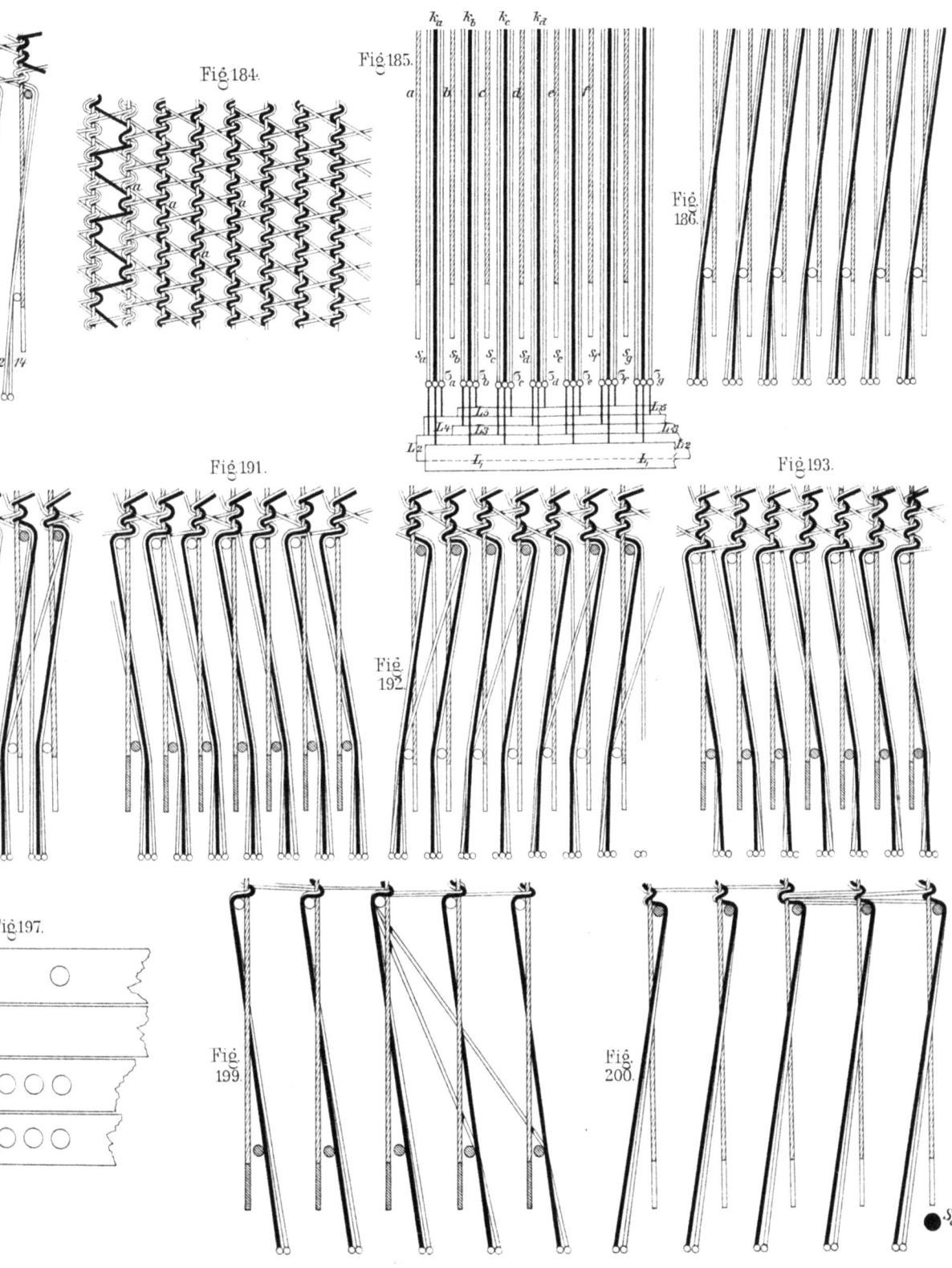
Tafel XI.

Kraft, Mech. Bobbinet- u. Spitzen-Herstellung

Fig. 201.   Fig. 202.

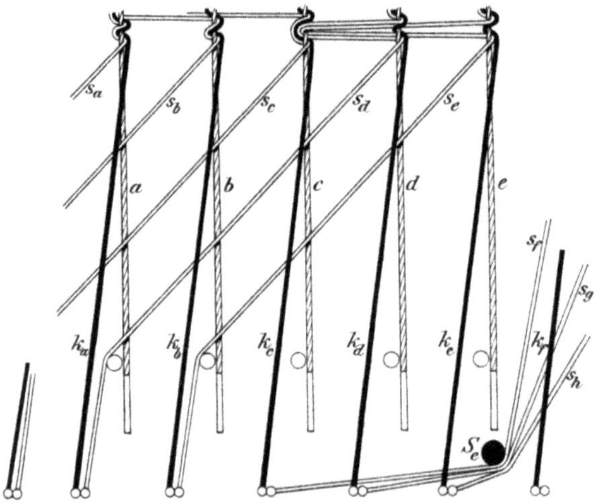

Fig. 206. 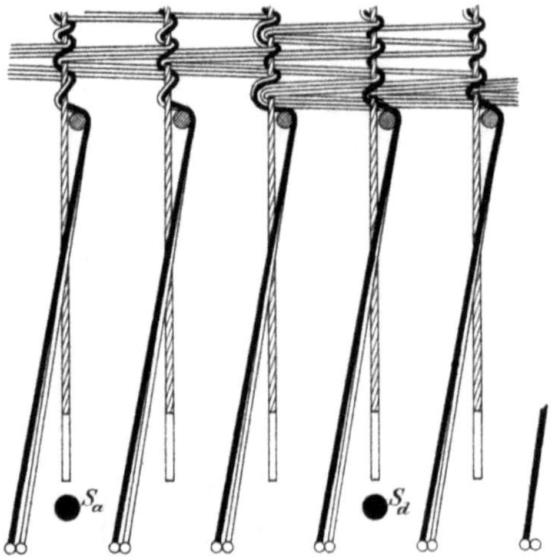   Fig. 207.

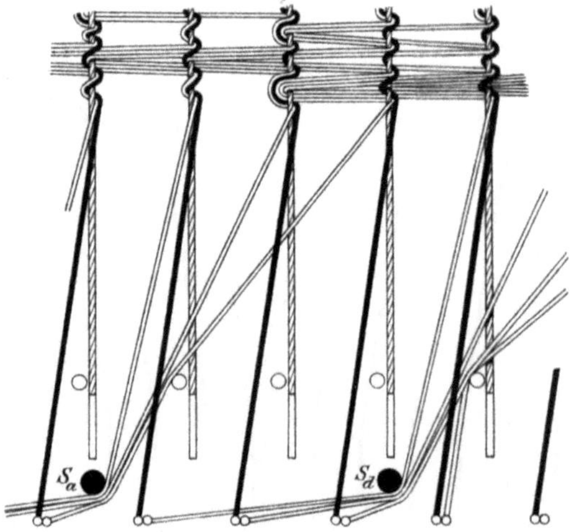

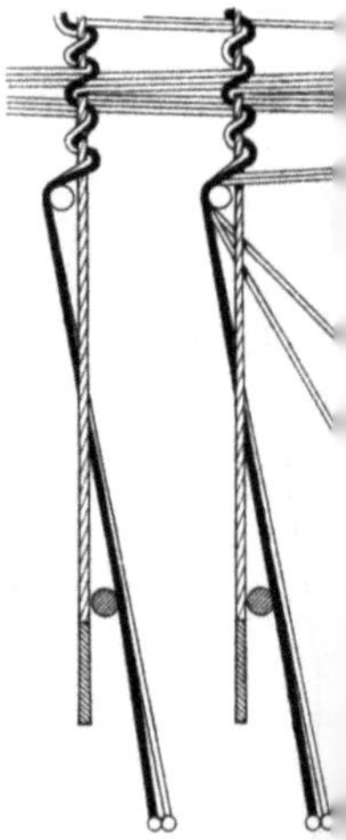

Fig. 212. 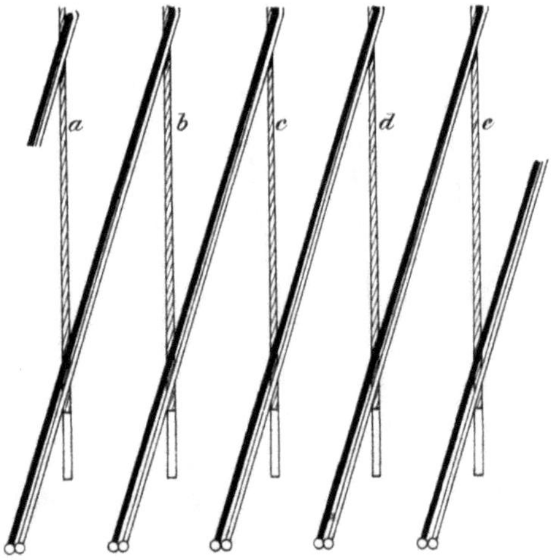   Fig. 213.

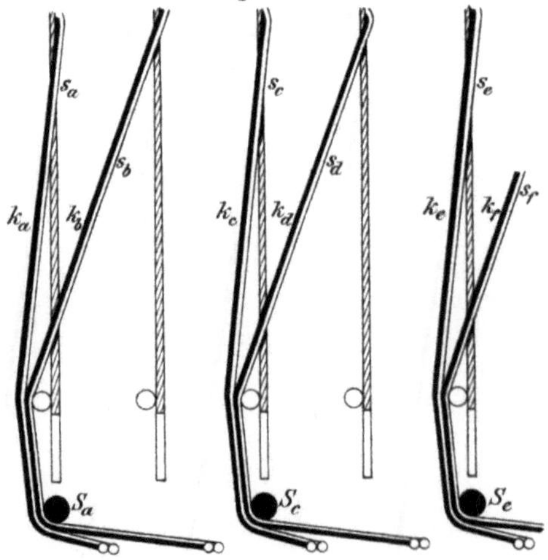

Verlag von Julius Springer in Berlin.

Tafel XII.

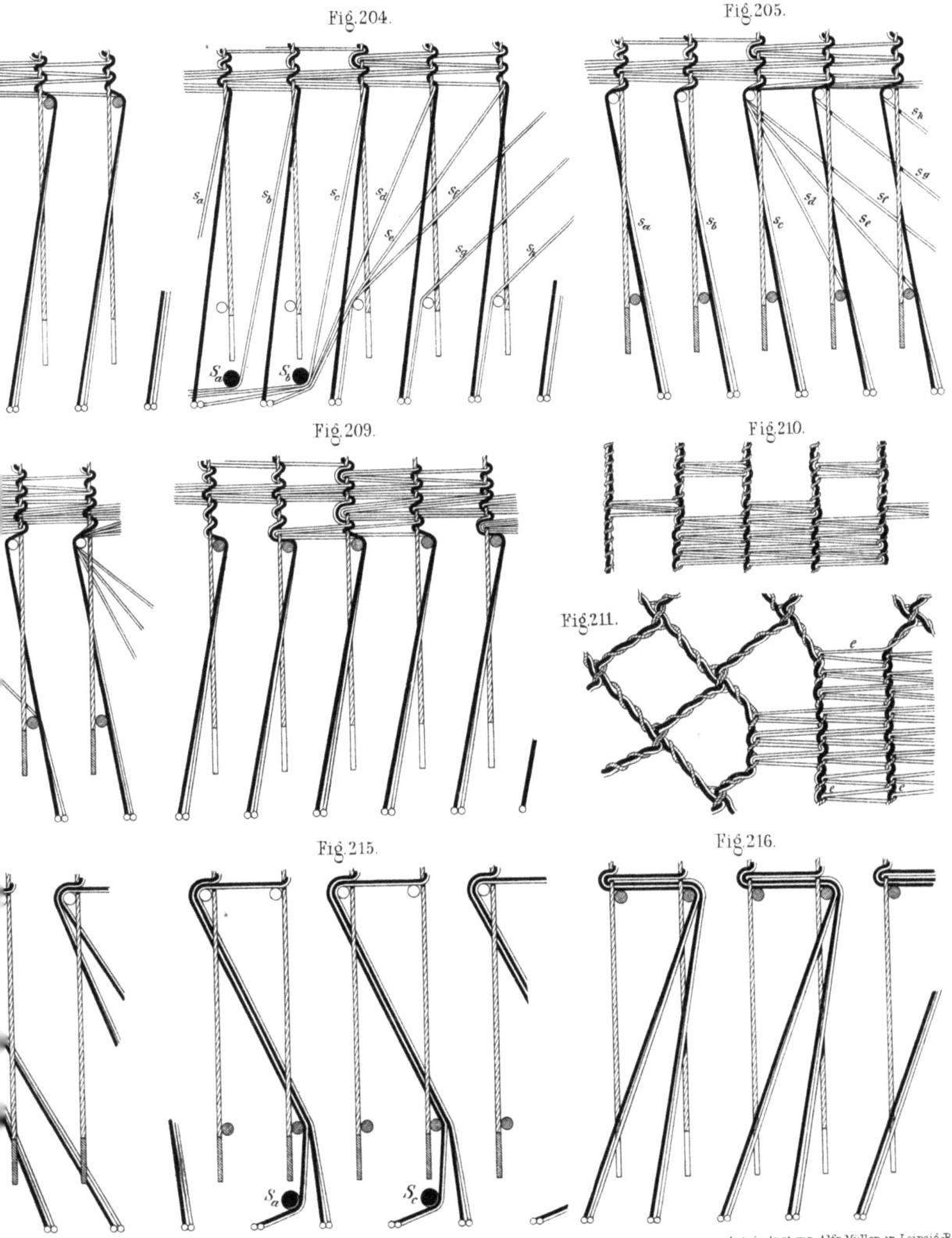

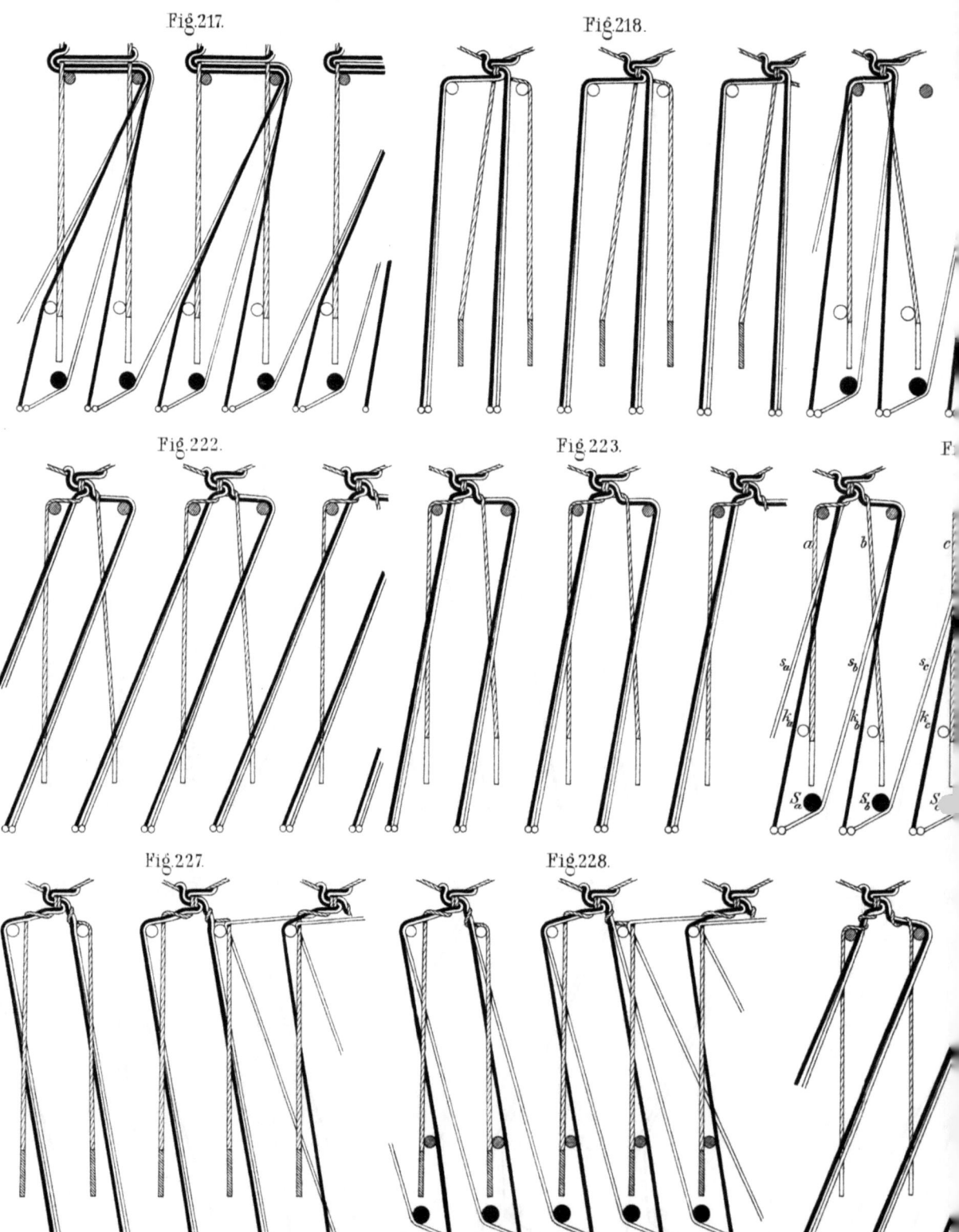

Tafel XIII.

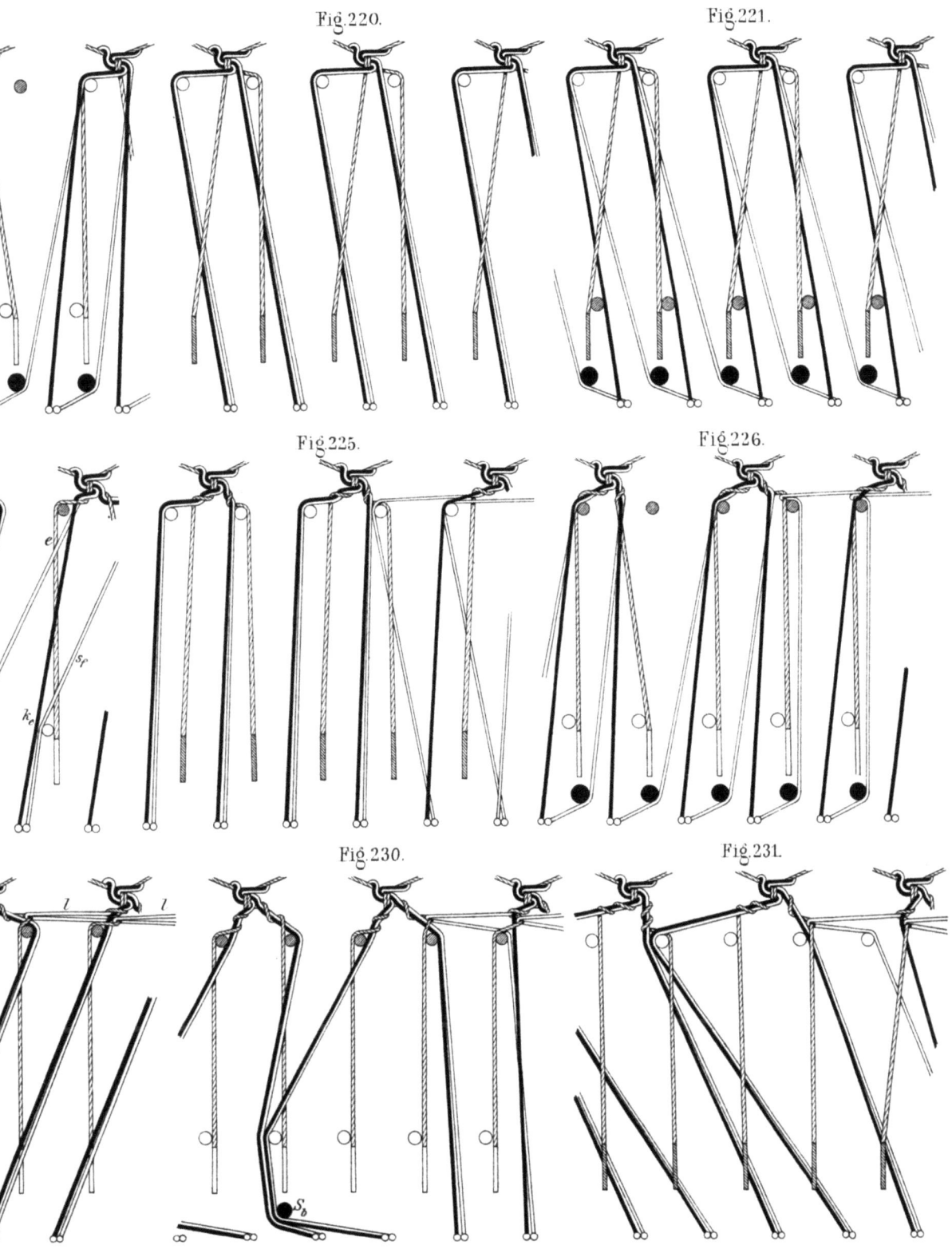

Fig. 220. Fig. 221.
Fig. 225. Fig. 226.
Fig. 230. Fig. 231.

Autogr. Anst. von Alfr Müller in Leipzig-R.

Kraft, Mech. Bobbinet-u. Spitzen-Herstellung

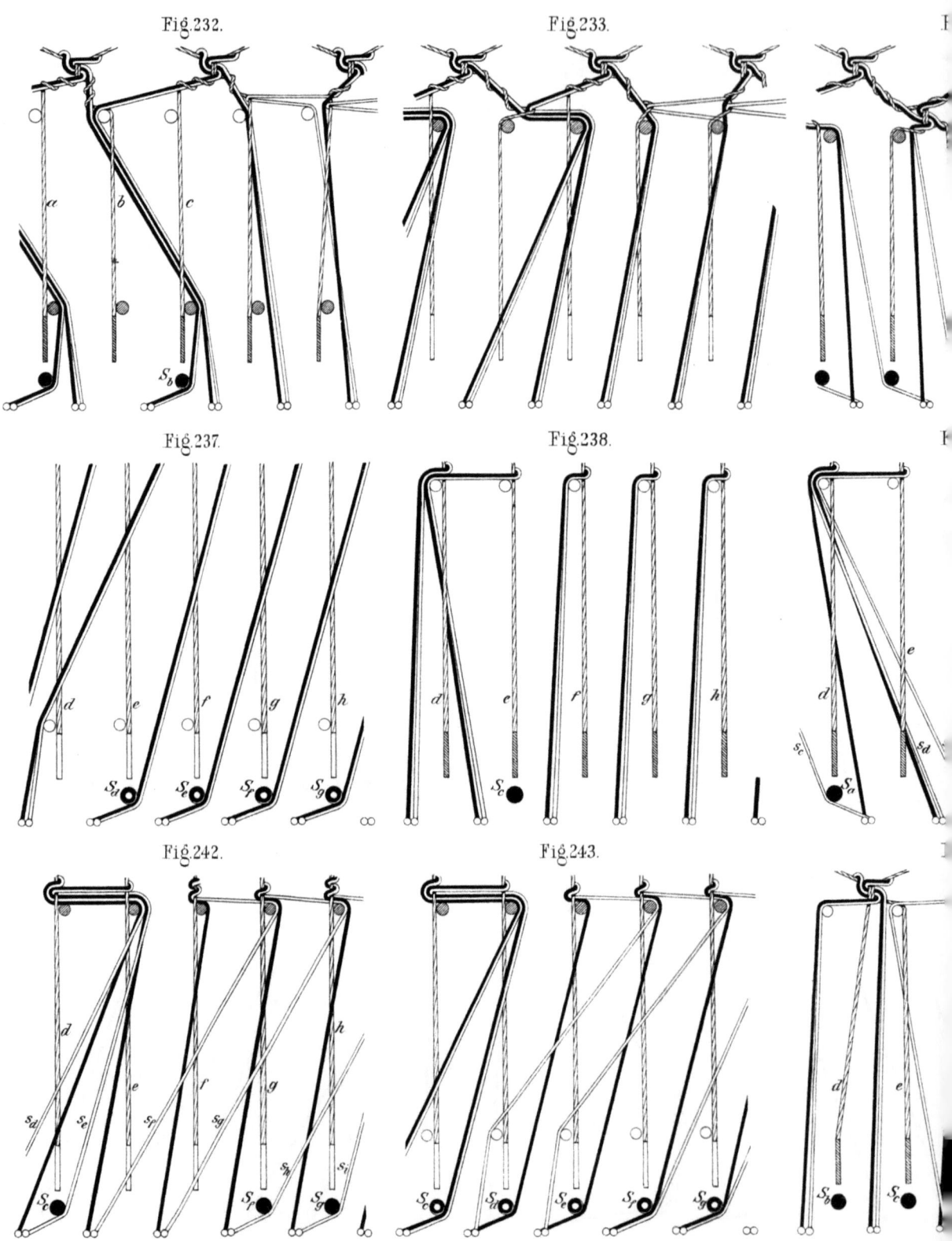

Fig. 232. Fig. 233.
Fig. 237. Fig. 238.
Fig. 242. Fig. 243.

Verlag von Julius Springer in Berlin.

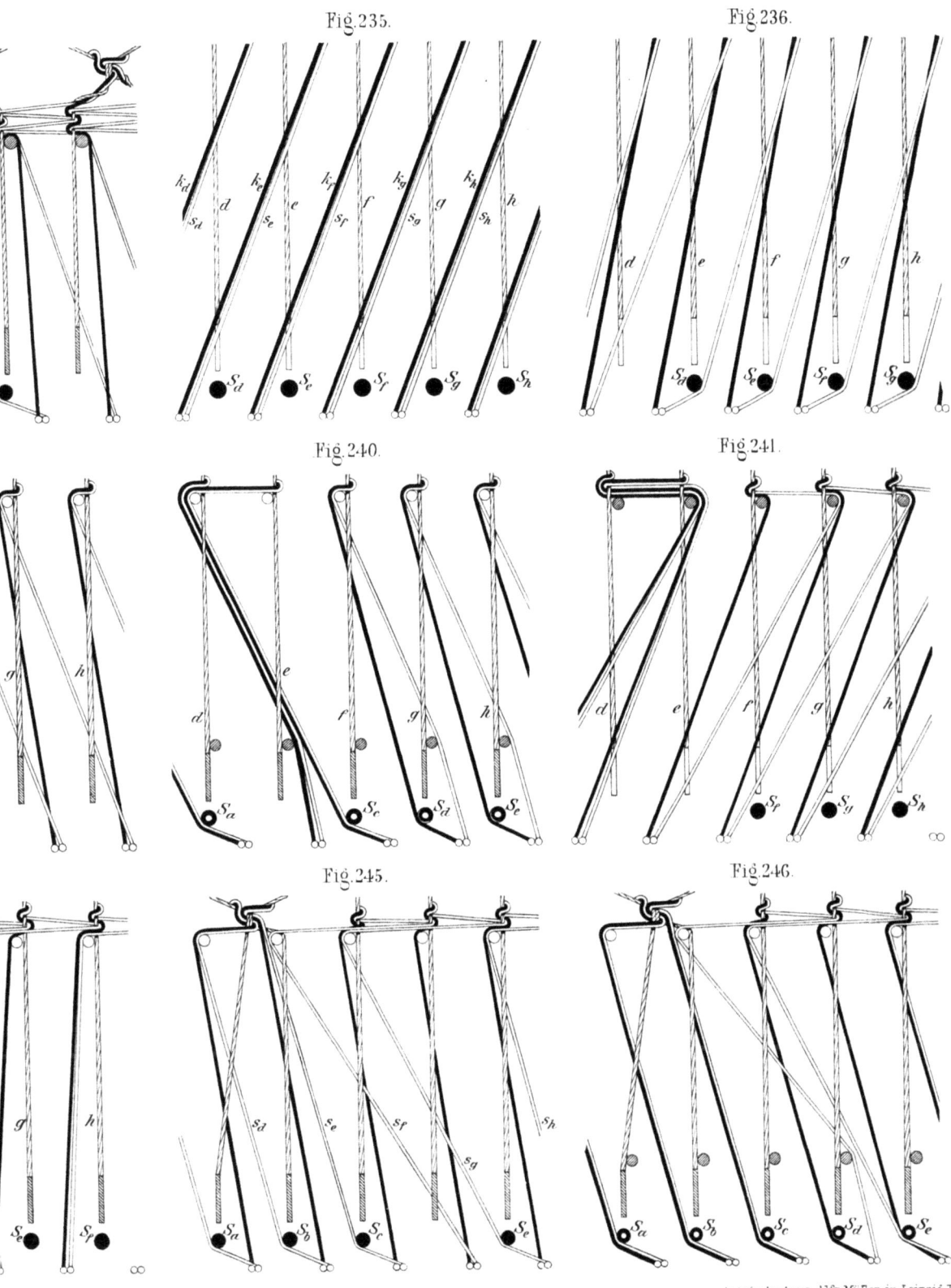

Tafel XIV.

Kraft, Mech. Bobbinet-u. Spitzen-Herstellung.

Fig. 247.   Fig. 248.   Fig.

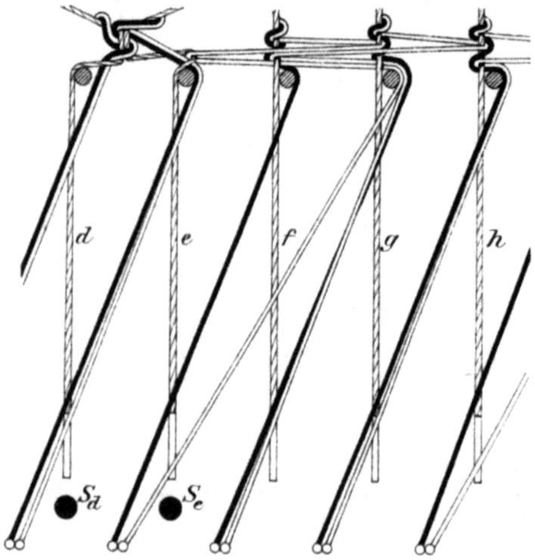

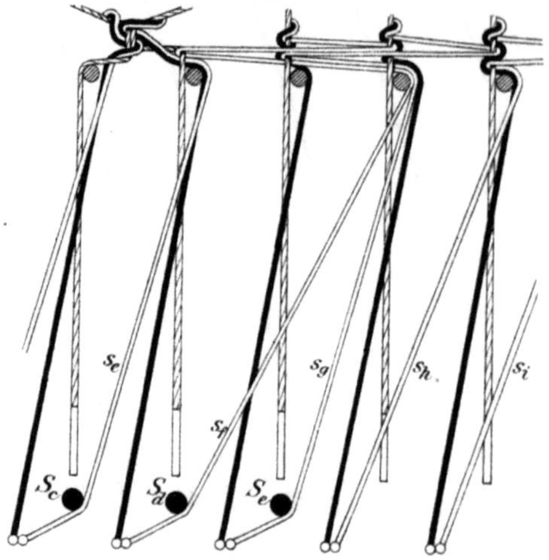

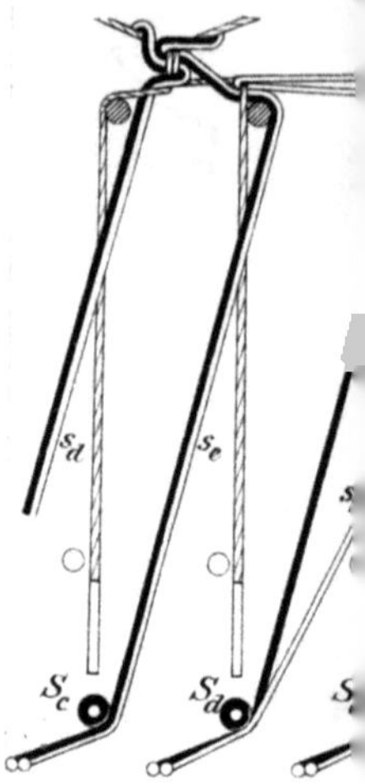

Fig. 252. 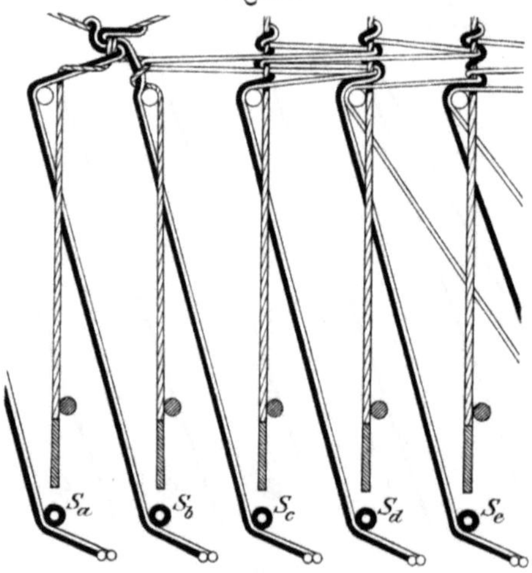   Fig. 253.

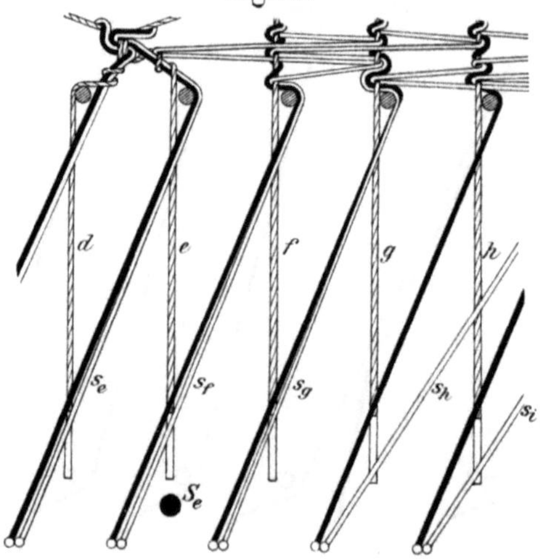

Fig. 257. 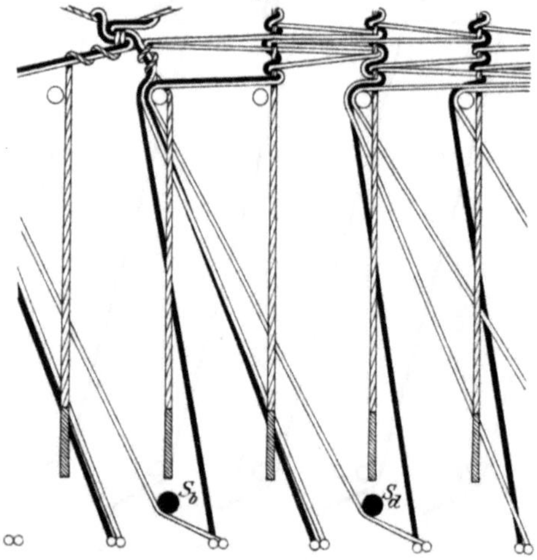   Fig. 258.

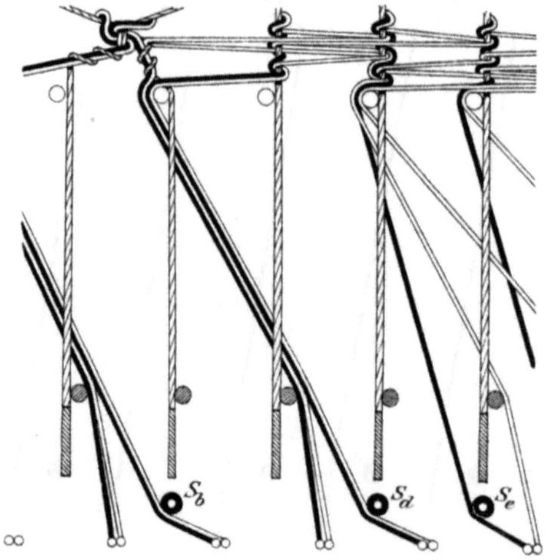

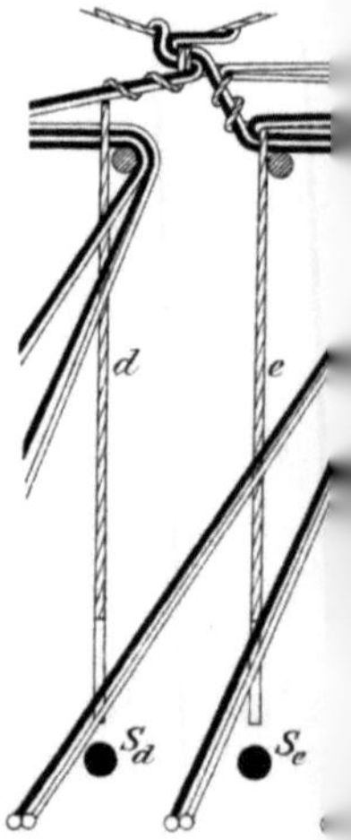

Verlag von Julius Springer in Berlin.

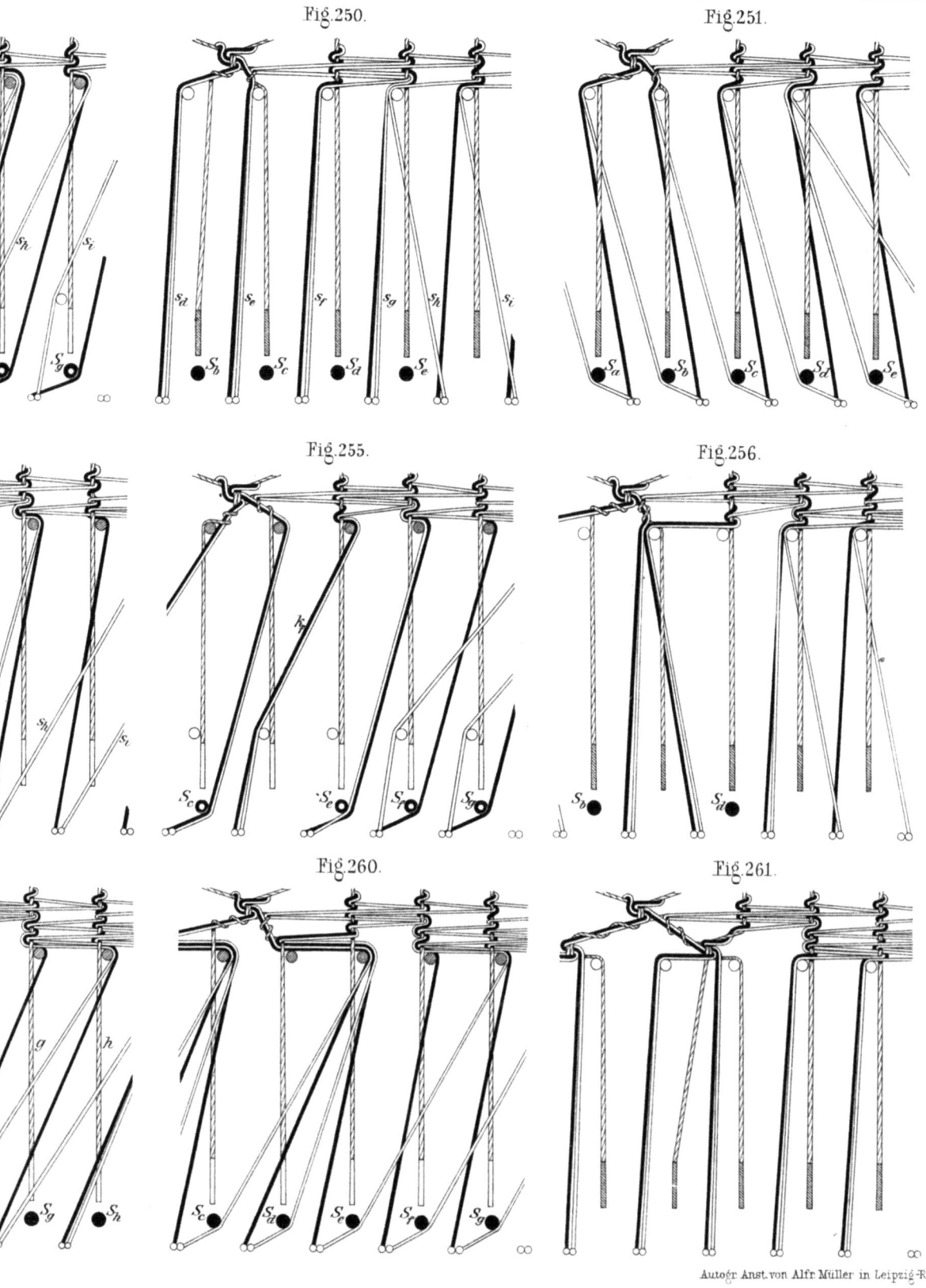

Tafel XV.

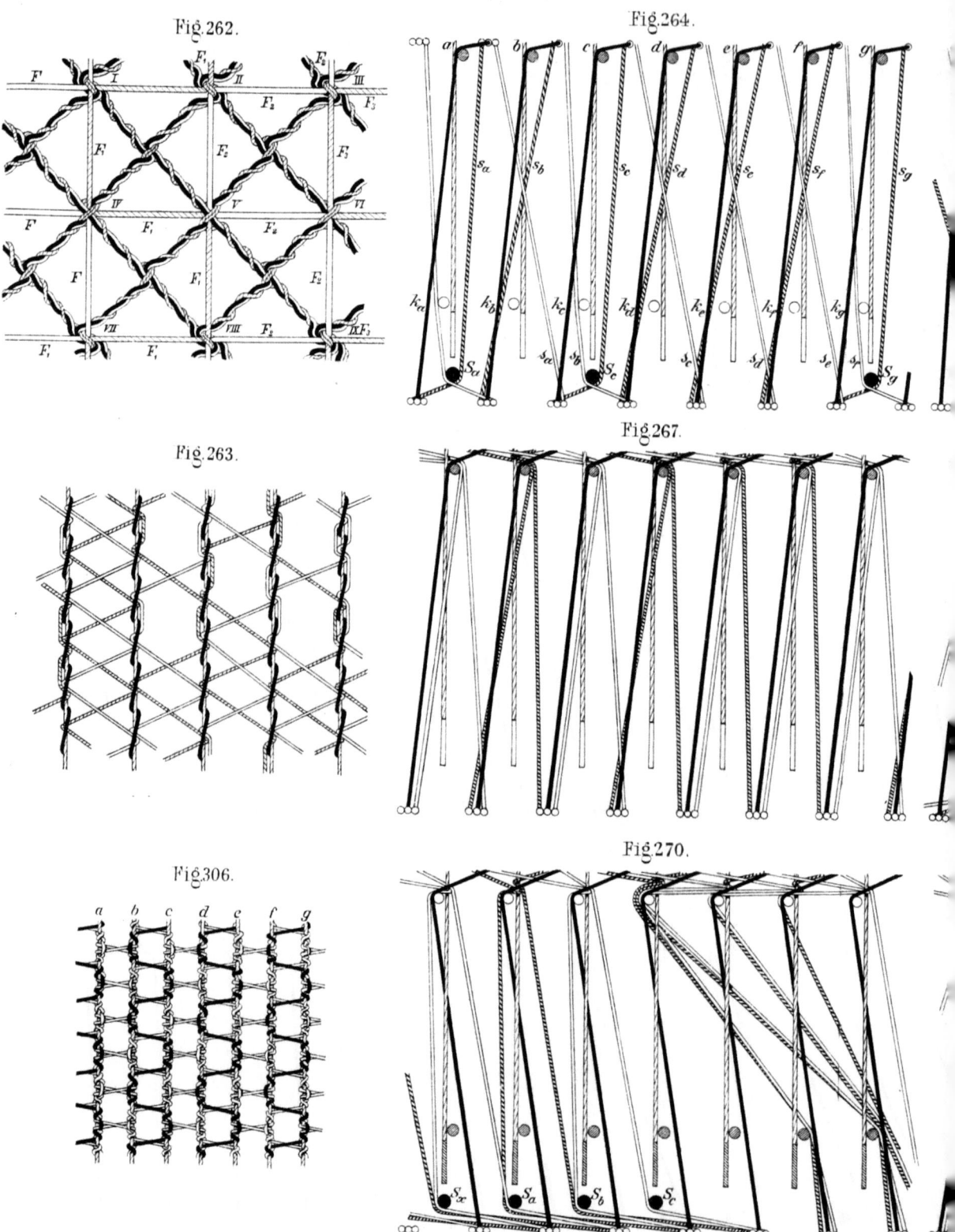

Tafel XVI.

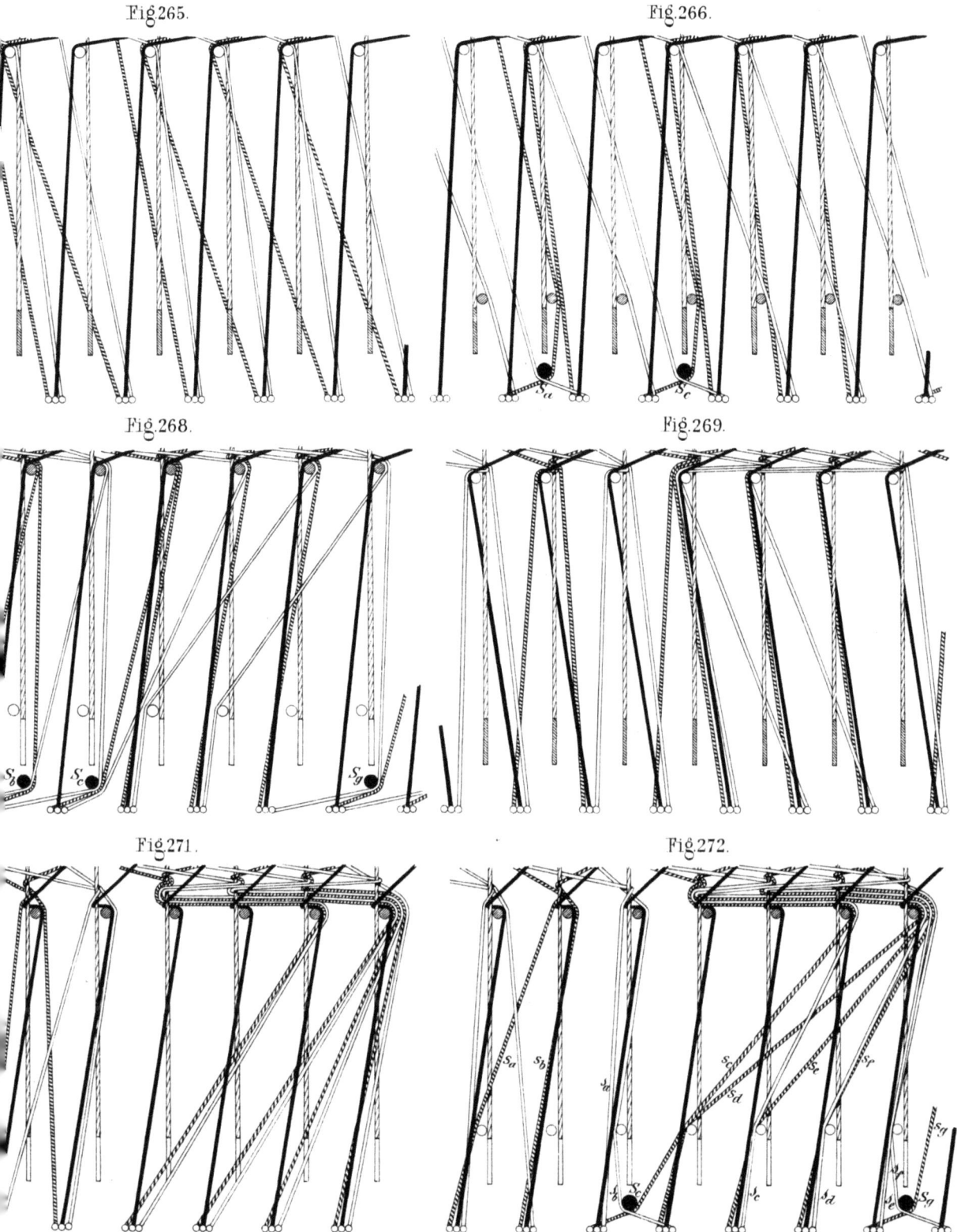

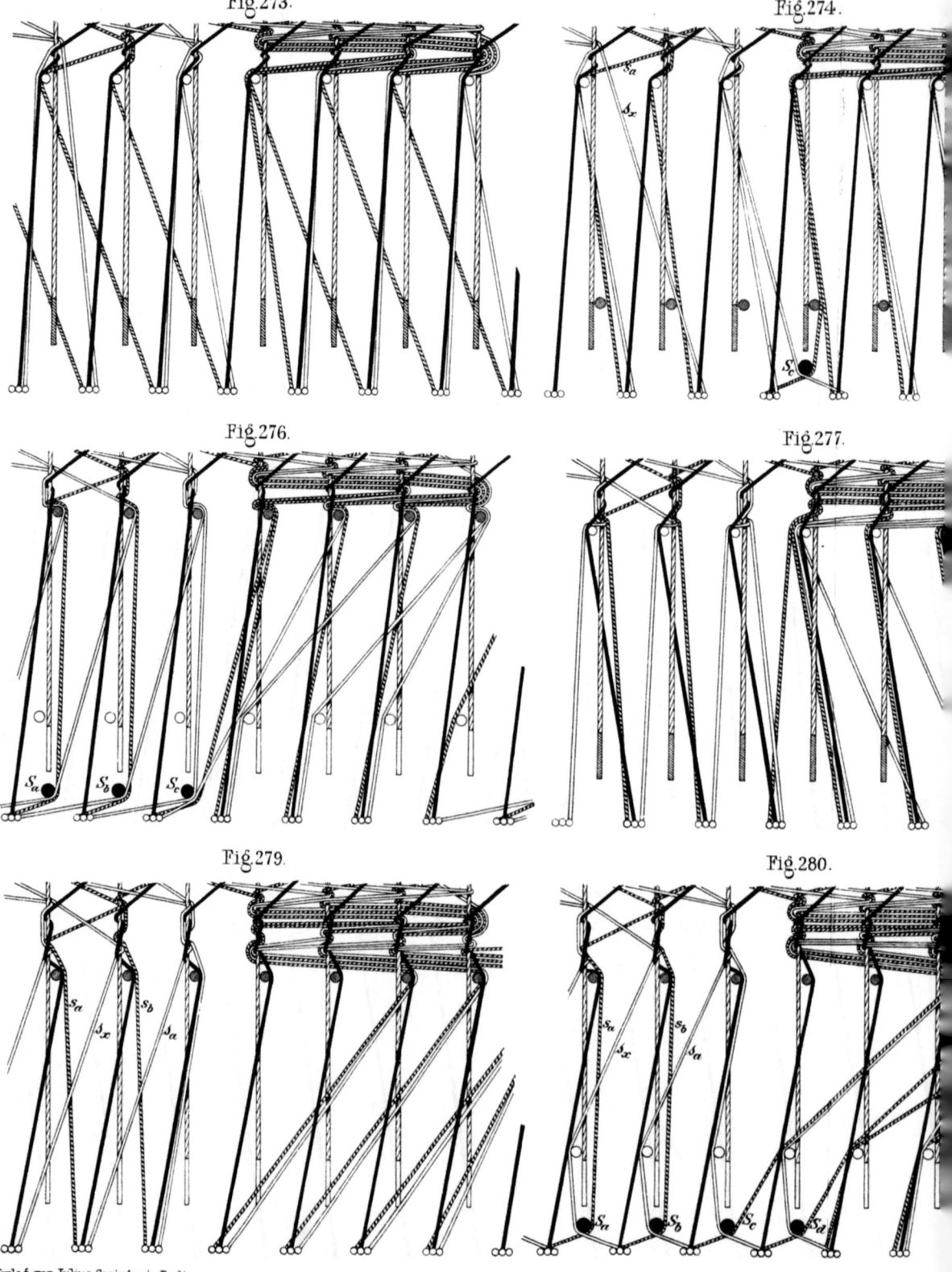

Kraft, Mech. Bobbinet- u. Spitzen-Herstellung.

Fig. 273.   Fig. 274.
Fig. 276.   Fig. 277.
Fig. 279.   Fig. 280.

Verlag von Julius Springer in Berlin.

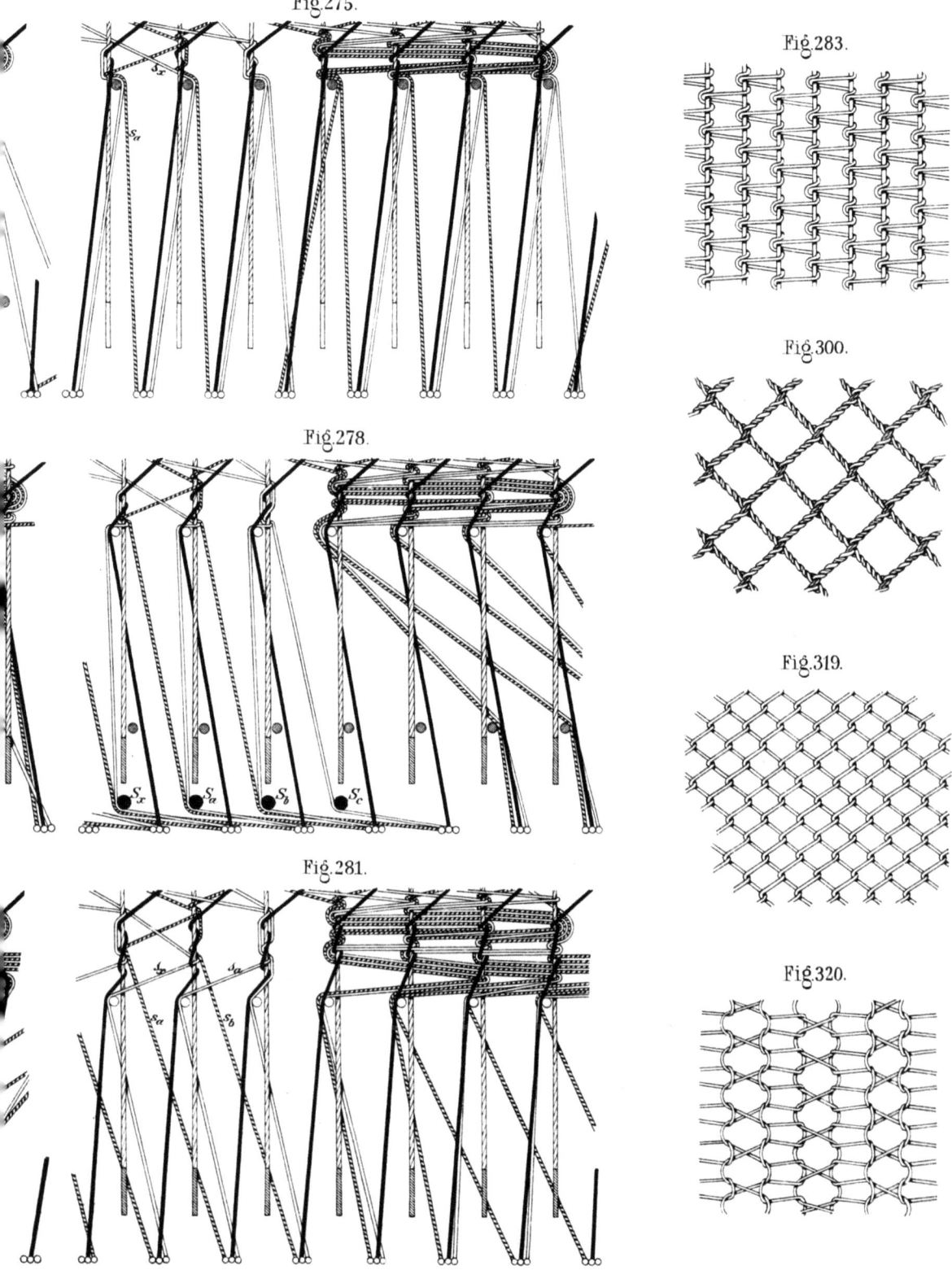

Tafel XVII.

Fig. 275.
Fig. 278.
Fig. 281.
Fig. 283.
Fig. 300.
Fig. 319.
Fig. 320.

Autogr. Anst. von Alfr. Müller in Leipzig-R.

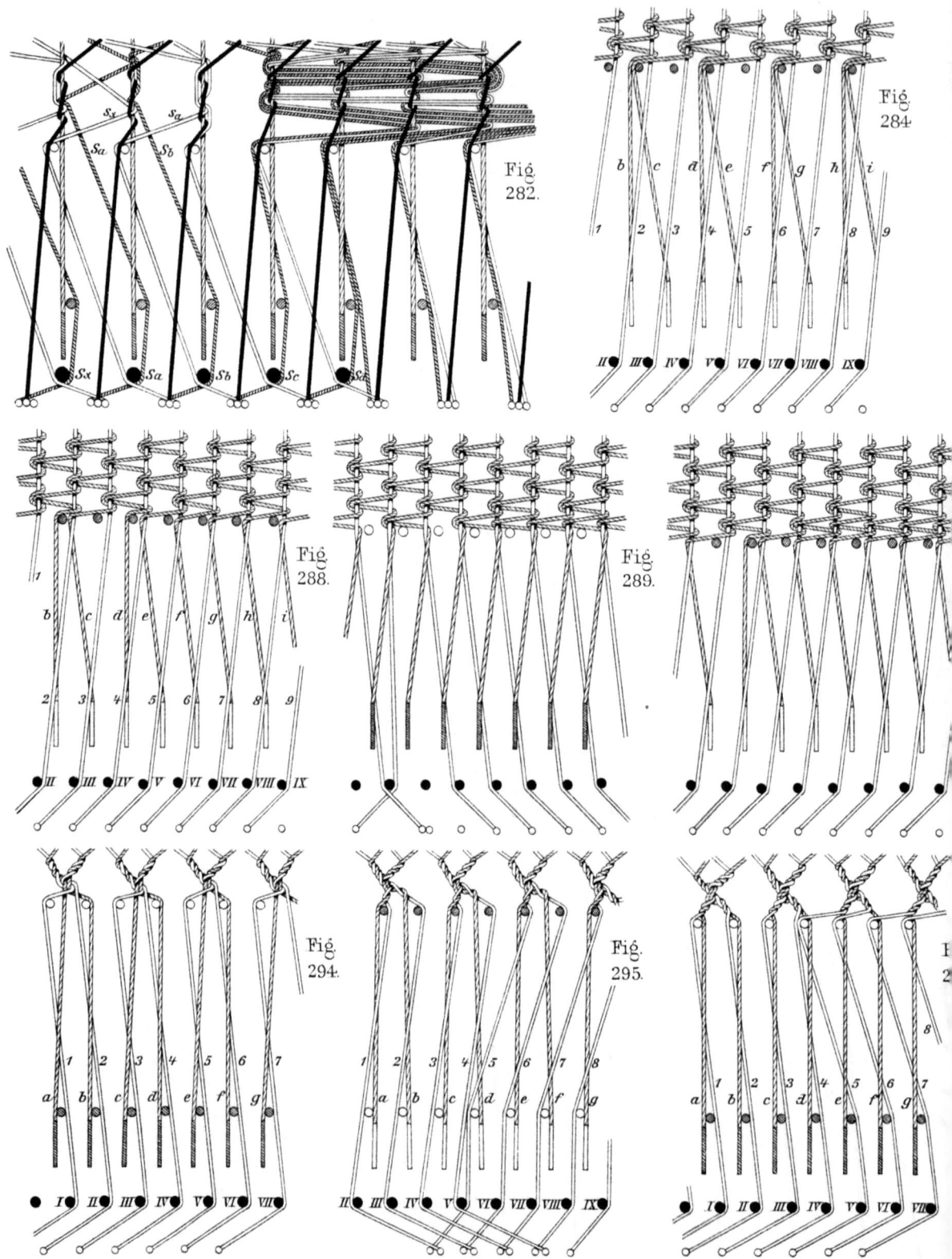

Tafel XVIII.

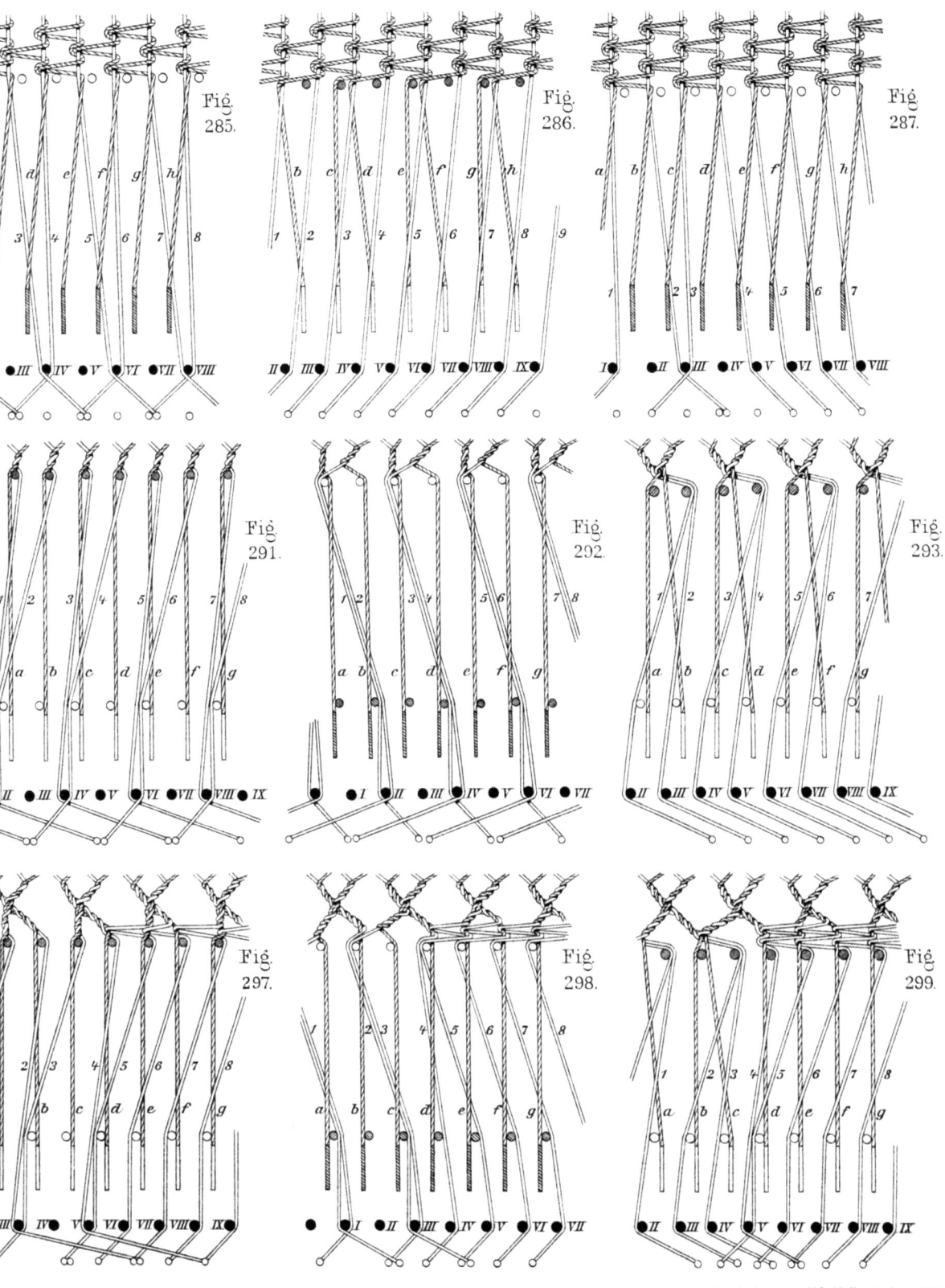

Kraft, Mech. Bobbinet-u. Spitzen-Herstellung.

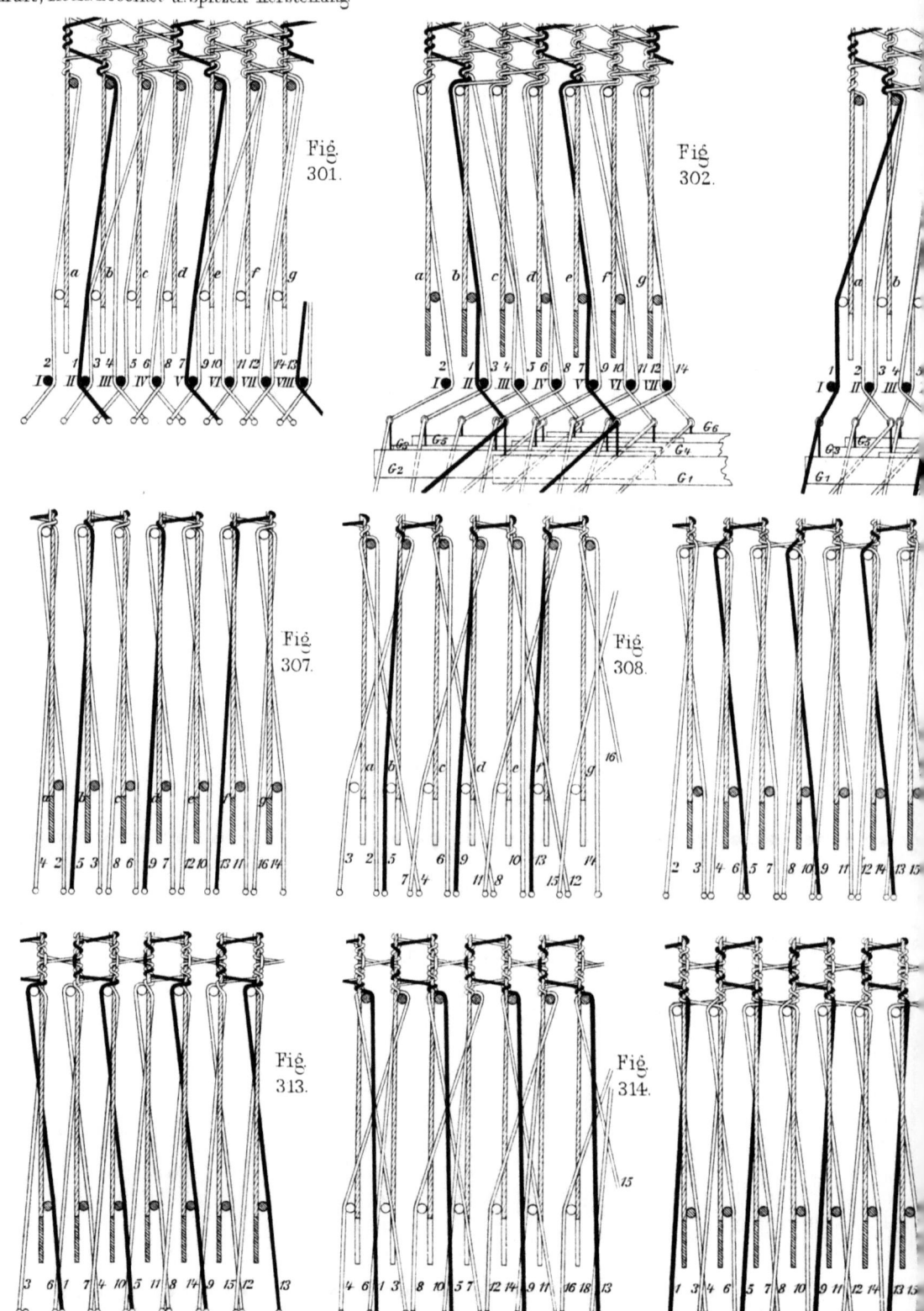

Verlag von Julius Springer in Berlin.

Tafel XIX.

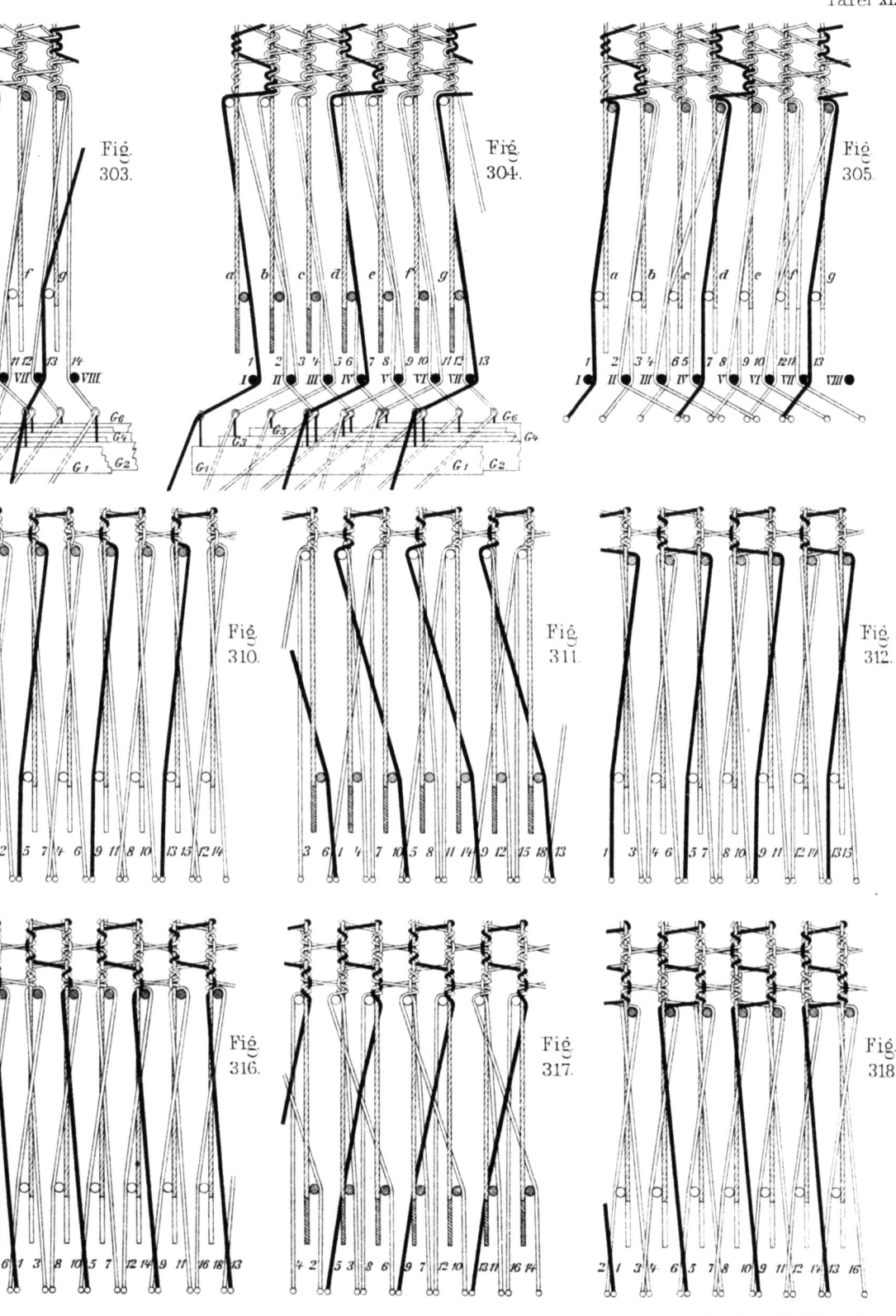

Tafel XX.

Tafel XXI

If you have any concerns about our products,
you can contact us on
ProductSafety@springernature.com

In case Publisher is established outside the EU,
the EU authorized representative is:
**Springer Nature Customer Service Center GmbH
Europaplatz 3, 69115 Heidelberg, Germany**

Printed by Libri Plureos GmbH
in Hamburg, Germany